图说建筑设计——
建筑设计要点·施工图绘制方法

商业建筑/住宅建筑/医疗建筑/办公建筑/托教建筑

主 编 张根凤

参 编 王东贺 王晓芳 魏海宽

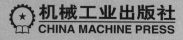

机械工业出版社
CHINA MACHINE PRESS

本书共分六章，内容主要包括建筑设计工作基础知识、建筑专业施工图设计、建筑施工图审图要点和常见问题、建筑工程施工图设计文件送审材料、建筑施工图设计案例、建筑设计常用规范和标准目录。

本书按照新规范编写，内容丰富、资料翔实、可读性强，并通过真实案例图样和对其设计进行解析，进一步加强读者对建筑设计的理解。无论您是建筑师，还是建筑从业者，或者是建筑专业的学生，都能从本书中获得您想要的知识。

图书在版编目（CIP）数据

图说建筑设计：建筑设计要点·施工图绘制方法：商业建筑、住宅建筑、医疗建筑、办公建筑、托教建筑/张根凤主编．—北京：机械工业出版社，2019.3
ISBN 978-7-111-62115-7

Ⅰ.①图… Ⅱ.①张… Ⅲ.①建筑设计–图解 Ⅳ.①TU2-64

中国版本图书馆 CIP 数据核字（2019）第 037020 号

机械工业出版社（北京市百万庄大街 22 号　邮政编码 100037）
策划编辑：张　晶　责任编辑：张　晶　范秋涛
封面设计：张　静　责任印制：张　博
责任校对：刘时光
三河市宏达印刷有限公司印刷
2019 年 4 月第 1 版第 1 次印刷
184mm×260mm·12 印张·14 插页·307 千字
标准书号：ISBN 978-7-111-62115-7
定价：59.00 元

凡购本书，如有缺页、倒页、脱页，由本社发行部调换
电话服务　　　　　　　　网络服务
服务咨询热线：010-88361066　　机 工 官 网：www.cmpbook.com
读者购书热线：010-68326294　　机 工 官 博：weibo.com/cmp1952
　　　　　　　　　　　　　　金 书 网：www.golden-book.com
封面无防伪标均为盗版　　　教育服务网：www.cmpedu.com

前　言

　　随着我国国民经济的发展，建筑工程已经成为当今最具活力的一个行业。民用、工业及公共建筑如雨后春笋般在全国各地拔地而起。伴随着建筑施工技术的不断发展和成熟，建筑产品在品质、功能等方面有了更高的要求。建筑工程队伍的规模也日益扩大，大批从事建筑行业的人员迫切需要提高自身专业素质。

　　为了满足广大建筑行业从业人员的迫切需要，提高设计质量和效率，针对当前设计任务繁重、设计周期短的普遍现象，使建筑设计人员独立全面地承担建筑设计任务和快速查阅设计所需的主要技术数据，本书加入了有关设计常用数据的内容，供广大设计师查阅。

　　本书分为六章：

　　第一章是建筑设计工作基础知识。主要介绍了建筑设计工作的基础知识，可以让初学者对建筑设计有一个相对的了解，也能让有一定基础的设计师在阅读的同时加深对建筑设计的理解。

　　第二章是建筑设计的重点内容。在建筑设计的过程中，场地设计、防火、防烟、安全疏散、楼梯和楼梯间、电梯、门窗、卫生间等设计元素是贯穿整个过程的。本章针对各个阶段的侧重点进行了分类，分别对商业建筑、住宅建筑、医疗建筑、办公建筑、托教建筑的设计重点进行了总结和讲解。无论是新手还是老设计师，都能在这里学到需要的知识。

　　第三章是针对设计好的图样。在建筑图样设计完成后，对设计总说明、总平面图、民用建筑、防火设计、屋面及地下防水、建筑节能设计中的常见问题进行了分析和总结。促进建设单位施工图审查工作，提高审查工作效率。应注意，施工图一经审查批准，不得擅自进行修改。如遇特殊情况需要进行涉及审查主要内容的修改时，必须重新报请原审批部门，由原审批部门委托审查机构审查后再批准实施。

　　第四章是施工图设计文件送审材料的汇总，介绍了哪些材料需要送审，哪些材料不需要送审，让设计师做到心中有数。

　　第五章是施工图设计案例的介绍，同时对相关图样和内容进行了解析，供读者参照和研究学习。

　　第六章是建筑设计涉及的规范和标准的总结，读者在有疑问时可以查找相关规范进行确认。

　　本书相比其他书籍，更为系统、全面，涵盖建筑设计工作的各项专业知识。它包含了建筑设计的各个领域——商业、住宅、医疗、办公、托教。通过简练的文字、图表的表达，以及版面的构图和标题的设置，使读者快速地查阅到自己所需内容。本书文字精炼、制图精美、版面美观、检索方便，是一本建筑设计领域的百科全书。

　　本书在编写过程中参照现行的几十本建筑法规、标准、设计规范、章程的相关条文，进行了分类整理和重新编排，力求全面、准确地引用有关建筑法规，建筑设计规范、规程和标准条文，但由于条件所限，内容的局限性和疏漏、失当之处在所难免。因此本书不能替代相关规范、规程和标准，读者在借鉴时需核对相关规范、规程和标准原文。

　　本书由西藏民族大学张根凤主编，王东贺、王晓芳、魏海宽参编。

　　由于本书涉及面广、工作量大、时间与水平有限，书中难免会有缺点和不足，还望广大读者给予补充和指正。

编　者

$\mathscr{C}ontents$ 目录

Chapter 1

第一章

建筑设计工作
基础知识

第一节 建筑工程设计的内容及流程

一、建筑工程设计的内容

在整个工程建设过程中，建筑工程设计是不可缺少的重要环节，是一项政策性、技术性、综合性都非常强的工作。任何建筑工程或建筑物，要满足人们的使用要求，必须通过合理的建筑设计、精确的结构计算、严密的构造方式，再配合建筑电气、给水排水、暖通空调等管线的组织安装工作。

因此，建筑工程设计包括建筑设计、结构设计、设备设计三个方面的内容。

建筑设计——建筑设计包括一个单体建筑物或一个建筑群的总体设计。设计单位要根据建设单位（业主）提供的设计任务书和国家有关政策规定，综合分析其建筑功能、建筑规模、建筑标准、材料供应、施工水平、地区特点、气候条件等因素，考虑建筑、结构、设备等工种的多方面要求，在此基础之上提出建筑设计方案，并进一步深化成为建筑施工图设计

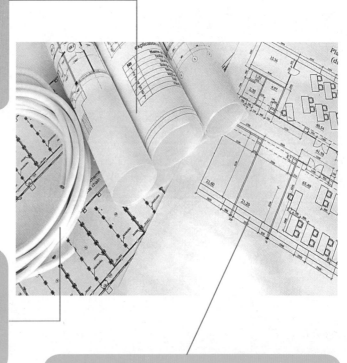

结构设计——结构设计是结合建筑设计方案完成建筑结构方案与选型、确定结构类型、进行结构计算与构件设计，保证建筑结构的稳定性，并最终完成全部结构施工图设计

设备设计——设备设计是根据建筑设计完成给水排水、采暖通风、电器照明、通信、燃气、空调、动力、能源等专业的方案、选型、布置以及相应的施工图设计

建筑工程设计强调各专业设计之间的协调配合，建筑设计应由建筑工程师完成，结构设计由结构工程师完成，其他专业的设计分别由相应的工程师来完成。

二、 建筑设计的流程

```
                      ┌─── 应具备与该工程的等级相适应的设计资质
设计单位要获得某项 ───┤
建设工程的设计权       ├─── 应符合国家规定的工程建设项目招标范围和
                      │     规模标准规定
                      └─── 应通过设计投标赢得设计的资格
```

建造房屋是一个较为复杂的物质生产过程，影响房屋设计和建造的因素有很多，因此该项工作分为编制和审批计划任务书、选勘和征用基地、设计、施工以及交付使用后的回访总结等几个阶段。

实践证明，遵循必要的设计程序，充分做好设计前的准备工作，划分必要的设计阶段，对提高建筑物的质量是极为重要的。

建筑工程的建筑设计过程和各个设计阶段：

第一步，设计前期准备工作。

（1）熟悉设计任务书　设计任务书是由建设单位或者开发商提供的。具体着手设计前，首先需要熟悉设计任务书，明确建设项目的设计要求。

（2）收集设计基础资料　开始设计之前要搞清楚与工程设计有关的基本条件，收集的原始数据及资料包括气象资料，基地地形、地质及水文资料，设备管线资料，定额指标等。

（3）设计前期调查研究　研究对象包括建筑物的使用要求、建筑材料供应和结构施工等技术条件、基地勘查、当地建筑传统经验和生活习惯。

第二步，初步设计阶段。

初步设计是指提供主管部门审批的文件，属于建筑设计的第一阶段。在前期调查研究的基础之上，按照设计任务书的要求，综合考虑功能、安全、技术、经济以及美观等多方面因素，做多方案的比较、择优、综合，最终提出设计方案。该方案需要征求建设单位的意见，并报建设管理部门审查批准，批准通过后才可以作为实施方案。

初步设计应包括设计说明书、设计图样、主要设备和材料表、工程概算书四个部分。

第三步，技术设计阶段。

如果工程较为复杂，需要经过技术设计阶段来协调和研究各专业之间的技术问题，因此技术设计是进行三阶段建筑设计时的中间阶段。

技术设计的图样和设计文件，要求建筑工种的图样标明与技术工种有关的详细尺寸，并编制建筑部分的技术说明书。结构工种应包括房屋结构布置方案图，并附初步设计说明，设备工种也应提供相应的设备图样和说明书。

对于不太复杂的工程，技术设计阶段也可以省略，把这个阶段的一部分工作纳入初步设计阶段，称为"扩大初步设计"，其余的工作在施工图设计阶段解决。

第四步，施工图设计阶段。

施工图设计是建筑设计的最后阶段，它是在上级主管部门审批同意后，在初步设计或技术设计的基础上，满足施工要求，即综合建筑、结构、设备等各工种，相互交底，深入了解材料供应、施工技术、设备等条件，解决施工中的技术措施、用料及具体做法，把满足工程施工的各项具体要求反映在图样上，做到整套图样齐全统一，明确无误。

施工图设计的图样及设计文件包括设计说明书，总平面图，各层平面图，剖面图，立面图，详图，各专业相配套的施工图及相关的说明书、计算书，施工图预算书。

第二节　建筑设计的要求及依据

一、建筑设计的要求

建筑设计不仅应遵循具有指导意义和法定意义的建筑法规、规范、相应的建筑标准，尤其是一些强制性的规范和标准，还应该符合以下要求。

● 满足建筑功能的需求

建筑不仅要满足个人或家庭的生活需要，而且还要满足整个社会的各种需要。因此为人们的生产和生活活动创造良好的环境，是建筑设计的首要任务。例如设计住宅，首先要满足家居生活的需要，各个卧室设置应做到合理布局、通风采光良好，同时还要合理安排客厅、书房、厨房、餐厅、卫生间等用房，使得各类活动有序进行、动静分离、互不干扰。

● 采用合理的技术措施

合理的技术措施能保证建筑物的施工安全、经济有效地建造和使用。为达到可持续发展的更高目标，应根据不同设计项目的特点，正确选用相关的材料和技术，并根据建筑空间组合的特点，选择适用的建筑结构体系、合理的构造方式和施工方案，力求做到高效率、低能耗，并且保证建筑物建造方便、坚固耐久。

● 考虑建筑的视觉效果

建筑物在满足使用功能的同时，还要考虑人们对建筑物在美观方面的要求，以及建筑物所给予人们精神上的感受。良好的建筑设计应当既有良好、鲜明的个性特征，同时又是整个城市空间的和谐、有机的组成部分。

● 符合总体规划的要求

总体规划是有效控制城市或局部地区发展的重要手段。单体建筑是总体规划中的组成部分，应符合总体规划提出的要求，充分考虑和周围环境的关系。总体规划通常会为单体建筑提供与城市道路的连接方式或部位等方面的设计依据。同时规划还会对单体建筑提出形式、高度、色彩等方面的实际要求，使每一个新建建筑与原有基地形成协调的室外空间环境组合。

● 具有良好的经济效益

工程项目的建造是一个复杂的物质生产过程，需要投入大量的人力、物力和资金，一般在项目立项的初始阶段应该确定项目的总投资，在设计的各个阶段还要有周密的计划和核算，反复进行项目投资的估算、概算以及预算，重视经济领域的客观规律，讲究经济效果，以保证项目能够在给定的投资范围内得以实现或根据实际情况及时予以合理的调整。

二、 建筑设计的依据

依据

建筑物是由许多空间组成，为了满足不同的功能要求，每个空间都必须有恰当的尺寸和尺度，在设计时首先应该满足以下基本功能的要求

人体尺度和人体活动所需的空间尺度。以人的活动为主的建筑空间，都是以人体的基本尺寸和使用人数所决定的，例如建筑中的踏步、窗台、栏杆的高度、门洞的宽度、走廊的宽度等

家具、设备所需的空间。人在建筑中生活或工作，会使用一些家具或设备。因此家具、设备的尺寸，以及人们在使用家具和设备时，在它们近旁必要的活动空间，是考虑房间内部使用面积大小的重要依据

特定功能。一些建筑的尺度并不为一般人和设备的尺度或尺寸所决定，而且不与人的尺度和动作发生直接关系。例如宽大的会客厅、高大的纪念堂、宏伟的教堂等，为了达到某种艺术效果，采用了特殊的比例和尺度，设计时要充分考虑这部分为了人们的精神所要求的空间尺度。另外一些例如影剧院、火车站等建筑则要处理好各种流线和特定功能的关系

依据

当建筑物处于自然环境中，受到自然条件对建筑的影响。在进行设计前，一定要收集当地有关的气象资料C地形、地质条件和地震烈度，作为设计的依据

气象资料。建设地区的温度、湿度、日照、雨、雪、风向、风速等与建筑设计密切相关。例如南方湿热地区，隔热、通风和遮阳等问题是建筑设计要处理的关键；而北方干冷地区，保温防寒则是建筑设计的重点

地形、地质条件和地震烈度。建筑基地地形的平缓与起伏、地质的构成与土壤特性、地耐力的大小，都直接影响建筑的空间组织、平面构成、结构选型和建筑构造处理与体型设计，例如在坡度较陡的地形上，建筑通常采用结合地形的错层形式布置

依据 　建筑设计规范、标准

技术要求。建筑规范、标准、通则等有关政策性文件是建筑设计必须遵守的准则和依据，有利于统一建筑技术经济要求，提高建筑科学管理水平，保证建筑工程质量，体现了国家的现行政策和经济技术水平

建筑模数协调统一标准。建筑模数是为了建筑设计、构件生产以及施工等方面的尺寸协调，从而提高建筑工业化的水平，降低造价、提高建筑设计和建造的质量和速度，在建筑业中必须遵守《建筑模数协调标准》（GB/T 50002—2013）

第三节　建筑设计与各专业设计间的协调统一

由于建筑工程个体的差异性，使得建筑设计千变万化，特别是人们生活水平的提高，对建筑外形、内部空间配置等提出了越来越多的要求。因此，建筑设计必须要与各专业设计进行有机的融合，只有这样才能实现建筑设计与各专业设计的协调统一和完美结合。

一、建筑设计与结构设计的协调统一

随着高层建筑的不断出现，以前竖向荷载起控制作用的结构设计也逐渐出现了水平荷载为主要控制荷载的现象，这种情况下，在建筑设计师进行建筑内部空间和竖向造型设计的过程中，要考虑地震和风荷载的作用，同时，也要考虑各个构件的刚度是否满足要求，这无形中对建筑设计提出了要求，设定了限制和约束，建筑设计师也只有考虑到这些因素，多与结构设计师沟通才能确保设计作品的实际效果。

建筑设计是建筑物外部形状和内部空间的相互组成，而结构设计是实现建筑设计思想的途径，通俗地说，建筑设计是人的五脏六腑和你所能看到的外貌，而结构设计是人的骨架，从而使人成为一个完整的实体。建筑设计和结构设计是建筑工程实体形成的两个重要途径，两者相互协调形成了整个建筑物的外观形状，确保了整体结构的稳定性。两者不仅相互协调而且也互相制约，密不可分还相互矛盾，如果两者能够协调一致，则能实现在时代技术条件下的完美结合，创造具有代表性的历史性建筑物。而如果两者相互脱节，建筑设计一味地强调造型、先进，不以当代的技术条件为设计基础，其所

做的只能成为纸上的方案，只能是海市蜃楼，在当前技术条件下无法短期实现的空中楼阁。作为建筑技术中的建筑构造，其贯穿于建筑设计的方案选择、初步设计、技术设计和施工图设计的整个过程，在方案选择和初步设计阶段，就应该分析工程所处的社会环境、文化氛围、经济实力和技术能力，从而选择合理的结构体系，以实现建筑物的内部空间和外部造型。在技术设计阶段，需要对设计方案进行进一步的深化，找出结构设计、暖通设计、电气设计和给水排水设计存在的技术方面的问题，并采取措施对其进行统一的协调、规划，在解决矛盾的过程中使得设计变得成熟。在详图设计阶段，是技术设计的进一步的深化，这个阶段的作用是用来处理建筑物局部构造与整体建筑物之间的矛盾，在这个阶段持续地协调建筑设计与结构设计之间的关系，使之更加协调，并为以后的工程施工提供依据。

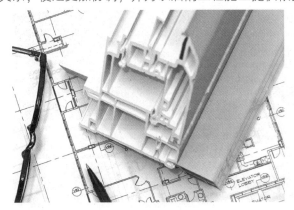

建筑设计的时候必须考虑结构设计的可行性，比如，如果设计师将建筑的横截面设计成为一个三角形，这会使得其抗弯能力和抗侧向力的能力远远不如传统的多边形、圆形、矩形和正方形截面，在一定条件下，这种设计也是可以实现，但是要在结构上进行加强，无形中浪费了大量的钢筋和混凝土。另外，如果建筑设计者缺乏结构设计方面的知识和修养，在设计过程中忽视力学的基本规律，比如：在抗震规范要求的抗震设防区域，高层建筑的电梯设置在了大楼的某一个侧面，远离了建筑物的刚度中心，这就会造成整个建筑物的重心不重合，一旦出现地震，后果不堪设想，如果要避免此类事情发生，则需要结构设计采取多种措施，不仅给结构设计带来了极大的麻烦，而且会使得工程造价大幅攀升。所以，在进行整栋建筑的设计过程中，建筑设计必须与结构设计充分地协调，建筑设计师需要具有结构设计师的基本素养，结构设计师要能最大限度地使用当前的先进的设计思想来实现建筑设想。

二、 建筑设计与给水排水专业的协调统一

由于有设备和设备基础，像水泵房、消防水泵房、水箱间及水处理间等组成了给水排水专用房屋，而且这些房间的荷载远比一般房间大得多，尤其是高水位水箱间需要设在建筑顶部，荷载比较大，这就严重影响了建筑的造型美观。因此在设计的时候，应该尽量避免使用高水位水箱，最好将水泵房设置在地下室或者半地下室。

由于给水排水管道的直径粗且数量多，针对这个问题在进行建筑设计的时候，应该考虑到对于管道的竖向布置尽量设置专门的管道井，如果不设置专门的管道井，就应该结合建筑设计，使功能用水的房间尽量保持上下一致，从而达到避免给水排水管道在房

间内乱设置的目的。另外，在建筑设计的时候，应该尽量避开水平管道，并且结合结构专业设计，使水平管道尽量不要穿过梁以及柱，以免对结构专业造成不利影响。在建筑布置方面，要做到避免管道绕梁绕柱带来的增加水阻力或满足不了水平管道坡降要求的弊端，而应该为管网系统创造有利条件。

在进行建筑设计和给水排水设计时，要与暖通、电气等其他专业一起考虑管道设置问题，这样做不仅有利于建筑的合理布局还有利于节约成本。

三、 建筑设计与暖通空调专业的协调统一

有空调的建筑物，建筑设计与暖通空调专业的关系就更密切。对于高层建筑的竖向设计中，暖通空调与给水排水和电气等集中布置在设备层。针对建筑空调设备的以上特点，在建筑设计的时候要充分考虑到核心区以及设备层的楼面荷载大，预留管道附件多，设备层高于标准层层高等特点。目前建筑外墙设置的室外空调板大多数仅仅是为了造型的美观，一旦业主

入住装修的时候，空调摆放位置很随意，导致了楼房使用后墙面造型的错落凌乱。因此，在建筑设计的时候，不应该仅仅考虑造型的美观，更应该考虑到设施的实用性。

四、 建筑设计与电气专业的协调统一

电气设备用房包括高、低压变配电房、发电机房、消防控制室、弱电机房等。由于高、低压变配电房、发电机房所占用的面积较大，且对周边的功能用房使用有干扰，所以一般设置于地下一层。建筑专业在布置平面时，在不同的防火分区应分别设置独立的电气竖井，电气设备用房应避免设在卫生间、浴室或其他经常积水场所的正下方，且不宜与上述场所相贴邻。选择合理的机房位置，节约设备成本。

建筑层高应考虑电气专业室内敷线的影响，应该尽量避免绕梁、穿梁。当梁上有管道需要通过的时候，为了防止在施工过程中对预制梁进行打孔而影响结构强度，应该在预制梁期间进行孔道的预留，从而合理解决各系统的缆线敷设通道，保证系统安全和缆线的传输性能。

第四节　建筑设计三个阶段的深度规定

一、方案设计阶段的深度规定

1. 一般要求

● 方案设计文件。

Step 01 设计说明书，包括各专业设计说明以及投资估算等内容；对于涉及建筑节能设计的专业，其设计说明应有建筑节能设计专门内容。

Step 02 总平面图以及建筑设计图样（若为城市区域供热或区域煤气调压站，应提供热能动力专业的设计图样）。

Step 03 设计委托或设计合同中规定的透视图、鸟瞰图、模型等。

● 方案设计文件的编排顺序。

Step 01 封面：项目名称、编制单位、编制年月。

Step 02 扉页：编制单位法定代表人、技术总负责人、项目总负责人的姓名，并经上述人员签署或授权盖章。

Step 03 设计文件目录。

Step 04 设计说明书。

Step 05 设计图样。

● 装配式建筑技术策划文件。

Step 01 技术策划报告，包括技术策划依据和要求、标准化设计要求、建筑结构体系、建筑围护系统、建筑内装体系、设备管线等内容。

Step 02 技术配置表，装配式结构技术选用及技术要点。

Step 03 经济性评估，包括项目规模、成本、质量、效率等内容。

Step 04 预制构件生产策划，包括构件厂选择、构件制作及运输方案，经济性评估等。

2. 设计说明书

● 设计依据、设计要求及主要技术经济指标。

Step 01 与工程设计有关的依据性文件的名称和文号，如选址及环境评价报告、用地红线图、项目可行性研究报告、政府有关主管部门对立项报告的批文、设计任务书或协议书等。

Step 02 设计所执行的主要法规和所采用的主要标准（包括标准的名称、编号、年号和版本号）。

Step 03 设计基础资料，如气象、地形地貌、水文地质、地震基本烈度、区域位置等。

Step 04 简述政府有关主管部门对项目设计的要求，如对总平面布置、环境协调、建筑风格等方面的要求。当城市规划等部门对建筑高度有限制时，应说明建筑物、构筑物的控制高度（包括最高和最低高度限值）。

Step 05 简述建设单位委托设计的内容和范围，包括功能项目和设备设施的配套情况。

Step 06 工程规模（如总建筑面积、总投资、容纳人数等）、项目设计规模等级和设计标准（包括结构的设计使用年限、建筑防火类别、耐火等级、装修标准等）。

Step 07 主要技术经济指标以及主要建筑或核心建筑的层数、层高和总高度等项指标；根据不同的建筑功能，还应表述能反映工程规模的主要技术经济指标；当工程项目（如城市居住区规划）另有相应的设计规范或标准时，技术经济指标应按其规定执行。

● 建筑设计说明。

Step 01 建筑方案的设计构思和特点。

Step 02 建筑群体和单体的空间处理、平面和竖向构成、立面造型和环境营造、环境分析（如日照、通风、采光）等。

Step 03 建筑的功能布局和各种出入口、垂直交通运输设施（包括楼梯、电梯、自动扶梯）的布置。

Step 04 建筑内部交通组织、防火和安全疏散设计。

Step 05 关于无障碍和智能化设计方面的简要说明。

Step 06 当建筑在声学、建筑防护、电磁波屏蔽以及人防地下室等方面有特殊要求时，应做相应说明。

Step 07 建筑节能设计说明，包括设计依据；项目所在地的气候分区；概述建筑节能设计及围护结构节能措施。

Step 08 当项目按绿色建筑要求建设时，应有绿色建筑设计说明，包括设计依据；项目绿色建筑设计的目标和定位；概述绿色设计的主要策略。

Step 09 当项目按装配式建筑要求建设时，应有装配式建筑设计说明，包括设计依据；项目装配式建筑设计的目标和定位；概述装配式建筑设计的主要技术措施。

● 总平面设计说明。

Step 01 概述场地现状特点和周边环境情况及地质地貌特征，详尽阐述总体方案的构思意图和布局特点，以及在竖向设计、交通组织、防火设计、景观绿化、环境保护等方面所采取的具体措施。

Step 02 说明关于一次规划、分期建设，以及原有建筑和古树名木保留、利用、改造（改建）方面的总体设想。

3. 设计图样

● 总平面设计图样。

Step 01 场地的区域位置。

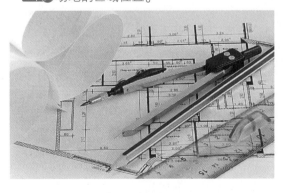

Step 02 场地的范围（用地和建筑物各角点的坐标或定位尺寸）。

Step 03 场地内及四邻环境的反映（四邻原有及规划的城市道路和建筑物、用地性质或建筑性质、层数等，场地内需保留的建筑物、构筑物、古树名木、历史文化遗存、现有地形与标高、水体、不良地质情况等）。

Step 04 场地内拟建道路、停车场、广场、绿地及建筑物的布置，并表示出主要建筑物与各类控制线（用地红线、道路红线、建筑控制线等）、相邻建筑物之间的距离及建筑物总尺寸，基地出入口与城市道路交叉口之间的距离。

Step 05 拟建主要建筑物的名称、出入口位置、层数、建筑高度、设计标高，以及地形复杂时主要道路、广场的控制标高。

Step 06 指北针或风玫瑰图、比例。

Step 07 根据需要绘制下列反映方案特性的分析图：功能分区、空间组合及景观分析、交通分析（人流及车流的组织、停车场的布置及停车泊位数量等）、消防分析、地形分析、绿地布置、日照分析、分期建设等。

● 建筑设计图样。

Step 01 平面图。平面的总尺寸、开间、进深尺寸及结构受力体系中的柱网、承重墙位置和尺寸（也可用比例尺表示）。各主要使用房间的名称。各楼层地面标高、屋面标高。室内停车库的停车位和行车线路。底层平面图应标明剖切线位置和编号，并应标示指北针。必要时绘制主要用房的放大平面和室内布置。图样名称、比例或比例尺。

Step 02 立面图。体现建筑造型的特点，选择绘制一二个有代表性的立面。各主要部位和最高点的标高或主体建筑的总高度。当与相邻建筑（或原有建筑）有直接关系时，应绘制相邻或原有建筑的局部立面图。图样名称、比例或比例尺。

Step 03 剖面图。剖面应剖在高度和层数不同、空间关系比较复杂的部位。各层标高及室外地面标高，建筑的总高度。若遇有高度控制时，还应标明最高点的标高。剖面编号、比例或比例尺。

Step 04 当项目按绿色建筑要求建设时，以上有关图样应示意对应的绿色建筑设计内容。

Step 05 当项目按装配式建筑要求建设时，以上有关图样应表达装配式建筑设计有关内容（如平面图中应表达装配技术使用部位、范围及采用的材料与构造方法，预制墙板的组合关系；预制墙板组合图、叠合楼板组合图等）。

● 热能动力设计图样（当项目为城市区域供热或区域燃气调压站时提供）。

Step 01 主要设备平面布置图及主要设备表。

Step 02 工艺系统流程图。

Step 03 工艺管网平面布置图。

二、 初步设计阶段的深度规定

1. 一般要求

● 初步设计文件。

Step 01 设计说明书，包括设计总说明、各专业设计说明。对于涉及建筑节能设计的专业，其设计说明应有建筑节能设计的专项内容。

Step 02 有关专业的设计图样。

Step 03 主要设备或材料表。

Step 04 工程概算书。

Step 05 有关专业计算书（计算书不属于必须交付的设计文件，但应按本规定相关条款的要求编制）。

● 初步设计文件的编排顺序。

Step01 封面：项目名称、编制单位、编制年月。

Step02 扉页：编制单位法定代表人、技术总负责人、项目总负责人和各专业负责人的姓名，并经上述人员签署或授权盖章。

Step03 设计文件目录。

Step04 设计说明书。

Step05 设计图样（可单独成册）。

Step06 概算书（应单独成册）。

2. 设计总说明

● 工程设计依据。

Step01 政府有关主管部门的批文，如该项目的可行性研究报告、工程立项报告、方案设计文件等审批文件的文号和名称。

Step02 设计所执行的主要法规和所采用的主要标准（包括标准的名称、编号、年号和版本号）。

Step03 工程所在地区的气象、地理条件、建设场地的工程地质条件。

Step04 公用设施和交通运输条件。

Step05 规划、用地、环保、卫生、绿化、消防、人防、抗震等要求和依据资料。

Step06 建设单位提供的有关使用要求。

● 设计特点。

Step01 简述各专业的设计特点和系统组成。

Step02 采用新技术、新材料、新设备和新结构的情况。

● 总指标。

Step01 总用地面积、总建筑面积和反映建筑功能规模的技术指标。

Step02 其他有关的技术经济指标。

● 工程建设的规模和设计范围。

Step01 工程的设计规模及项目组成。

Step02 分期建设的情况。

Step03 承担的设计范围与分工。

国家建筑标准设计图集　12SG121-1

施工图结构设计总说明
（混凝土结构）

中国建筑标准设计研究院

● 提请在设计审批时需解决或确定的主要问题。

Step01 有关城市规划、红线、拆迁和水、电、蒸汽、燃料等能源供应的协作问题。

Step02 总建筑面积、总概算（投资）存在的问题。

Step03 设计选用标准方面的问题。

Step04 主要设计基础资料和施工条件落实情况等影响设计进度的因素。

Step05 明确需要进行专项研究的内容。

注：总说明中已叙述的内容，在各专业说明中可不再重复。

3. 总平面

● 设计说明书。

Step01 设计依据及基础资料。

①摘述方案设计依据资料及批示中与本专业有关的主要内容。

②有关主管部门对本工程批示的规划许可技术条件（用地性质、道路红线、建筑控制线、城市绿线、用地红线、建筑物控制高度、建筑退让各类控制线距离、容积率、建筑密度、绿地率、日照标准、高压走廊、出入口位置、停车泊位数等），以及对总平面布局、周围环境、空间处理、交通组织、环境保护、文物保护、分期建设等方面的特殊要求。

③本工程地形图编制单位、日期，采用的坐标、高程系统。

④凡设计总说明中已阐述的内容可从略。

Step02 场地概述。

①说明场地所在地的名称及在城市中的位置（简述周围自然与人文环境、道路、市政基础设施与公共服务设施配套和供应情况，以及四邻原有和规划的重要建筑物与构筑物）。

②概述场地地形地貌（如山丘范围、高度，水域的位置、流向、水深，最高最低标高、总坡向、最大坡度和一般坡度等地貌特征）。

③描述场地内原有建筑物、构筑物，以及保留（包括名木、古迹、地形、植被等）、拆除的情况。

④摘述与总平面设计有关的自然因素，如地震、湿陷性或胀缩性土、地裂缝、岩溶、滑坡与其他地质灾害。

Step03 总平面布置。

①说明总平面设计构思及指导思想；说明如何因地制宜，结合地域文化特点及气候、自然地形综合考虑地形、地质、日照、通风、防火、卫生、交通以及环境保护等要求布置建筑物、构筑物，使其满足使用功能、城市规划要求以及技术安全、经济合理性、节能、节地、节水、节材等要求。

②说明功能分区、远近期结合、预留发展用地的设想。

③说明建筑空间组织及其与四周环境的关系。

④说明环境景观和绿地布置及其功能性、观赏性等。

⑤说明无障碍设施的布置。

Step04 竖向设计。

①说明竖向设计的依据（如城市道路和管道的标高、地形、排水、最高洪水位、最高潮水位、土方平衡等情况）。

②说明如何利用地形，综合考虑功能、安全、景观、排水等要求进行竖向布置；说明竖向布置方式（平坡式或台阶式）、地表雨水的收集利用及排除方式（明沟或暗管）等；如采用明沟系统，还应阐述其排放地点的地形与高程等情况。

③根据需要注明初平土石方工程量。

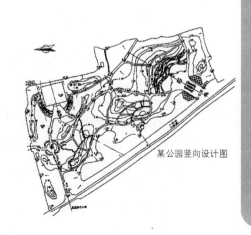

某公园竖向设计图

④防灾措施，如针对洪水、滑坡、潮汐及特殊工程地质（湿陷性或膨胀性土）等的技术措施。

Step**05**交通组织。

①说明人流和车流的组织、路网结构、出入口、停车场（库）的布置及停车数量的确定。

②消防车道及高层建筑消防扑救场地的布置。

③说明道路主要的设计技术条件（如主干道和次干道的路面宽度、路面类型、最大及最小纵坡等）。

④说明与城市道路的关系。

Step**06**主要技术经济指标（见表1-1）。

表1-1 民用建筑主要技术经济指标表

序号	名　称	单位	数量	备　注
1	总用地面积	hm²		
2	总建筑面积	m²		地上、地下部分应分列，不同功能性质部分应分列
3	建筑基地总面积	hm²		
4	道路广场总面积	hm²		含停车场面积
5	绿地总面积	hm²		可加注公共绿地面积
6	容积率			2/1
7	建筑密度	%		3/1
8	绿地率	%		5/1
9	小汽车/大客车停车泊位数	辆		室内、外应分列
10	自行车停放数量	辆		

注：1. 当工程项目（如城市居住区）有相应的规划设计规范时，技术经济指标的内容应按其执行。

2. 计算容积率时，通常不包括 ± 0.000 以下地下建筑面积。

● 设计图样。

Step**01**区域位置图。根据需要绘制。

Step**02**总平面图。

①保留的地形和地物。

②测量坐标网、坐标值，场地范围的测量坐标（或定位尺寸），道路红线、建筑控制线、用地红线。

③场地四邻原有及规划的道路、绿化带等的位置（主要坐标或定位尺寸）和主要建筑物及构筑物的位置、名称、层数、间距。

④建筑物、构筑物的位置（人防工程、地下车库、油库、储水池等隐蔽工程用虚线表示）与各类控制线的距离，其中主要建筑物、构筑物应标注坐标（或定位尺寸）、与相邻建筑物之间的距离及建筑物总尺寸、名称（或编号）、层数。

⑤道路、广场的主要坐标（或定位尺寸），停车场及停车位、消防车道及高层建筑消防扑救场地的布置，必要时加绘交通流线示意。

⑥绿化、景观及休闲设施的布置示意，并表示出护坡、挡土墙、排水沟等。

⑦指北针或风玫瑰图。

⑧主要技术经济指标表。

⑨说明栏内注写：尺寸单位、比例、地形图的测绘单位、日期，坐标及高程系统名称（如为场地建筑坐标网时，应说明其与测量坐标网的换算关系），补充图例及其他必要的说明等。

Step03 竖向布置图。

①场地范围的测量坐标值（或定位尺寸）。

②场地四邻的道路、地面、水面，及关键性标高（如道路出入口）。

③保留的地形、地物。

④建筑物、构筑物的位置名称（或编号），主要建筑物和构筑物的室内外设计标高、层数，有严格限制的建筑物、构筑物高度。

⑤主要道路、广场的起点、变坡点、转折点和终点的设计标高，以及场地的控制性标高。

⑥用箭头或等高线表示地面坡向，并表示出护坡、挡土墙、排水沟等。

⑦指北针。

⑧注明：尺寸单位、比例、补充图例。

Step04 根据项目实际情况可增加绘制交通、日照、土方图等，也可图样合并。

4. 建筑

● 设计说明。

Step01 设计依据。

①摘述设计任务书和其他依据性资料中与建筑专业有关的主要内容。

②设计所执行的主要法规和所采用的主要标准（包括标准的名称、编号、年号和版本号）。

Step02 设计概述。

①表述建筑的主要特征，如建筑总面积、建筑占地面积、建筑层数和总

高、建筑防火类别、耐火等级、设计使用年限、地震基本烈度、主要结构选型、人防类别和防护等级、地下室防水等级、屋面防水等级等。

②概述建筑物使用功能和工艺要求。

③简述建筑的功能分区、平面布局、立面造型及与周围环境的关系。

④简述建筑的交通组织、垂直交通设施（楼梯、电梯、自动扶梯）的布局，以及所采用的电梯、自动扶梯的功能、数量和吨位、速度等参数。

⑤建筑防火设计，包括总体消防、建筑单体的防火分区、安全疏散、疏散宽度计算和防火构造等。

⑥无障碍设计，包括基地总体上、建筑单体内的各种无障碍设施要求等。

⑦人防设计，包括人防面积、设置部位、人防类别、防护等级、防护单元数量等。

⑧当建筑在声学、建筑光学、建筑安全防护与维护、电磁波屏蔽等方面有特殊要求时所采取的特殊技术措施。

⑨主要的技术经济指标包括能反映建筑工程规模的总建筑面积以及诸如住宅的套型和套数、旅馆的房间数和床位数、医院的病床数、车库的停车位数量等。

⑩简述建筑的外立面用料及色彩、屋面构造及用料、内部装修使用的主要或特殊建筑材料。

⑪对具有特殊防护要求的门窗做必要的说明。

Step03 多子项工程中的简单子项可用建筑项目主要特征表做综合说明（表1-2）。

表1-2 建筑项目主要特征表

项目名称 编号		备注
建筑总面积		地上、地下另外分列
建筑占地面积		
建筑层数、总高		地上、地下分列
建筑防火类别		
耐火等级		
设计使用年限		
地震基本烈度		
主要结构选型		
人防类别和保护等级		说明平时、战时功能
地下室防水等级		
屋面防水		
建筑构造及装修	墙体	
	地面	
	楼面	
	屋面	
	天窗	
	门	
	窗	
	顶棚	
	内墙面	
	外墙面	

注：建筑构造及装修项目可随工程内容增减。

Step04 对需分期建设的工程，说明分期建设内容和对续建、扩建的设想及相关措施。

Step05 幕墙工程、特殊屋面工程及其他需要另行委托设计、加工的工程内容的必要说明。

Step06 需提请审批时解决的问题或确定的事项以及其他需要说明的问题。

Step07 建筑节能设计说明。

①设计依据。

②项目所在地的气候分区及围护结构的热工性能限值。

③简述建筑的节能设计，确定体型系数、窗墙比、天窗屋面比等主要参数，明确屋面、外墙（非透明幕墙）、外窗（透明幕墙）等围护结构的热工性能及节能构造措施。

Step08 当项目按绿色建筑要求建设时，应有绿色建筑设计说明。

　　①设计依据。

　　②绿色建筑设计的目标和定位。

　　③评价与建筑专业相关的绿色建筑技术选项及相应的指标、做法说明。

　　④简述相关绿色建筑设计的技术措施。

Step09 当项目按装配式建筑要求建设时，应有装配式建筑设计和内装专项说明。

　　①设计依据。

　　②装配式建筑设计的项目特点和定位。

　　③装配式建筑评价与建筑专业相关的装配式建筑技术选项。

　　④简述装配式建筑设计相关的技术措施。

● 设计图样。

Step01 平面图。

　　①标明承重结构的轴线、轴线编号、定位尺寸和总尺寸；注明各空间的名称，住宅标注套型内卧室、起居室（厅）、厨房、卫生间等空间的使用面积。

　　②绘出主要结构和建筑构配件，如非承重墙、壁柱、门窗（幕墙）、天窗、楼梯、电梯、自动扶梯、中庭（及其上空）、夹层、平台、阳台、雨篷、台阶、坡道、散水明沟等的位置；当围护结构为幕墙时，应标明幕墙与主体结构的定位关系。

　　③表示主要建筑设备的位置，如水池、卫生器具等与设备专业有关的设备的位置。

　　④表示建筑平面或空间的防火分区和防火分区分隔位置和面积，宜单独成图。

　　⑤标明室内、外地面设计标高及地上、地下各层楼地面标高。

　　⑥底层平面标注剖切线位置、编号及指北针。

　　⑦绘出有特殊要求或标准的厅、室的室内布置，如家具的布置等；也可根据需要选择绘制标准层、标准单元或标准间的放大平面图及室内布置图。

　　⑧图样名称、比例。

Step02 立面图。应选择绘制主要立面，立面图上应标明：

　　①两端的轴线和编号。

　　②立面外轮廓及主要结构和建筑部件的可见部分，如门窗（幕墙）、雨篷、檐口（女儿墙）、屋顶、平台、栏杆、坡道、台阶和主要装饰线脚等。

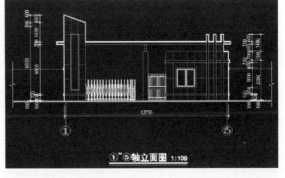

　　③平、剖面图未能表示的屋顶、屋顶高耸物、檐口（女儿墙）、室外地面等处主要标高或高度。

　　④可见主要部位的饰面用料。

　　⑤图样名称、比例。

Step03 剖面图。剖面应剖在层高、层数不同、内外空间比较复杂的部位（如中庭与邻近的楼层或错层部位），剖面图应准确、清楚地绘示出剖到或看到的各相关部分内容，并应表示：

①主要内、外承重墙、柱的轴线，轴线编号。

②主要结构和建筑构造部件，如地面、楼板、屋顶、檐口、女儿墙、顶棚、梁、柱、内外门窗、天窗、楼梯、电梯、平台、雨篷、阳台、地沟、地坑、台阶、坡道等。

③各层楼地面和室外标高，以及建筑的总高度，各楼层之间尺寸及其他必需的尺寸等。

④图样名称、比例。

Step04 根据需要绘制局部的平面放大图或节点详图。

Step05 对于贴邻的原有建筑，应绘出其局部的平、立、剖面图。

Step06 当项目按绿色建筑要求建设时，以上有关图样应表示相关绿色建筑设计技术的内容。

三、 施工图设计阶段的深度规定

1. 一般要求

●施工图设计文件。

Step01 合同要求所涉及的所有专业的设计图样以及图样总封面；对于涉及建筑节能设计的专业，其设计说明应有建筑节能设计的专项内容。

Step02 合同要求的工程预算书。

注：对于方案设计后直接进入施工图设计的项目，若合同未要求编制工程预算书，施工图设计文件应包括工程概算书。

Step03 各专业计算书。计算书不属于必须交付的设计文件，但应按本规定相关条款的要求编制并归档保存。

●总封面标识内容。

Step01 项目名称。

Step02 设计单位名称。

Step03 项目的设计编号。

Step04 设计阶段。

Step05 编制单位法定代表人、技术总负责人和项目总负责人的姓名及其签字或授权盖章。

Step06 设计日期（即设计文件交付日期）。

2. 图样

●总平面图。

Step01 保留的地形和地物。

Step02 测量坐标网、坐标值。

Step03 场地范围的测量坐标（或定位尺寸）、道路红线、建筑控制线、用地红线等的位置。

Step04 场地四邻原有及规划的道路、绿化带等的位置（主要坐标或定位尺寸），以及主要建筑物和构筑物及地下建筑物等的位置、名称、层数。

Step05 建筑物、构筑物（人防工程、地下车库、油库、储水池等隐蔽工程以虚线表示）的名称或编号、层数、定位（坐标或相互关系尺寸）。

Step06 广场、停车场、运动场地、道路、围墙、无障碍设施、排水沟、挡土墙、护坡等的定位（坐标或相互关系尺寸）。如有消防车道和扑救场地，需注明。

Step07 指北针或风玫瑰图。

Step08 建筑物、构筑物使用编号时，应列出"建筑物和构筑物名称编号表"。

Step09 注明尺寸单位、比例、坐标及高程系统（如为场地建筑坐标网时，应注明与测量坐标网的相互关系）、补充图例等。

● 竖向布置图 ●

Step01 场地测量坐标网、坐标值。

Step02 场地四邻的道路、水面、地面的关键性标高。

Step03 建筑物和构筑物名称或编号、室内外地面设计标高、地下建筑的顶板面标高及覆土高度限制。

Step04 广场、停车场、运动场地的设计标高，以及景观设计中水景、地形、台地、院落的控制性标高。

Step05 道路、坡道、排水沟的起点、变坡点、转折点和终点的设计标高（路面中心和排水沟顶及沟底）、纵坡度、纵坡距、关键性坐标，道路标明双面坡或单面坡、立道牙或平道牙，必要时标明道路平曲线及竖曲线要素。

Step06 挡土墙、护坡或土坎顶部和底部的主要设计标高及护坡坡度。

Step07 用坡向箭头表示地面坡向；当对场地平整要求严格或地形起伏较大时，可用设计等高线表示。地形复杂时宜表示场地剖面图。

Step08 指北针或风玫瑰图。

Step09 注明尺寸单位、比例、补充图例等。

Step10 注明尺寸单位、比例、建筑正负零的绝对标高、坐标及高程系统（如为场地建筑坐标网时，应注明与测量坐标网的相互关系）、补充图例等。

● 图样目录 ●

应先列新绘制的图样，后列选用的标准图和重复利用图。

● 设计说明 ●

一般工程分别写在有关的图样上。如重复利用某工程的施工图及其说明时，应详细注明其编制单位、工程名称、设计编号和编制日期；列出主要技术经济指标表，说明地形图、初步设计批复文件等设计依据、基础资料。

● 土石方图 ●

Step01 场地范围的测量坐标（或定位尺寸）。

Step02 建筑物、构筑物、挡墙、台地、下沉广场、水系、土丘等位置（用细虚线表示）。

Step03 20m × 20m 或 40m × 40m 方格网及其定位，各方格点的原地面标高、设计标高、填挖高度、填区和挖区的分界线，各方格土石方量、总土石方量。

Step04 土石方工程平衡表（表1-3）。

表 1-3　土石方工程平衡表

序号	项　　目	土石方量/m²		说　　明
		填方	挖方	
1	场地平整			
2	室内地坪填土和地下建筑物、构筑物挖土、房屋及构筑物基础			
3	道路、管线地沟、排水沟			包括路堤填土、路堑和路槽挖土
4	土方损益			是指土壤经过挖填后的损益数
5				

注：表列项目随工程内容增减。

● 管道综合图。

Step01 总平面布置。

Step02 场地范围的测量坐标（或定位尺寸），道路红线、建筑控制线、用地红线等的位置。

Step03 保留、新建的各管线（管沟）、检查井、化粪池、储罐等的平面位置，注明各管线、化粪池、储罐等与建筑物、构筑物的距离和管线间距。

Step04 场外管线接入点的位置。

Step05 管线密集的地段宜适当增加断面图，表明管线与建筑物、构筑物、绿化之间及管线之间的距离，并注明主要交叉点上下管线的标高或间距。

Step06 指北针。

Step07 注明尺寸单位、比例、图例、施工要求。

● 设计图样的增减。

Step01 当工程设计内容简单时，竖向布置图可与总平面图合并。

Step02 当路网复杂时，可增绘道路平面图。

Step03 土石方图和管线综合图可根据设计需要确定是否出图。

Step04 当绿化或景观环境另行委托设计时，可根据需要绘制绿化及建筑小品的示意性和控制性布置图。

● 绿化及建筑小品布置图。

Step01 平面布置。

Step02 绿地（含水面）、人行步道及硬质铺地的定位。

Step03 建筑小品的位置（坐标或定位尺寸）、设计标高、详图索引。

Step04 指北针。

Step05 注明尺寸单位、比例、图例、施工要求等。

● 详图。

　　包括道路横断面、路面结构、挡土墙、护坡、排水沟、池壁、广场、运动场地、活动场地、停车场地面、围墙等详图。

● 计算书。

　　设计依据及基础资料、计算公式、计算过程、有关满足日照要求的分析资料及成果资料均作为技术文件归档。

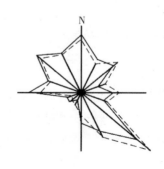

3. 建筑

●图样目录。

应先列新绘制图样，后列选用的标准图或重复利用图。

●设计说明。

Step01 设计依据。依据性文件名称和文号，如批文、本专业设计所执行的主要法规和所采用的主要标准（包括标准名称、编号、年号和版本号）及设计合同等。

Step02 项目概况。内容一般应包括建筑名称、建设地点、建设单位、建筑面积、建筑基底面积、项目设计规模等级、设计使用年限、建筑层数和建筑高度、建筑防火分类和耐火等级、人防工程类别和防护等级、人防建筑面积、屋面防水等级、地下室防水等级、主要结构类型、抗震设防烈度等，以及能反映建筑规模的主要技术经济指标，如住宅的套型和套数（包括每套的建筑面积、使用面积）、旅馆的客房间数和床位数、医院的门诊人次和住院部的床位数、车库的停车泊位数等。

Step03 设计标高。工程的相对标高与总图绝对标高的关系。

Step04 用料说明和室内外装修。

①墙体、墙身防潮层、地下室防水、屋面、外墙面、勒脚、散水、台阶、坡道、油漆、涂料等处的材料和做法，可用文字说明或部分文字说明，部分直接在图上引注或加注索引号，其中应包括节能材料的说明。

②室内装修部分除用文字说明以外也可用表格形式表达（表1-4），在表上填写相应的做法或代号；较复杂或较高级的民用建筑应另行委托室内装修设计；凡属二次装修的部分，可不列装修做法表和进行室内施工图设计，但对原建筑设计、结构和设备设计有较大改动时，应征得原设计单位和设计人员的同意。

表1-4　室内装修做法表

名称＼部位	楼、地面	踢脚板	墙裙	内墙面	顶棚	备注
门厅						
走廊						

注：表列项目可增减。

Step05 对采用新技术、新材料的做法说明及对特殊建筑造型和必要的建筑构造的说明。

Step06 门窗表（表1-5）及门窗性能（防火、隔声、防护、抗风压、保温、气密性、水密性等）、用料、颜色、玻璃、五金件等的设计要求。

Step07 幕墙工程（玻璃、金属、石材等）及特殊屋面工程（金属、玻璃、膜结构等）的性能及制作要求（节能、防火、安全、隔声构造等）。

Step08 电梯（自动扶梯）选择及性能说明（功能、载重量、速度、停站数、提升高度等）。

Step09 建筑防火设计说明。

表1-5　门窗表

| 类别 | 设计编号 | 洞口尺寸/mm | | 樘数 | 采用标准图集及编号 | | 备注 |
		宽	高		图集代号	编号	
门							
窗							

注：1. 采用非标准图集的门窗应绘制门窗立面图及开启方式。

　　　2. 单独的门窗表应加注门窗的性能参数、型材类别、玻璃种类及热工性能。

Step⑩无障碍设计说明。

Step⑪建筑节能设计说明。

　　①设计依据。

　　②项目所在地的气候分区及围护结构的热工性能限值。

　　③建筑的节能设计概况、围护结构的屋面（包括天窗）、外墙（非透明幕墙）、外窗（透明幕墙）、架空或外挑楼板、分户墙和户间楼板（居住建筑）等构造组成和节能技术措施，明确外窗和透明幕墙的气密性等级。

　　④建筑体形系数计算、窗墙面积比（包括天窗屋面比）计算和围护结构热工性能计算，确定设计值。

Step⑫根据工程需要采取的安全防范和防盗要求及具体措施，隔声减振减噪、防污染、防射线等的要求和措施。

Step⑬需要专业公司进行深化设计的部分，对分包单位明确设计要求，确定技术接口的深度。

Step⑭其他需要说明的问题。

Step⑮当项目按装配式建筑要求建设时，应有装配式建筑设计说明。

　　①装配式建筑设计概况及设计依据。

　　②建筑专业相关的装配式建筑技术选项内容，拟采用的技术措施，如标准化设计要点、预制部位及预制率计算等技术应用说明。

　　③一体化装修设计的范围及技术内容。

　　④装配式建筑特有的建筑节能设计内容。

Step⑯其他需要说明的问题。

●平面图。

Step①承重墙、柱及其定位轴线和轴线编号，轴线总尺寸（或外包总尺寸）、轴线间尺寸（柱距、跨度）、门窗洞口尺寸、分段尺寸。

Step②内外门窗位置、编号，门的开启方向，注明房间名称或编号，库房（储藏）注明储存物品的火灾危险性类别。

Step03 墙身厚度（包括承重墙和非承重墙），柱与壁柱截面尺寸（必要时）及其与轴线关系尺寸，当围护结构为幕墙时，标明幕墙与主体结构的定位关系及平面凹凸变化的轮廓尺寸；玻璃幕墙部分标注立面分格间距的中心尺寸。

Step04 变形缝位置、尺寸及做法索引。

Step05 主要建筑设备和固定家具的位置及相关做法索引，如卫生器具、雨水管、水池、台、橱、柜、隔断等。

Step06 电梯、自动扶梯、自动步道及传送带（注明规格）、楼梯（爬梯）位置，以及楼梯上下方向示意和编号索引。

Step07 主要结构和建筑构造部件的位置、尺寸和做法索引，如中庭、天窗、地沟、地坑、重要设备或设备基础的位置尺寸、各种平台、夹层、人孔、阳台、雨篷、台阶、坡道、散水、明沟等。

Step08 楼地面预留孔洞和通气管道、管线竖井、烟囱、垃圾道等位置、尺寸和做法索引，以及墙体（主要为填充墙，承重砌体墙）预留洞的位置、尺寸与标高或高度等。

Step09 车库的停车位、无障碍车位和通行路线。

Step10 特殊工艺要求的土建配合尺寸及工业建筑中的地面荷载、起重设备的起重量、行车轨距和轨顶标高等。

Step11 建筑中用于检修维护的天桥、栅顶、马道等的位置、尺寸、材料和做法索引。

Step12 室外地面标高、首层地面标高、各楼层标高、地下室各层标高。

Step13 首层平面标注剖切线位置、编号及指北针或风玫瑰图。

Step14 有关平面节点详图或详图索引号。

Step15 每层建筑面积、防火分区面积、防火分区分隔位置及安全出口位置示意，图中标注计算疏散宽度及最远疏散点到达安全出口的距离（宜单独成图）；当整层仅为一个防火分区，可不注防火分区面积，或以示意图（简图）形式在各层平面中表示。

Step16 住宅平面图中标注各房间使用面积、阳台面积。

Step17 屋面平面图应有女儿墙、檐口、天沟、坡度、坡向、雨水口、屋脊（分水线）、变形缝、楼梯间、水箱间、电梯机房、天窗及挡风板、屋面上人孔、检修梯、室外消防楼梯、出屋面管道井及其他构筑物，必要的详图索引号、标高等；表述内容单一的屋面可缩小比例绘制。

Step18 根据工程性质及复杂程度，必要时可选择绘制局部放大平面图。

Step19 建筑平面较长较大时，可分区绘制，但须在各分区平面图适当位置上绘出分区组合示意图，并明显表示本分区部位编号。

Step20 图样名称、比例。

Step21 图样的省略：如是对称平面，对称部分的内部尺寸可省略，对称轴部位用对称符号表示，但轴线号不得省略；楼层平面图除轴线间等主要尺寸及轴线编号外，与首层相同的尺寸可省略；楼层标准层可共用同一平面，但需注明层次范围及各层的标高。

Step22 装配式建筑应在平面图中用不同图例注明预制构件（如预制夹心外墙、预制墙体、预制楼梯、叠合阳台等）位置，并标注构件截面尺寸及其与轴线关系尺寸；预制构件大样图，为了控制尺寸及一体化装修相关的预埋点位。

● 立面图。

Step 01 两端轴线编号，立面转折较复杂时可用展开立面表示，但应准确注明转角处的轴线编号。

Step 02 立面外轮廓及主要结构和建筑构造部件的位置，如女儿墙顶、檐口、柱、变形缝、室外楼梯和垂直爬梯、室外空调机搁板、外遮阳构件、阳台、栏杆、台阶、坡道、花台、雨篷、烟囱、勒脚、门窗、幕墙、洞口、门头、雨水管，以及其他装饰构件、线脚和粉刷分格线等。

Step 03 建筑的总高度、楼层位置辅助线、楼层数和标高以及关键控制标高的标注，如女儿墙或檐口标高等；外墙的留洞应标注尺寸与标高或高度尺寸（宽×高×深及定位关系尺寸）。

Step 04 平、剖面图未能表示出来的屋顶、檐口、女儿墙、窗台以及其他装饰构件、线脚等的标高或尺寸。

Step 05 在平面图上表达不清的窗编号。

Step 06 各部分装饰用料名称或代号，剖面图上无法表达的构造节点详图索引。

Step 07 图样名称、比例。

Step 08 各个方向的立面应绘齐全，但差异小、左右对称的立面或部分不难推定的立面可简略；内部院落或看不到的局部立面，可在相关剖面图上表示，若剖面图未能表示完全时，则需单独绘出。

● 剖面图。

Step 01 剖视位置应选在层高不同、层数不同、内外部空间比较复杂、具有代表性的部位；建筑空间局部不同处以及平面、立面均表达不清的部位，可绘制局部剖面。

Step 02 墙、柱、轴线和轴线编号。

Step 03 剖切到或可见的主要结构和建筑构造部件，如室外地面、底层地（楼）面、地坑、地沟、各层楼板、夹层、平台、顶棚、屋架、屋顶、出屋顶烟囱、天窗、挡风板、檐口、女儿墙、爬梯、门、窗、外遮阳构件、楼梯、台阶、坡道、散水、平台、阳台、雨篷、洞口及其他装修等可见的内容。

Step 04 高度尺寸。

外部尺寸：门、窗、洞口高度、层间高度、室内外高差、女儿墙高度、阳台栏杆高度、总高度。

内部尺寸：地坑（沟）深度、隔断、内窗、洞口、平台、顶棚等。

Step 05 标高。主要结构和建筑构造部件的标高，如室内地面、楼面（含地下室）、平台、雨篷、顶棚、屋面板、屋面檐口、女儿墙顶、高出屋面的建筑物、构筑物及其他屋面特殊构件等的标高，室外地面标高。

Step 06 节点构造详图索引号。

Step 07 图样名称、比例。

● 详图。

Step 01 内外墙、屋面等节点，绘出不同构造层次，表达节能设计内容，标注各材料名称及具体技术要求，注明细部和厚度尺寸等。

Step02 楼梯、电梯、厨房、卫生间等局部平面放大图和构造详图，注明相关的轴线和轴线编号以及细部尺寸、设施的布置和定位、相互的构造关系及具体技术要求等。

Step03 室内外装饰方面的构造、线脚、图案等；标注材料及细部尺寸、与主体结构的连接构造等。

Step04 门、窗、幕墙绘制立面图，对开启面积大小和开启方式，与主体结构的连接方式、用料材质、颜色等做出规定。

Step05 对另行委托的幕墙、特殊门窗，应提出相应的技术要求。

Step06 其他凡在平、立、剖面图或文字说明中无法交待或交待不清的建筑构配件和建筑构造。

● 计算书。

Step01 建筑节能计算书。

①根据不同气候分区地区的要求进行建筑的体形系数计算。

②根据建筑类别，计算各单一立面外窗（包括透光幕墙）窗墙面积比、屋顶透光部分面积比，确定外窗（包括透光幕墙）、屋顶透光部分的热工性能满足规范的限值要求。

③根据不同气候分区城市的要求对屋面、外墙（包括非透光幕墙）、底面接触室外空气的架空或外挑楼板等围护结构部位进行热工性能计算。

④当规范允许的个别限值超过要求，通过围护结构热工性能的权衡判断，使围护结构总体热工性能满足节能要求。

Step02 根据工程性质和特点，提出进行视线、声学、安全疏散等方面的计算依据、技术要求。

第五节　建筑制图的一般规定

一、建筑制图的图线规定

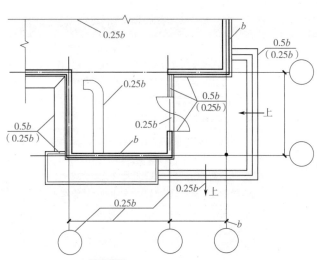

图线的宽度 b，应根据图样的复杂程度和比例，并按现行国家标准《房屋建筑制图统一标准》的有关规定选用，如图1-1~图1-3所示。

图1-1　平面图图线宽度选用

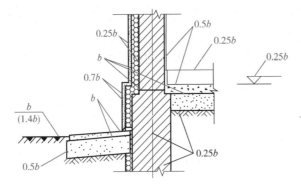

图线的宽度b，宜从1.4mm、1.0mm、0.7mm、0.5mm线宽系列中选取。

图1-2 墙身剖面图图线宽度选用

每个图样，应根据复杂程度与比例大小，选定基本线宽b，再选用表1-6中相应的线宽组。

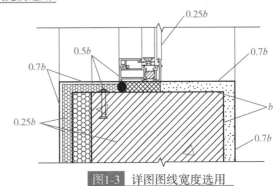

图1-3 详图图线宽度选用

表1-6 线宽组

线 宽 比	线 宽 组			
b	1.4	1.0	0.7	0.5
$0.7b$	1.0	0.7	0.5	0.35
$0.5b$	0.7	0.5	0.35	0.25
$0.25b$	0.35	0.25	0.18	0.13

建筑专业、室内设计专业制图采用的各种图线应符合表1-7的规定。

表1-7 图线

名 称		线 型	线 宽	一 般 用 途
实线	粗		b	1. 平、剖面图中被剖切的主要建筑构造（包括配件）的轮廓线 2. 建筑立面图或室内立面图的外轮廓线 3. 建筑构造详图中被剖切的主要部分的轮廓线 4. 建筑构配件详图中的外轮廓线 5. 平、立、剖面图中被剖切的次要建筑
	中粗		$0.7b$	1. 平、剖面图中被剖切的次要建筑构造（包括构配件）的轮廓线 2. 建筑平、立、剖面图中建筑构配件的轮廓线 3. 建筑构造详图及建筑构配件详图中的一般轮廓线
	中		$0.5b$	小于$0.7b$的图形线、尺寸线、尺寸界限、索引符号、标高符号、详图材料做法引出线、粉刷线、保温层线、地面、墙面的高差分界线等
	细		$0.25b$	图例填充线、家具线、纹样线等

名 称		线 型	线 宽	一般用途
虚线	中粗	- - - - - - - -	0.7b	1. 建筑构造详图及建筑构配件不可见的轮廓线 2. 平面图中的梁式起重机（吊车）轮廓线 3. 拟建、扩建建筑物轮廓线
	中	- - - - - - - -	0.5b	投影线、小于 0.5b 的不可见轮廓线
	细	- - - - - - - -	0.25b	图例填充线、家具线
单点 长画线	粗	—— · —— · ——	b	起重机（吊车）轨道线
	细		0.25b	中心线、对称线、定位轴线
折断线	细	—〜—	0.25b	部分省略表示时的断开界线
波浪线	细	〜〜〜	0.25b	部分省略表示时的断开界线，曲线形构件断开界限，构造层次的断开界限

二、 建筑制图的比例规定

建筑专业、室内设计专业制图选用的各种比例宜符合表 1-8 的规定。

表 1-8 比例

图 名	比 例
建筑物或构筑物的平面图、立面图、剖面图	1:50、1:100、1:150、1:200、1:300
建筑物或构筑物的局部放大图	1:10、1:20、1:25、1:30、1:50
配件构造详图	1:1、1:2、1:5、1:10、1:15、1:20、1:25、1:30、1:50

第六节 BIM 技术与建筑设计

一、 BIM 简介

20 世纪末，随着计算机技术的不断发展，发达国家的建筑业在 IFC 的基础上发展了 BIM 的设计方法。在 21 世纪初，我国将该设计方法引入，得到了国内建筑业的认可，并逐渐推广开来。

BIM 是以建筑工程项目的各项相关信息数据作为模型的基础，进行建筑模型的建立，通过数字信息仿真模拟建筑物所具有的真实信息。具有信息完备性、信息关联性、信息一致性、可视化、协调性、模拟性、优化性和可出图性八大特点。

建立以 BIM 应用为载体的项目管理信息化，可提升项目生产效率、提高建筑质量、缩短工期、降低建造成本。BIM 在建筑全生命周期中的应用如图 1-4 所示。

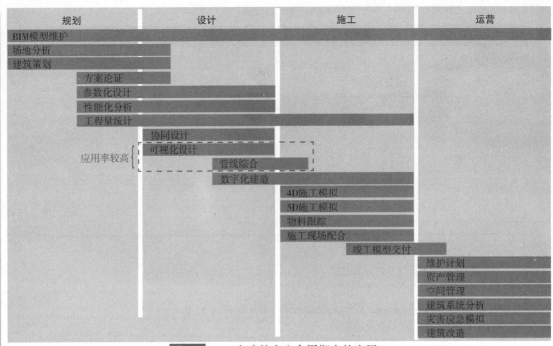

图 1-4　BIM 在建筑全生命周期中的应用

二、 BIM 在建筑设计中的应用

●能够提早建立精切的设计模型。

使用 BIM 软件绘制的 3D 建筑模型是直接设计的，而不是施工 2D 的图面系统去做拼凑，在项目专案过程中的任何阶段若需要各种角度的视图也能够迅速产生，且这些视图也将具有一致性。

●在任何视角能够生成其 2D 的图面。

当建筑物的 3D 模型建立完成时，若要去做细部的修改以及设定，系统将能够直接从任何视角切出其 2D 的图面提供使用者做更细致的修改。

●当设计有变更时将自动更改模型。

在设计的过程当中如果发现面前设计有需要做部分的修改时，修改某项数据软件将能够自动改变与其数据有相关性的其他数据，且自动去做协调以及检查。

●多个不同设计领域的协同。

BIM 的概念在建筑模型建立完成之后，可将模型传输至各个不同的设计领域，使得各个设计领域的工作者能够在整合的资料中协同作业，此部分将能够有效地提高建安在设计部分的效率。

●更简单轻松地核查设计空间。

BIM 概念所建立的模型能够有效精确地计算其面积、空间以及材料数量，从而能够更快更准确地估算建筑物的成本。有部分的建筑物讲究其空间面积的掌控，例如实验室或是医院，而 BIM 的概念将能够有效地掌控建筑物的空间面积，甚至能够自动地计算可使用的面积。

●在设计阶段做成本的估算。

在设计的任何阶段中，BIM 的概念能够有效地计算出构件的数量、空间面积等数据，使得在设计阶段能够更有效地控制成本，也可以依照这些数据资料做出更明智、更节省成本的设计。

● 提高能源效率及其发展性。

近年建筑物在建造中都需要做能耗评估，使用 BIM 技术当然也能整合能耗计算的部分，使得建筑物在设计过程中能够有效地去做能耗分析，使得建筑物能够符合规范的规定。相较于以往以手算方式去做核查，BIM 概念能够更有效以及快速地做好能源分析。

三、 BIM 在建筑设计中的应用技巧

作为 BIM 设计人员来讲使用一款软件来做一个项目只是起步，也是较为简单的工作。而在项目设计中需要多个专业运用合适的设计软件来达成设计，如二维设计阶段暖通专业使用鸿业计算负荷、天正暖通图样设计、Excel 计算防排烟，每个专业都有自己的特点和不同的软件，这在 BIM 设计阶段也是一样，很难通过一款软件来囊括所有专业的设计。

而 BIM 设计应用的软件选择上不是要知道一款软件能做什么，而是要知道哪款软件更适合项目和专业特点。比如我们在做一个常规地

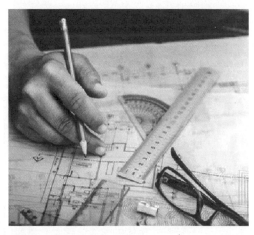

下室设计时，机电使用 MAGICAD 设计既能提高设计效率，与 CAD 也能较好地结合，保证设计出图的一致性。如果使用 Revit 进行 BIM 设计，则设计效率上会大打折扣。而一旦地下室顶板带坡度，机电管线需要大范围进行放坡时，由于 MAGICAD 的机电管线在坡度绘制方法上较为局限，管线综合调改也更加困难，而这时 Revit 则体现出了其功能强大的设计优势。

全过程 BIM 设计也需要一些辅助软件搭配组合方能实现设计目的，如二三维信息交互时，BIM 设计软件无法分析出其他软件提供的图样或模型中变量或常量，这会在每次信息交互过程中带来巨大的工作量，利用 Design Review，对本轮与上一轮的提资信息进行对比，将对比后的变量信息通过不同颜色区分。

成果检验时也可以利用 Design Review 或 AdobePDF，发布成包含大部分信息的轻量化模型如 DWF/PDF 等格式，虽然不能对模型编辑但是可以标识审查。

第七节　装配式建筑深化设计

一、 装配式建筑的设计流程

● 流程精细化。

预制装配式建筑的建设流程更全面、更综合、更精细，在传统的设计流程的基础上，增加了前期技术策划和预制构件加工图设计两个设计阶段。

● 设计模数化。

模数化是建筑工业化的基础，通过建筑模数的控制可以实现建筑、构件、部品之间的统一，从模数化协调到模块化组合，进而使预制装配式建筑迈向标准化设计。

预制装配式建筑对住房传统的建设模式和生产方式产生了深刻的变革，影响预制装配式建筑实施的因素有技术水平、生产工艺、管理水平、生产能力、运输条件、建设周期等方面。在预制装配式建筑的建设流程中，需要建设、设计、生产和施工等单位精心配合，协同工作。

与采用现浇结构建筑的建设流程相比，预制装配式建筑的设计工作呈现五个方面的特征。

● 配合一体化。

在预制装配式建筑设计阶段，应与各专业和构配件厂家充分配合，做到主体结构、预制构件、设备管线、装修部品和施工组织的一体化协作，优化设计成果。

● 技术信息化。

BIM是利用数字技术表达建筑项目几何、物理和功能信息以支持项目全生命周期决策、管理、建设、运营的技术和方法。建筑设计可采用BIM技术，提高预制构件设计完成度与精确度。

● 成本精准化。

预制装配式建筑的设计成果直接作为构配件生产加工的依据，并且在同样的装配率条件下，预制构件的不同拆分方案也会给投资带来较大的变化，因此设计的合理性直接影响项目的成本。

二、 装配式建筑设计要点解析

●规划设计要点解析●

预制装配式建筑的规划设计在满足采光、通风、间距、退线等规划要求情况下，宜优先采用由套型模块组合的住宅单元进行规划设计。以安全、经济、合理为原则，考虑施工组织流程，保证各施工工序的有效衔接，提高效率。由于预制构件需要在施工过程中运至塔式起重机所覆盖的区域内进行吊装，因此在总平面设计中应充分考虑运输通道的设置，合理布置预制构件临时堆场的位置与面积，选择适宜的塔式起重机位置和吨位，塔式起重机位置的最终确定应根据现场施工方案进行调整，以达到精确控制构件运输环节，提高场地使用效率，确保施工组织便捷及安全。

●平面设计要点解析●

预制装配式建筑平面设计应遵循模数协调原则，优化套型模块的尺寸和种类，实现住宅预制构件和内装部品的标准化、系列化和通用化，完善住宅产业化配套应用技术，提升工程质量，降低建造成本。以住宅建筑为例，在方案设计阶段应对住宅空间按照不同的使用功能进行合理划分，结合设计规范、项目定位及产业化目标等要求确定套型模块及其组合形式。平面设计可以通过研究符合装配式结构特性的模数系列，形成一定标准化的功能模块，再结合实际的定位要求等形成适合工业化建造的套型模块，由套型模块再组合形成最终的单元模块。

建筑平面宜选用大空间的平面布局方式，合理布置承重墙及管井位置，实现住宅空间的灵活性、可变性。套内各功能空间分区明确、布局合理。通过合理的结构选型，减少套内承重墙体的出现，使用工业化生产且易于拆改的内隔墙划分套内功能空间。

●预制构件设计要点解析●

预制装配式建筑的预制构件的设计应遵循标准化、模数化原则。应尽量减少构件类型，提高构件标准化程度，降低工程造价。对于开洞多、异形、降板等复杂部位可考虑现浇的方式。注意预制构件重量及尺寸，综合考虑项目所在地区构件加工生产能力及运输、吊装等条件。同时预制构件具有较高的耐久性、耐火性。预制构件设计应充分考虑生产的便利性、可行性以及成品保护的安全性。当构件尺寸较大时，应增加构件脱模及吊装用的预埋吊点的数量，预制外墙板应根据不同地区的保温隔热要求选择适宜的构造，同时考虑空调留洞及散热器安装预埋件等安装要求。

对于非承重的内墙宜选用自重轻、易于安装和拆卸、且隔声性能良好的隔墙板等。可根据使用功能灵活分隔室内空间，非承重内墙板与主体结构的连接应安全可靠，满足抗震及使用要求。用于厨房及卫生间等潮湿空间的墙体应具有防水、易清洁的性能。内隔墙板与设备管线、卫生洁具、空调设备及其他构配件的安装连接应牢固可靠。

预制装配式建筑的楼盖宜采用叠合楼板，结构转换层、平面复杂或开间较大的楼层、作为上部结构嵌固部位的地下室楼层宜采用现浇楼盖。楼板与楼板、楼板与墙体间的接缝应保证结构整体性。叠合楼板应考虑设备管线、顶棚、灯具安装点位的预留预埋，满足设备专业要求。

空调室外机搁板宜与预制阳台组合设置。阳台应确定栏杆留洞、预埋线盒、立管留洞、地漏等的准确位置。预制楼梯应确定扶手栏杆的留洞及预埋，楼梯踏面的防滑构造应在工厂预制时一次成型，且采取成品保护措施。

● 立面设计要点解析。

预制装配式建筑的立面设计应利用标准化、模块化、系列化的套型组合特点，预制外墙板可采用不同饰面材料展现不同肌理与色彩的变化，通过不同外墙构件的灵活组合，实现富有工业化建筑特征的立面效果。预制装配式建筑外墙构件主要包括装配式混凝土外墙板、门窗、阳台、空调板和外墙装饰构件等。可以充分发挥装配式混凝土剪力墙结构住宅外墙构件的装饰作用，进行立面多样化设计。

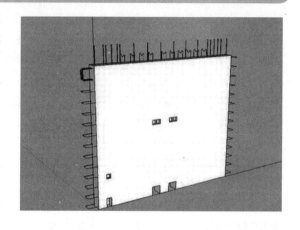

立面装饰材料应符合设计要求，预制外墙板宜采用工厂预涂刷涂料、装饰材料反打、肌理混凝土等装饰一体化的生产工艺。当采用反打一次成型的外墙板时，其装饰材料的规格尺寸、材质类别、连接构造等应进行工艺试验验证，以确保质量。

外墙门窗在满足通风采光的基础上，通过调节门窗尺寸、虚实比例以及窗框分隔形式等设计手法形成一定的灵活性；通过改变阳台、空调板的位置和形状，可使立面具有较大的可变性；通过装饰构件的自由变化可实现多样化立面设计效果，满足建筑立面风格差异化的要求。

● 构造节点设计要点解析。

预制构件连接节点的构造设计是装配式混凝土剪力墙结构住宅的设计关键，预制外墙板的接缝、门窗洞口等防水薄弱部位的构造节点与材料选用应满足建筑的物理性能、力学性能、耐久性能及装饰性能的要求。各类接缝应根据工程实际情况和所在气候区等，合理进行节点设计，满足防水及节能要求。预制外墙板垂直缝宜采用材料防水和构造防水相结合的做法，可采用槽口缝或平口缝，预制外墙板水平缝采用构造防水时宜采用企口缝或高低缝。接缝宽度应考虑热胀冷缩及风荷载、地震作用等外界环境的影响。

外墙板连接节点的密封胶应具有与混凝土的相容性以及规定的抗剪切和伸缩变形能力，尚应具有防霉、防水、防火、耐候性等材料性能。对于预制外墙板上的门窗安装应确保其连接的安全性、可靠性及密闭性。

装配式混凝土剪力墙结构住宅的外围护结构热工计算应符合国家建筑节能设计标准的相关要求，当采用预制夹心外墙板时，其保温层宜连续，保温层厚度应满足项目所在地区建筑围护结构节能设计要求。保温材料宜采用轻质高效的保温材料，安装时保温材料含水率应符合现行国家相关标准的规定。

三、 专业协同设计要点解析

●结构专业协同。

预制装配式建筑体形、平面布置及构造应符合抗震设计的原则和要求。为满足工业化建造的要求，预制构件设计应遵循受力合理、连接简单、施工方便、少规格、多组合的原则，选择适宜的预制构件尺寸和重量，方便加工运输，提高工程质量，控制建设成本。

建筑承重墙、柱等竖向构件宜上下连续，门窗洞口宜上下对齐，成列布置，不宜采用转角窗。门窗洞口的平面位置和尺寸应满足结构受力及预制构件设计要求。

●暖通专业协同。

供暖系统的主立管及分户控制阀门等部件应设置在公共空间竖向管井内，户内供暖管线宜设置为独立环路。采用低温热水地面辐射供暖系统时，分、集水器宜配合建筑地面垫层的做法设置在便于维修管理的部位。采用散热器供暖系统时，合理布置散热器位置、供暖管线的走向。采用分体式空调机时，满足卧室、起居室预留空调设施的安装位置和预留预埋条件。当采用集中新风系统时，应确定设备及风道的位置和走向。住宅厨房及卫生间应确定排气道的位置及尺寸。

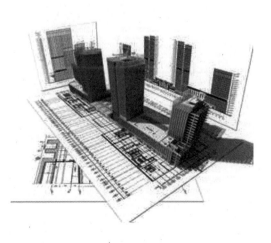

●给水排水专业协同。

预制装配式建筑应考虑公共空间竖向管井位置、尺寸及共用的可能性，将其设于易于检修的部位。竖向管线的设置宜相对集中，水平管线的排布应减少交叉。穿预制构件的管线应预留或预埋套管，穿预制楼板的管道应预留洞，穿预制梁的管道应预留或预埋套管。管井及顶棚内的设备管线安装应牢固可靠，应设置方便更换、维修的检修门（孔）等措施。

住宅套内宜优先采用同层排水，同层排水的房间应有可靠的防水构造措施。采用整体卫浴、整体厨房时，应与厂家配合土建预留净尺寸及设备管道接口的位置及要求。太阳能热水系统集热器、储水罐等的安装应与建筑一体化设计，结构主体做好预留预埋。

●电气电信专业协同。

确定分户配电箱位置，分户墙两侧暗装电气设备不应连通设置。预制构件设计应考虑内装要求，确定插座、灯具位置以及网络接口、电话接口、有线电视接口等位置。确定线路设置位置与垫层、墙体以及分段连接的配置，在预制墙体内、叠合板内暗敷设时，应采用线管保护。在预制墙体上设置的电气开关、插座、接线盒、连接管线等均应进行预留预埋。在预制外墙板、内墙板的门窗过梁及锚固区内不应埋设设备管线。

Chapter 2

第二章

建筑专业施工图
设计

第一节　商业建筑施工图设计

一、　商业建筑规模划分

商业建筑的规模应按单项建筑内的商业总建筑面积进行划分，并应符合表 2-1 的规定。

表2-1　商业建筑的规模划分

规　模	小　型	中　型	大　型
总建筑面积	<5000m²	5000m² ~ 20000m²	>20000m²

二、　商业建筑总体环境及设计要点

1. 选址

● 对于易产生污染的商业建筑，其基地选址应有利于污染的处理或排放。

● 大型商业建筑的基地沿城市道路的长度宜≥基地周长的1/6，并宜有不少于两个方向的出入口与城市道路相连接。

● 大型和中型商业建筑基地内的雨水应有组织排放，且雨水排放不得对相邻地块的建筑及绿化产生影响。

2. 建筑布局

● 大型和中型商业建筑的基地内应设置专用运输通道，且不应影响主要顾客人流，其宽度应≥4m，宜为 7m。运输通道设在地面时，可与消防车道结合设置。

● 大型商业建筑应按当地城市规划要求设置停车位。在建筑物内设置停车库时，应同时设置地面临时停车位。

● 大型和中型商业建筑应进行基地内的环境景观设计及建筑夜景照明设计。

三、　商业建筑各类功能区设计要点

1. 营业厅

● 自选营业厅设计应符合下列规定：

Step01 营业厅内宜按商品的种类分开设置自选场地。

Step02 厅前应设置顾客物品寄存处、进厅闸位、供选购用的盛器堆放位及出厅收款位等，且面积之和宜≥营业厅面积的 8%。

Step03 应根据营业厅内可容纳顾客人数，在出厅处按每100人设收款台1个（含0.60m 宽顾客通过口）。

Step04 营业厅的面积 >1000m² 时，宜设闭路电视监控装置。

● 营业厅的净高应按其平面形状和通风方式确定，并应符合表 2-2 的规定。

表格

表2-2　营业厅的净高

通风方式	自然通风			机械排风和自然通风相结合	空气调节系统
	单面开窗	前面敞开	前后开窗		
最大进深与净高比	2:1	2.5:1	4:1	5:1	—
最小净高/m	3.20	3.20	3.50	3.50	3.00

注：1. 设有空调设施、新风量和过渡季节通风量≥20m³/（h·人），并且有人工照明的面积≤50m²的房间或宽度≤3m的局部空间的净高可酌减，但不应<2.40m。

2. 营业厅净高应按楼地面至吊顶或楼板底面障碍物之间的垂直高度计算。

● 自选营业厅的面积可按每位顾客1.35m²计，当采用购物车时，应按1.70m²/人计。

● 自选营业厅内通道最小净宽度应符合表2-3的规定，并应按自选营业厅的设计容纳人数对疏散用的通道宽度进行复核。兼作疏散的通道宜直通至出厅口或安全出口。

表2-3　自选营业厅内通道最小净宽度

通道位置		最小净宽度/m	
		不采用购物车	采用购物车
通道在两个平行货架之间	靠墙货架长度不限，离墙货架长度小于15m	1.60	1.80
	每个货架长度小于15m	2.20	2.40
	每个货架长度为15~24m	2.80	3.00
与各货架相垂直的通道	通道长度小于15m	2.40	3.00
	通道长度不小于15m	3.00	3.60
货架与出入闸位间的通道		3.80	4.20

注：当采用货台、货区时，其周围留出通道宽度，可按商品的可选样性进行调整。

● 大型和中型商业建筑内连续排列的商铺之间的公共通道最小净宽度应符合表2-4的规定。

表2-4　连续排列的商铺之间的公共通道最小净宽度

通道名称	最小净宽度/m	
	通道两侧设置商铺	通道一侧设置商铺
主要通道	4.00，且不小于通道长度的1/10	3.00，且不小于通道长度的1/15
次要通道	3.00	2.00
内部作业通道	1.80	—

2. 仓储区

● 储存库房内存放商品应紧凑、有规律，货架或堆垛间的通道净宽度应符合表2-5的规定。

表2-5　货架或堆垛间的通道净宽度

通道位置	净宽度/m
货架或堆垛与墙面间的通风通道	>0.30
平行的两组货架或堆垛间手携商品通道，按货架或堆垛宽度选择	0.70~1.25
与各货架或堆垛间通道相连的垂直通道，可以通行轻便手推车	1.50~1.80
电瓶车通道（单车道）	>2.50

注：1. 单个货架宽度为0.30~0.90m，一般为两架并靠成组；堆垛宽度为0.60~1.80m。

2. 储存库房内电瓶车行速应≤75m/min，其通道宜取直，或设置≥6m×6m的回车场地。

●储存库房的净高应根据有效储存空间及减少至营业厅垂直运距等确定，应按楼地面至上部结构主梁或桁架下弦底面间的垂直高度计算，并应符合下列规定：

Step01 设有货架的储存库房净高应≥2.10m。

Step02 设有夹层的储存库房净高应≥4.60m。

Step03 无固定堆放形式的储存库房净高应≥3.00m。

●当商业建筑的地下室、半地下室用作商品临时储存、验收、整理和加工场地时，应采取防潮、通风措施。

3. 辅助区

●大型和中型商业建筑应设置职工更衣、工间休息及就餐等用房。

●商业建筑内部应设置垃圾收集空间或设施。

四、 商业建筑消防车道设计要点

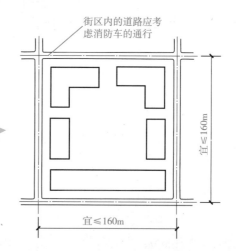

> 街区内的道路应考虑消防车的通行，由于通常室外消火栓的保护半径在150m左右，且室外消火栓按规定一般设在道路两旁，故消防车道的间距宜≤160m，如图2-1所示。

图 2-1　街区内道路的消防车道设计（一）

> 街区内的U形、L形建筑，其形状较复杂且总长度和沿街的长度过长，必然会给消防人员扑救火灾和内部区域人员疏散带来不便，在考虑满足消防扑救和疏散要求的前提下，对U形、L形建筑物的两翼长度不做限制，规定当建筑物的长度达到规定时，应设置穿过建筑物的消防车道，如图2-2所示。

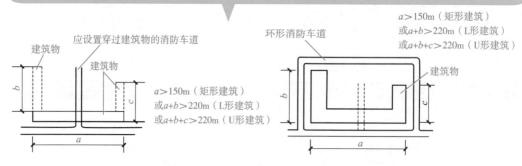

图 2-2　街区内道路的消防车道设计（二）

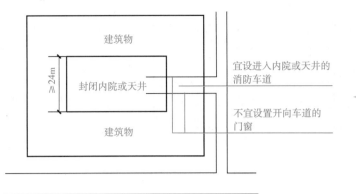

有封闭内院或天井的建筑物，当其短边长度不小于24m时，宜设置进入内院或天井的消防车道，如图2-3所示。

图 2-3　进入内院或天井的消防车道设计

消防车道的宽度应≥4.0m，消防车道距高层建筑外墙宜＞5.0m，如图2-4所示。

消防车道上空4.00m以下范围内不应设有障碍物。供消防车停留的空地，其坡度宜≤8%。

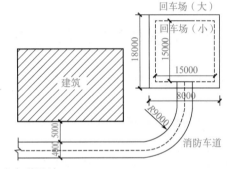

图 2-4　消防车道设计

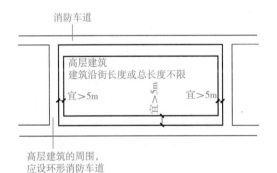

高层建筑的周围，应设环形车道，如图2-5所示。

图 2-5　高层建筑消防车道的设计（一）

高层建筑的周围，当设置环形车道有困难时，可沿高层建筑的两个长边设置消防车道，如图2-6所示。

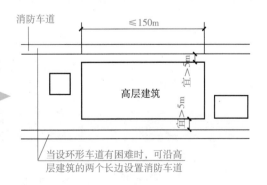

图 2-6　高层建筑消防车道的设计（二）

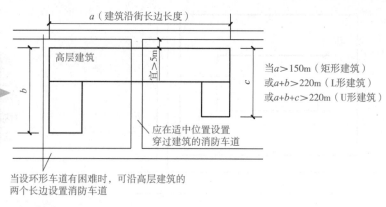

高层建筑的沿街长度超过150m或总长度超过220m时，应在适中位置设置穿过建筑的消防车道，如图2-7所示。

当设环形车道有困难时，可沿高层建筑的两个长边设置消防车道

图2-7 高层建筑消防车道的设计（三）

五、 商业建筑安全出口设计要点

● 设置在首层的商业服务网点应符合下列要求：

Step01 建筑面积≤200m²，可设一个直通室外的安全出口。

Step02 建筑面积＞200m²，应设两个直通室外的安全出口，两个安全出口的间距应≥5m。

Step03 商业服务网点内最远点至安全出口的最远距离应≤22m，当设置喷淋保护时，疏散距离可增加3m。

● 设置为二层或二层以上的商业服务网点应符合下列要求：

Step01 可设一部楼梯间。

Step02 当楼梯为敞开楼梯间时，室内从最远点算起（室内楼梯的一段距离按其水平投影长度的1.5倍计算），到底层的直通室外的安全出口的距离应≤22m。当设置了喷淋保护时，疏散距离可增加3m。当疏散距离超过本条规定时，楼梯应设置成封闭楼梯间或设置房间门与楼梯分隔开，且房间内最远点至房间门的距离应≤15m。

Step03 商业服务网点的建筑面积＞200m²，底层应设置两个安全出口。楼梯间在底层距离直接对外出口应≤15m。

● 商业服务网点及小型商业建筑几种安全出口的方式如图2-8所示。

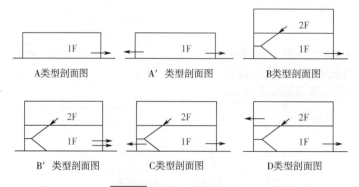

A类型剖面图   A′类型剖面图   B类型剖面图

B′类型剖面图   C类型剖面图   D类型剖面图

图2-8 安全出口的方式

六、 商业建筑疏散设计要点

● 除另有规定外，商业建筑内疏散门和安全出口的净宽度应≥0.90m，疏散走道和疏散楼梯的净宽度应≥1.10m。

● 多层商业建筑，除与敞开式外廊直接相连的楼梯间外，疏散楼梯均应采用封闭楼梯间。

● 疏散门数量应经计算确定且不应少于两个。符合下列条件之一，可设置一个疏散门。

Step01 位于两个安全出口之间或袋形走道两侧的房间，建筑面积≤120m²。

Step02 位于走道尽端的房间，建筑面积 < 50m² 且疏散门的净宽度≥0.90m，或由房间内任一点至疏散门的直线距离≤15m、建筑面积≤200m² 且疏散门的净宽度≥1.40m。

七、 商业建筑防火分区设计要点

● 商业建筑的防火分区允许最大建筑面积应符合表2-6 的规定。

表2-6 商业建筑的防火分区允许最大建筑面积

耐 火 等 级		最多允许层数	防火分区的最大允许建筑面积/m²
高　层	一、二级	—	1500
单层、多层	一、二级	—	2500
	三级	5 层	1200
	四级	2 层	600
地下、半地下建筑（室）	一级	—	500

注：1. 当建筑内设有自动喷水灭火系统时，防火分区允许最大建筑面积可增加1.0 倍；局部设置时，防火分区的增加面积可按该局部面积的1.0 倍计算。

　　2. 裙房与高层建筑主体之间设置防火墙时，裙房的防火分区可按单、多层建筑的要求确定。

● 一、二级耐火等级建筑内的商店营业厅、展览厅，应当设置自动灭火系统和火灾自动报警系统，且采用不燃或难燃装修材料时，其每个防火分区的最大允许建筑面积应符合下列规定：

Step01 设置在高层建筑内时，应≤4000m²。

Step02 设置在单层建筑或仅设置在多层建筑的首层内时，应≤10000m²。

Step03 设置在地下或半地下时，应≤2000m²。

● 公共建筑内的每个防火分区或一个防火分区内的每个楼层，其安全出口的数量应经计算确定，且不应少于两个。当符合表2-7 中的条件时，可设一个安全出口或一部疏散楼梯。

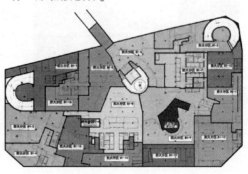

表2-7 公共建筑可设置一个安全出口的条件

耐火等级	最多层数	每层最大建筑面积/m²	人 数
一、二级	3层	200	第二层和第三层的人数之和≤50人
三级	3层	200	第二层和第三层的人数之和≤25人
四级	2层	200	第二层人数≤15人

第二节 住宅建筑施工图设计

一、 住宅建筑设计原则

●住宅设计必须遵守安全卫生、环境保护、节约用地、节约能源、节约用材、节约用水等有关规定。

●住宅设计应推行标准化、多样化，积极采用新技术、新材料、新产品，促进住宅产业现代化。

●住宅设计应在满足近期使用要求的同时，兼顾今后改造的可能。

●住宅设计应符合城市规划及居住区规划的要求，使建筑与周围环境相协调，创造方便、舒适、优美的生活空间。

●住宅设计应以人为核心，除满足一般居住使用要求外，根据需要应满足老年人、残疾人的特殊要求。

二、 住宅建筑设计套型要点

1. 套型

●住宅应按套型设计，每套应设卧室、起居室（厅）、厨房和卫生间等基本空间。

●套型的使用面积应符合下列规定：

Step01 由卧室、起居室（厅）、厨房和卫生间等组成的套型，其使用面积应≥30m²。

Step02 由兼起居的卧室、厨房和卫生间等组成的最小套型，其使用面积应≥22m²。

2. 居住空间的划分

●卧室的最小面积是根据居住人口、家具尺寸及必要的活动空间确定的，应符合下列规定：

Step01 双人卧室应≥9m²。

Step**02**单人卧室应≥5m²。

Step**03**兼起居的卧室应≥12m²。

● 起居室（厅）的使用面积应≥10m²。

● 套型设计时应减少直接开向起居室（厅）的门的数量。起居室（厅）内布置家具的墙面直线长度宜＞3m。

● 无直接采光的餐厅、过厅等，其使用面积宜≤10m²。

3. 厨房空间

　　厨房是住宅功能空间的辅助部分又是核心部分，它对住宅的功能与质量起着关键作用。厨房内设备及管线多，其平面布置涉及操作流程、人体工效学以及通风换气等多种因素。由于设备安装后移动困难，改装更非易事，设计时必须精益求精，认真对待。

● 厨房的使用面积应符合下列规定：

Step**01**由卧室、起居室（厅）、厨房和卫生间等组成的住宅套型的厨房使用面积应≥4.0m²。

Step**02**由兼起居的卧室、厨房和卫生间等组成的住宅最小套型的厨房使用面积应≥3.5m²。

● 厨房宜布置在套内近入口处。

● 厨房应设置洗涤池、案台、炉灶及排油烟机、热水器等设施或为其预留位置。

● 厨房应按炊事操作流程布置。排油烟机的位置应与炉灶位置对应，并应与排气道直接连通。

● 单排布置设备的厨房净宽应≥1.50m；双排布置设备的厨房其两排设备之间的净距应≥0.90m。

4. 卫生间

● 三件卫生设备集中配置的卫生间的使用面积应≥2.50m²。

● 卫生间可根据使用功能要求组合不同的设备。不同组合的空间使用面积应符合下列规定：

Step**01**设便器、洗面器时，应≥1.80m²。

Step**02**设便器、洗浴器时，应≥2.00m²。

Step**03**设洗面器、洗浴器时，应≥2.00m²。

Step**04**设洗面器、洗衣机时，应≥1.80m²。

Step**05**单设便器时，应≥1.10m²。

● 无前室的卫生间的门不应直接开向起居室（厅）或厨房。

● 卫生间不应直接布置在下层住户的卧室、起居室（厅）、厨房和餐厅的上层。

5. 层高和室内净高

- 住宅层高宜为 2.80m。
- 利用坡屋顶内空间作卧室、起居室（厅）时，至少有 1/2 的使用面积的室内净高应 ≥2.10m。
- 厨房、卫生间内排水横管下表面与楼面、地面净距应 ≥1.90m，且不得影响门、窗扇开启。
- 厨房、卫生间的室内净高应 ≥2.20m。
- 卧室、起居室（厅）的室内净高应 ≥2.40m，局部净高应 ≥2.10m，且局部净高的室内面积应 ≤室内使用面积的 1/3。

6. 阳台

- 阳台栏杆设计应设防儿童攀登，栏杆的垂直杆件净距离应 ≤0.11m，放置花盆处必须采取防坠落措施。
- 封闭阳台栏板或栏杆也应满足阳台栏板或栏杆净高要求。7 层及 7 层以上住宅和寒冷、严寒地区住宅宜采用实体栏板。
- 阳台、雨罩均应采取有组织排水措施，雨罩及开敞阳台应采取防水措施。
- 顶层阳台应设雨罩，各套住宅之间毗连的阳台应设分户隔板。

- 6 层及 6 层以下住宅的阳台栏杆净高应 ≥1.05m。7 层及 7 层以上住宅的阳台栏杆净高应 ≥1.10m。

7. 过道、储藏空间和套内楼梯

一套住宅，除考虑居住部分和厨卫部分空间的布置外，尚需考虑交通联系空间、杂物储藏空间以及生活服务阳台等室外空间及设施。

- 套内入口过道净宽宜 ≥1.20m；通往卧室、起居室（厅）的过道净宽应 ≥1.00m；通往厨房、卫生间、储藏室的过道净宽应 ≥0.90m。

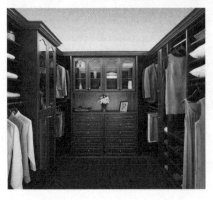

- 套内楼梯当一边临空时，梯段净宽应 ≥0.75m；当两侧有墙时，墙面之间净宽应 ≥0.90m，并应在其中一侧墙面设置扶手。
- 套内设于底层或靠外墙、靠卫生间的壁柜内部应采取防潮措施。
- 套内楼梯的踏步宽度应 ≥0.22m；高度应 ≤0.20m，扇形踏步转角距扶手中心 0.25m 处，宽度应 ≥0.22m。

8. 门窗

●窗外没有阳台或平台的外窗窗台距楼面、地面的净高<0.90m时，应有防护设施，如图2-9所示。

●底层外窗和阳台门、下沿低于2.00m且紧邻走廊或共用上人屋面上的窗和门，应采取防卫措施。

●厨房和卫生间的门应在下部设置有效截面面积≥0.02m² 的固定百叶，也可距地面留出≥30mm 的缝隙。

●各部位门洞的最小尺寸应符合表2-8的规定。

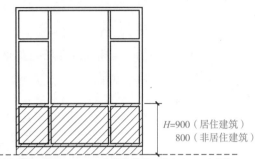

H=900（居住建筑）
800（非居住建筑）

楼板标高

备注：居住建筑H低于900mm，非居住建筑H低于800mm应采取防护措施（贴窗护栏或固定窗）。

图 2-9　窗台距楼面、地面的高度

表2-8　门洞的最小尺寸

类　　别	洞口宽度/m	洞口高度/m
共用外门	1.20	2.00
户（套）门	1.00	2.00
起居室（厅）门	0.90	2.00
卧室门	0.90	2.00
厨房门	0.80	2.00
卫生间门	0.70	2.00
阳台门（单扇）	0.70	2.00

注：1. 表中门洞口高度不包括门上亮子高度，宽度以平开门为准。

　　2. 洞口两侧地面有高低差时，以高地面为起算高度。

●当设置凸窗时应符合下列规定：

Step01 窗台高度≤0.45m 时，防护高度从窗台面起算应≥0.90m。

Step02 可开启窗扇窗洞口底距窗台面的净高<0.90m 时，窗洞口处应有防护措施。其防护高度从窗台面起算应≥0.90m。

Step03 严寒和寒冷地区不宜设置凸窗。

三、　住宅建筑安全出口设计要点

●10 层以下的住宅建筑，当住宅单元任一层的建筑面积>650m²，或任一套房的户门至安全出口的距离>15m 时，该住宅单元每层的安全出口应≥2 个。

●10 层及 10 层以上且不超过 18 层的住宅建筑，当住宅单元任一层的建筑面积>650m²，或任一套房的户门至安全出口的距离>10m 时，该住宅单元每层的安全出口应≥2 个。

●19 层及 19 层以上的住宅建筑，每层住宅单元的安全出口应≥2 个。

●安全出口应分散布置，两个安全出口的距离应≥5m。

四、 住宅建筑疏散设计要点

●楼梯间及前室的门应向疏散方向开启。

●10 层以下的住宅建筑的楼梯间宜通至屋顶，且不应穿越其他房间。通向平屋面的门应向屋面方向开启。

●10 层及 10 层以上的住宅建筑，每个住宅单元的楼梯均应通至屋顶，且不应穿越其他房间。通向平屋面的门应向屋面方向开启。各住宅单元的楼梯间宜在屋顶相连通。但符合下列条件之一的，楼梯可不通至屋顶：

Step01 18 层及 18 层以下，每层≤8 户、建筑面积≤650m²，且设有一座共用的防烟楼梯间和消防电梯的住宅。

Step02 顶层设有外部联系廊的住宅。

五、 住宅建筑无障碍设计要求

●7 层及 7 层以上的住宅，应对下列部位进行无障碍设计：

Step01 建筑入口。

Step02 入口平台。

Step03 候梯厅。

Step04 公共走道。

●供轮椅通行的走道和通道净宽应≥1.20m。

●7 层及 7 层以上住宅建筑入口平台宽度应≥2.00m，7 层以下住宅建筑入口平台宽度应≥1.50m。

●住宅入口及入口平台的无障碍设计应符合下列规定：

Step01 建筑入口设台阶时，应同时设置轮椅坡道和扶手。

Step02 坡道的坡度应符合表 2-9 的规定。

表2-9　坡道的坡度

坡　　度	1:20	1:16	1:12	1:10	1:8
最大高度/m	1.50	1.00	0.75	0.60	0.35

Step03 供轮椅通行的门净宽应≥0.8m。

Step04 供轮椅通行的推拉门和平开门，在门把手一侧的墙面，应留有≥0.5m 的墙面宽度。

Step05 供轮椅通行的门扇，应安装视线观察玻璃、横执把手和关门拉手，在门扇的下方应安装高 0.35m 的护门板。

Step06 门槛高度及门内外地面高差应≤0.015m，并应以斜坡过渡。

六、 住宅建筑地下室 （半地下室） 设计要点

●卧室、起居室（厅）、厨房不应布置在地下室；当布置在半地下室时，必须对采光、通风、日照、防潮、排水及安全防护采取措施，并不得降低各项指标要求。

●除卧室、起居室（厅）、厨房以外的其他功能房间可布置在地下室，当布置在地下室时，应对采光、通风、防潮、排水及安全防护采取措施。

●直通住宅单元的地下楼、电梯间入口处应设置乙级防火门，严禁利用楼、电梯间为地下车库进行自然通风。

●住宅的地下室、半地下室做自行车库和设备用房时，其净高应≥2.00m。

●当住宅的地上架空层及半地下室做机动车停车位时，其净高应≥2.20m。

●地上住宅楼、电梯间宜与地下车库连通，并宜采取安全防盗措施。

●地下室、半地下室应采取防水、防潮及通风措施，采光井应采取排水措施。

七、 住宅建筑安全疏散楼梯设计要点

●根据我国相关规定，长廊式高层住宅一般应有两部以上楼梯，以解决居民的疏散问题。

所有的一类建筑，除单元式和通廊式住宅以外的建筑高度超过 32m 的二类建筑，以及塔式住宅，均应设置防烟楼梯间。防烟楼梯间的自然排烟方式如图 2-10 所示。

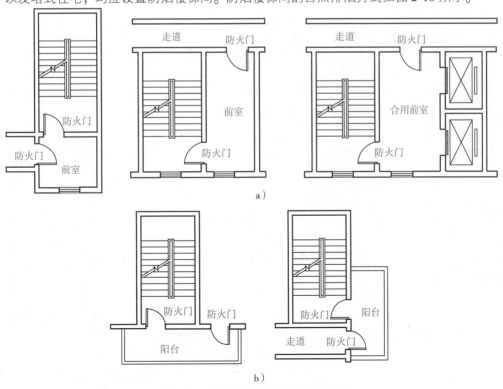

图 2-10　防烟楼梯间的自然排烟方式

a）利用外墙开启窗排烟　　b）利用阳台或凹廊自然排烟

●防烟楼梯间机械送风的部位，应符合设计要求。

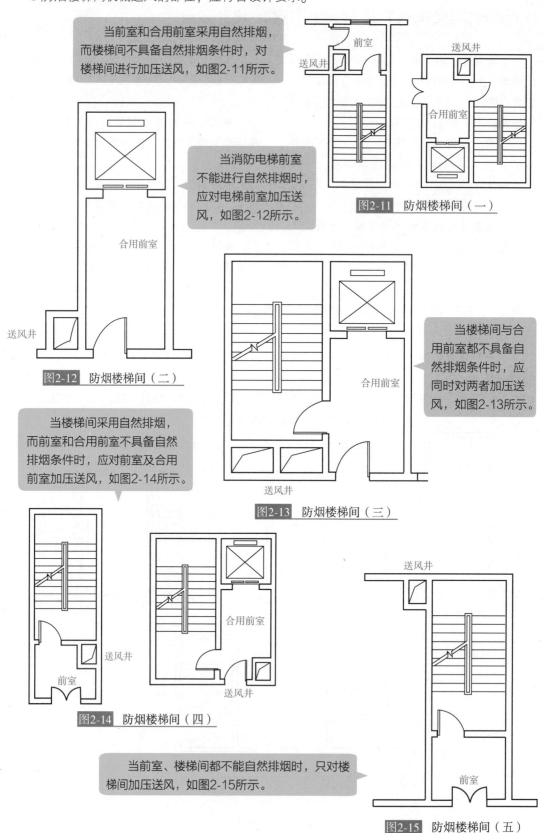

当前室和合用前室采用自然排烟，而楼梯间不具备自然排烟条件时，对楼梯间进行加压送风，如图2-11所示。

当消防电梯前室不能进行自然排烟时，应对电梯前室加压送风，如图2-12所示。

图2-11 防烟楼梯间（一）

图2-12 防烟楼梯间（二）

当楼梯间与合用前室都不具备自然排烟条件时，应同时对两者加压送风，如图2-13所示。

当楼梯间采用自然排烟，而前室和合用前室不具备自然排烟条件时，应对前室及合用前室加压送风，如图2-14所示。

图2-13 防烟楼梯间（三）

图2-14 防烟楼梯间（四）

当前室、楼梯间都不能自然排烟时，只对楼梯间加压送风，如图2-15所示。

图2-15 防烟楼梯间（五）

第三节 医疗建筑施工图设计

一、 医疗建筑的工艺设计要点

1. 工艺设计要求

●医疗工艺设计应确定医疗业务结构、功能和规模，以及相关医疗流程、医疗设备、技术条件和参数。

●医疗工艺设计应进行前期设计和条件设计。前期设计应满足编制可行性研究报告、设计任务书及建筑方案设计的需要。条件设计应与医疗建筑初步设计同步完成，并应与建筑设计的深化、完善过程相配合，同时应满足医疗建筑初步设计及施工图设计的需要。

●医疗工艺流程应分为医院内各医疗功能单元之间的流程及各医疗功能单元内部的流程。

●医疗功能单元的划分宜符合表2-10的规定。

表2-10 医疗功能单元的划分

分类	门诊、急诊	预防、保健管理	临床科室	医技科室	医疗管理
各功能单元	分诊、挂号、收费、各诊室、急诊、急救、输液、留院观察等	儿童保健、妇女保健等	内科、外科、眼科、耳鼻喉科、儿科、妇产科、手术部、麻醉科、重症监护科（ICU和CCU等）、介入治疗、放射治疗、理疗科等	药剂科，检验科、医学影像科（放射科、核医学、超声科）、病理科、中心供应、输血科等	病案管理、统计管理、住院管理、门诊管理、感染控制管理等

2. 医疗工艺设计参数

●医疗工艺设计参数应根据不同医院的要求研究确定，当无相关数据时应符合下列要求：

Step01门诊诊室间数可按日平均门诊诊疗人次/（50~60人次）测算。

Step02急救抢救床数可按急救通过量测算。

Step03 1个护理单元宜设40~50张病床。

Step04手术室间数宜按病床总数每50床或外科病床数每25~30床设置1间。

Step05重症监护病房（ICU）床数宜按总床位数的2%~3%设置。

Step06心血管造影机台数可按年平均心血管造影或介入治疗数/（3~5例×年工作日数）测量。

Step07日拍片人次达到40~50人次时，可设X线拍片机1台。

Step08日胃肠透视人数达到10~15例时，可设胃肠透视机1台。

Step09日胸透视人数达到50~80人次时，可设胸部透视机1台。

Step⑩日心电检诊人次达到 60 ~ 80 人次时，可设心电检诊间 1 间。

Step⑪日腹部 B 超人数达到 40 ~ 60 人次时，可设腹部 B 超机 1 台。

Step⑫日心血管彩超人数达到 15 ~ 20 人次时，可设心血管彩超机 1 台。

Step⑬日检诊人数达到 10 ~ 15 例时，可设十二指肠纤维内窥镜 1 台。

●各科门诊量应根据医院统计数据确定，当无统计数据时可按表 2-11 确定。

●各科住院床位数应根据医院统计数据确定，当无统计数据时可按表 2-12 确定。

表2-11 各科门诊量占总门诊量比例	
科　别	占门诊总量比例（%）
内科	28
外科	25
妇科	15
产科	3
儿科	8
耳鼻喉科、眼科	10
中医	5
其他	6

表2-12 各科住院床位数占医院总床位数比例表	
科　别	占医院总床位比例（%）
内科	30
外科	25
妇科	8
产科	6
儿科	6
耳鼻喉科、眼科	12
中医	6
其他	7

二、 医疗建筑的总体环境及设计要点

1. 选址

●综合医院选址应符合当地城镇规划、区域卫生规划和环保评估的要求。

●基地选择应符合下列要求：

Step①交通方便，宜面临两条城市道路。

Step②宜便于利用城市基础设施。

Step③环境宜安静，应远离污染源。

Step④地形宜力求规整，适宜医院功能布局。

Step⑤远离易燃、易爆物品的生产和储存区，并应远离高压线路及其设施。

Step⑥不应临近少年儿童活动密集场所。

Step⑦不应污染、影响城市的其他场所。

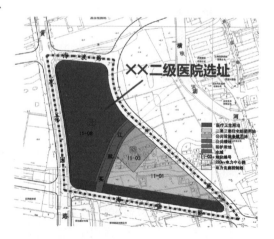

2. 总平面

●总平面设计应符合下列要求：

Step 01 合理进行功能分区，洁污、医患、人车流线组织清晰，并应避免院内感染风险。

Step 02 建筑布局紧凑，交通便捷，并应方便管理，减少能耗。

Step 03 应保证住院、手术、功能检查和教学科研等用房的环境安静。

Step 04 病房宜能获得良好朝向。

Step 05 宜留有可发展或改建、扩建的用地。

Step 06 应有完整的绿化规划。

Step 07 对废弃物的处理做出妥善的安排，并应符合有关环境保护法律、法规的规定。

●医院出入口不应少于2处，人员出入口不应兼作尸体或废弃物出口。

●在门诊、急诊和住院用房等入口附近应设车辆停放场地。

●太平间、病理解剖室应设于医院隐蔽处。需设焚烧炉时，应避免风向影响，并应与主体建筑隔离。尸体运送路线应避免与出入院路线交叉。

●环境设计应符合下列要求：

Step 01 充分利用地形、防护间距和其他空地布置绿化景观，并应有供患者康复活动的专用绿地。

Step 02 应对绿化、景观、建筑内外空间、环境和室内外标识导向系统等做综合性设计。

Step 03 在儿科用房及其入口附近，宜采取符合儿童生理和心理特点的环境设计。

●病房建筑的前后间距宜≥12m，且应满足日照和卫生间距要求。

●在医疗用地内不得建职工住宅，医疗用地与职工住宅用地毗连时，应分隔，并应另设出入口。

3. 平面布局

●主体建筑的平面布置、结构形式和机电设计，应为今后发展、改造和灵活分隔创造条件。

●建筑物出入口的设置应符合下列要求：

Step 01 门诊、急诊、急救和住院应分别设有无障碍出入口。

Step 02 门诊、急诊、急救和住院主要出入口处，应有机动车停靠的平台，并应设雨篷。

●应设置具有引导、管理等功能的标识系统，并应符合下列要求：

Step 01 标识系统可采用多种方式实现。

Step 02 标识导向分级宜符合表2-13的规定。

表2-13　标识导向分级

一级导向	二级导向	三级导向	四级导向
户外/楼宇标识	楼层、通道标识	各功能单元标牌	门牌、窗口牌
建筑体标识，建筑出入口标识，道路指引标识，服务设施标识，总体平面图，户外标识	楼层索引，楼层索引厅、通道标识，公共服务设施标识，出入口索引	各功能单元标识，各行政、会议厅标识	各房间门牌，各窗口牌，公共服务设施门牌

●电梯的设置应符合下列规定：

Step 01 2层医疗用房宜设电梯；3层及3层以上的医疗用房应设电梯，且不得少于2台。

Step 02 供患者使用的电梯和载物梯，应采用病床梯。

Step 03 医院住院部宜增设供医护人员专用的客梯、送货和污物专用货梯。

Step 04 电梯井道不应与有安静要求的用房贴邻。

●楼梯的设置应符合要求：楼梯的位置应同时符合防火、疏散和功能分区的要求；主楼梯宽度应≥1.65m，踏步宽度应≥0.28m。

●通行推床的通道，净宽应≥2.40m。有高差者应用坡道相接，坡道坡度应按无障碍坡道设计。

●医院、疗养院半数以上的病房和疗养室，应能获得冬至日≥2h的日照标准。

●门诊、急诊和病房应充分利用自然通风和天然采光。

●室内净高应符合下列要求：

Step01 诊查室不宜低于2.60m。

Step02 病房不宜低于2.80m。

Step03 公共走道不宜低于2.30m。

Step04 医技科室宜根据需要确定。

●医院建筑的热工要求应符合现行国家标准《公共建筑节能设计标准》（GB 50189—2015）的有关规定。

●病房的允许噪声级和隔声应符合现行国家标准《民用建筑隔声设计规范》（GB 50118—2010）的规定。

●室内装修和防护宜符合下列要求：

Step01 医疗用房的地面、踢脚板、墙裙、墙面、顶棚应便于清扫或冲洗，其阴阳角宜做成圆角。踢脚板、墙裙应与墙面平齐。

Step02 手术室、检验科、中心实验室和病理科等医院卫生要求的用房，其室内装修应满足易清洁、耐腐蚀的要求。

Step03 检验科、中心实验室和病理科的操作台面应采用耐腐蚀、易冲洗、耐燃烧的面层。相关的洗涤池和排水管也应采用耐腐材料。

Step04 药剂科的配方室、储药室、中心药房、药库均应采取防潮、防虫、防鼠等措施。

Step05 太平间、病理解剖室均应采取防虫、防雀、防鼠以及防其他动物侵入的措施。

●卫生间的设置应符合下列要求：

Step01 患者使用的卫生间隔间的面积应≥1.10m×1.40m，门应朝外开，门闩应能里外开启。卫生间隔间内应设输液吊钩。

Step02 患者使用的坐式大便器坐位宜采用不易被污染、易消毒的类型，进入蹲式大便器隔间不应有高差。大便器旁应装有安全抓杆。

Step03 卫生间应设前室，并应设非手动开关的洗手设施。

Step04 采用室外卫生间时，宜用连廊与门诊、病房楼相接。

Step05 宜设置无性别、无障碍患者专用卫生间。

Step06 无障碍专用卫生间和公共卫生间的无障碍设施与设计，应符合现行国家标准《无障碍设计规范》（GB 50763—2012）的有关规定。

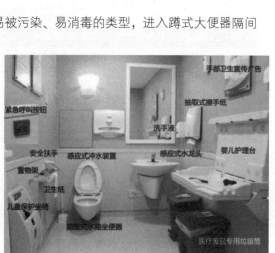

●医疗废物和生活垃圾应分别处置。

三、 医疗建筑的基本设计要求

1. 住院部用房

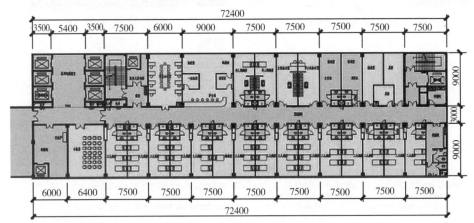

●住院部应自成一区，设置单独或共用出入口，并应设在医院环境安静、交通方便处，与医技部、手术部和急诊部应有便捷的联系，同时应靠近医院的能源中心、营养厨房、洗衣房等辅助设施。

●每个护理单元规模应符合《综合医院建筑设计规范》（GB 51039—2014）第3.2.1条的规定，专科病房或因教学科研需要可根据具体情况确定。设传染病房时，应单独设拦，并应自成一区。

●病房设置应符合下列要求：

Step01 病床的排列应平行于采光窗墙面。单排不宜超过3床，双排不宜超过6床。

Step02 平行的两床净距应≥0.80m，靠墙病床床沿与墙面的净距应≥0.60m。

Step03 单排病床通道净宽应≥1.10m，双排病床（床端）通道净宽应≥1.40m。

Step04 病房门应直接开向走道。

Step05 抢救室宜靠近护士站。

Step06 病房门净宽应≥1.10m，门扇宜设观察窗。

Step07 病房走道两侧墙面应设置靠墙扶手及防护设施。

●出入院用房设计应符合下列要求：

Step01 应设登记、结算、探望患者管理用房。

Step02 可设为患者服务的公共设施。

●护士站宜以开敞空间与护理单元走道连通，并应与治疗室以门相连，护士站宜通视护理单元走廊，到最远病房门口的距离不宜超过30m。

●配餐室应靠近餐车入口处，并应有供应开水和加热设施。

●污洗室应邻近污物出口处，并应设倒便设施和便盆、痰杯的洗涤消毒设施。

●病房不应设置开敞式垃圾井道。

●监护用房设置应符合下列要求：

Step01 重症监护病房（ICU）宜与手术部、急诊部邻近，并应有快捷联系。

Step02 心血管监护病房（CCU）宜与急诊部、介入治疗科室邻近，并应有快捷联系。

Step03 应设监护病房、治疗、处置、仪器、护士站、污洗等用房。

Step04 护士站的位置宜便于直视观察患者。

Step05 监护病床的床间净距应≥1.20m。

Step06 单床间面积应≥12.00m²。

●婴儿室设置应符合下列要求：

Step01 应邻近分娩室。

Step02 应设婴儿间、洗婴池、配奶室、奶具消毒室、隔离婴儿室、隔离洗婴池、护士室等用房。

Step03 婴儿间宜朝南，应设观察窗，并应有防鼠、防蚊蝇等措施。

Step04 洗婴池应贴邻婴儿间，水龙离地面高度宜为 1.20m，并应有防止蒸汽窜入婴儿间的措施。

Step05 配奶室与奶具消毒室不应与护士室合用。

● 护理单元的盥洗室、浴室和卫生间，应符合下列要求：

Step01 当卫生间设于病房内时，宜在护理单元内单独设置探视人员卫生间。

Step02 当护理单元集中设置卫生间时，男女患者比例宜为 1∶1，卫生间每 16 床应设 1 个大便器和 1 个小便器。女卫生间每 16 床应设 3 个大便器。

Step03 医护人员卫生间应单独设置。

Step04 设置集中盥洗室和浴室的护理单元，盥洗水龙头和淋浴器每 12～15 床应各设 1 个，且每个护理单元应各不少于两个。盥洗室和淋浴室应设前室。

Step05 附设于病房内的浴室、卫生间面积和卫生洁具的数量应符合规范要求。

Step06 无障碍病房内的卫生间应按《综合医院建筑设计规范》（GB 51039—2014）第 5.1.13 条的要求设置。

● 烧伤病房用房设置应符合下列要求：

Step01 应设在环境良好、空气清洁的位置，可设于外科护理单元的尽端，宜相对独立或单独设置。

Step02 应设换药、浸浴、单人隔离病房、重点护理病房及专用卫生间、护士室、洗涤消毒、消毒品储藏等用房。

Step03 入口处应设包括换鞋、更衣、卫生间和淋浴的医护人员卫生通过通道。

Step04 可设专用处理室、洁净病房。

● 血液病房用房设置应符合下列要求：

Step01 血液病房可设于内科护理单元内，也可自成一区。可根据需要设置洁净病房，洁净病房应自成一区。

Step02 洁净病区应设准备、患者浴室和卫生间、护士室、洗涤消毒用房、净化设备机房。

Step03 入口处应设包括换鞋、更衣、卫生间和淋浴的医护人员卫生通道。

Step04 患者浴室和卫生间可单独设置，并应同时设有淋浴器和浴盆。

Step05 洁净病房应仅供一位患者使用，洁净标准应符合《综合医院建筑设计规范》（GB 51039—2014）规定，并应在入口处设第二次换鞋、更衣处。

Step06 洁净病房应设观察窗，并应设置家属探视窗及对讲设备。

● 妇产科病房用房应符合下列要求：

Step01 妇科应设检查和治疗用房。

Step02 产科应设产前检查、待产、分娩、隔离待产、隔离分娩、产期监护、产休室等用房。隔离待产和隔离分娩用房可兼用。

Step03 妇科、产科两科合为 1 个单元时，妇科的病房、治疗室、浴室、卫生间与产科的产休室、产前检查室、浴室、卫生间应分别设置。

Step04 产科宜设手术室。

Step05 产房应自成一区，入口处应设卫生通过和浴室、卫生间。

Step06 待产室应邻近分娩室，宜设专用卫生间。

Step07 分娩室平面净尺寸宜为 4.20m×4.80m，剖腹产手术室宜为 5.40m×4.80m。

Step**08** 洗手池的位置应使医护人员在洗手时能观察临产产妇的动态。

Step**09** 母婴同室或家庭产房应增设家属卫生通道，并应与其他区域分隔。

Step**10** 家庭产房的病床宜采用可转换为产床的病床。

● 血液透析室用房设置应符合下列要求：

Step**01** 可设于门诊部或住院部内，应自成一区。

Step**02** 应设患者换鞋与更衣、透析、隔离透析治疗、治疗、复洗、污物处理、配药、水处理设备等用房。

Step**03** 入口处应设包括换鞋、更衣的医护人员卫生通过通道。

Step**04** 治疗床(椅)之间的净距宜≥1.20m，通道净距宜≥1.30m。

● 洗衣房位置与平面布置应符合下列要求：

Step**01** 应自成一区，并应按工艺流程进行平面布置。

Step**02** 污衣入口和污衣出口处应分别设置。

Step**03** 宜单独设置更衣间、浴室和卫生间。

Step**04** 设置在病房楼底层或地下层的洗衣房应避免噪声对病区的干扰。

Step**05** 工作人员与患者的洗涤物应分别

处理。

Step**06** 当洗衣利用社会化服务时，应设收集、分拣、储存、发放处。洗衣房应设置收件、分类、浸泡消毒、洗衣、烘干、烫平、缝纫、储存、分发和更衣等用房。

● 用房设置应符合下列要求：

Step**01** 污染区应设收件、分类、清洗、消毒和推车清洗中心（消毒）用房。

Step**02** 清洁区应设敷料制备、器械制备、灭菌、质检、一次性用品库、卫生材料库和器械库等用房。

Step**03** 无菌区应设无菌物品储存用房。

Step**04** 应设办公、值班、更衣和浴室、卫生间等用房。

Step**05** 中心（消毒）供应室应满足清洗、消毒、灭菌、设备安装、室内环境要求。

● 理疗科用房。

Step**01** 理疗科可设在门诊部或住院部，应自成一区。

Step**02** 理疗科设计应符合现行行业标准《疗养院建筑设计规范》（JGJ 40—2016）规定。

● 护理单元用房设置应符合下列要求：

Step**01** 应设病房、抢救、患者和医护人员卫生间、换洗、浴室、护士站、医生办公、处置、治疗、更衣、值班、配餐、库房、污洗等用房。

Step02可设患者就餐、活动、换药、患者家属谈话、探视、示教等用房。

●儿科病房用房设置应符合下列要求：

Step01宜设配奶室、奶具消毒室、隔离病房和专用卫生间等用房。

Step02可设监护病房、新生儿病房、儿童活动室。

Step03每间隔离病房不应多于2床。

Step04浴室、卫生间设施应适合儿童使用。

Step05窗和散热器等设施应采取安全防护措施。

●中心（消毒）供应室位置与平面布置应符合下列要求：

Step01应自成一区，宜与手术部、重症监护和介入治疗等功能用房区域有便捷联系。

Step02应按照污染区、清洁区、无菌区三区布置，并应按单向流程布置，工作人员辅助用房应自成一区。

Step03进入污染区、清洁区和无菌区的人员均应卫生通过。

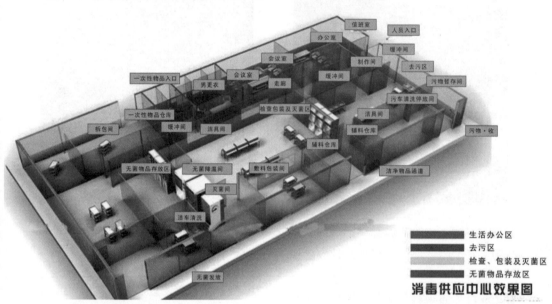

消毒供应中心效果图

2. 门诊部用房

●门诊部应设在靠近医院交通入口处，应与医技用房邻近，并应处理好门诊内各部门的相互关系，流线应合理并避免院内感染。

●候诊用房设置应符合下列要求：

Step01门诊宜分科候诊，门诊量小时可合科候诊。

Step02利用走道单侧候诊时，走道净宽应≥2.40m，两侧候诊时，走道净宽应≥3.00m。

Step03可采用医患通道分设、电子叫号、预约挂号、分层挂号收费等方式。

●妇科、产科和计划生育用房设置应符合下列要求：

Step01应自成一区，可设单独出入口。

Step02妇科应增设隔离诊室、妇科检查室及专用卫生间，宜采用不多于2个诊室合用1个妇科检查室的组合方式。

Step03产科和计划生育应增设休息室及专用卫生间。

Step04妇科可增设手术室、休息室；产科可增设人流手术室、咨询室。

Step05各室应有阻隔外界视线的措施。

●耳鼻喉科用房设置应符合下列要求：

Step01应增设内镜检查（包括食道镜等）、治疗的用房。

Step02 可设置手术、测听、前庭功能、内镜检查（包括气管镜、食道镜等）等用房。

● 门诊用房设置应符合下列要求：

Step01 公共部分应设置门厅、挂号、问询、病历、预检分诊、记账、收费、药房、候诊、采血、检验、输液、注射、门诊办公、卫生间等用房和为患者服务的公共设施。

Step02 各科应设置诊查室、治疗室、护士站、污洗室等。

Step03 可设置换药室、处置室、清创室、X 线检查室、功能检查室、值班更衣室、杂物储藏室、卫生间等。

● 诊查用房设置应符合下列要求：

Step01 双人诊查室的开间净尺寸应 ≥ 3.00m，使用面积应 ≥ 12.00m²。

Step02 单人诊查室的开间净尺寸应 ≥ 2.50m，使用面积应 ≥ 8.00m²。

● 儿科用房设置应符合下列要求：

Step01 应自成一区，可设单独出入口。

Step02 应增设预检、候诊、儿科专用卫生间、隔离诊查和隔离卫生间等用房。隔离区宜有单独对外出口。

Step03 可单独设置挂号、药房、注射、检验和输液等用房。

Step04 候诊处面积每患儿应 ≥ 1.50m²。

● 眼科用房设置应符合下列要求：

Step01 应增设初检（视力、眼压、屈光）、

诊查、治疗、检查、暗室等用房。

Step02 初检室和诊查室宜具备明暗转换装置。

Step03 宜设置专用手术室。

● 口腔科用房设置应符合下列要求：

Step01 应增设 X 线检查、镶复、消毒洗涤、矫形等用房。

Step02 诊查单元每椅中距应 ≥ 1.80m，椅中心距墙应 ≥ 1.20m。

Step03 镶复室宜考虑有良好的通风。

Step04 可设资料室。

● 门诊卫生间设置应符合下列要求：

Step01 卫生间宜按日门诊量计算，男女患者比例宜为 1∶1。

Step02 男厕每 100 人次设大便器应 ≥ 1 个、小便器应 ≥ 1 个。

Step03 女厕每 100 人次设大便器应 ≥ 3 个。

● 门诊手术用房设置应符合下列要求：

Step01 门诊手术用房可与手术部合并设置。

Step02 门诊手术用房应由手术室、准备室、更衣室、术后休息室和污物室组成。手术室平面尺寸宜 ≥ 3.60m × 4.80m。

● 预防保健用房设置应符合下列要求：

Step01 应设宣教、档案、儿童保健、妇女保健、免疫接种、更衣、办公等用房。

Step02 可增设心理咨询用房。

3. 急诊部用房

● 急诊部设置应符合下列要求：

Step01 自成一区，应单独设置出入口，便于急救车、担架车、轮椅车的停放。

Step02 急诊、急救应分区设置。

Step03 急诊部与门诊部、医技部、手术部应有便捷的联系。

Step04 设置直升机停机坪时，应与急诊部有快捷的通道。

● 抢救用房设置应符合下列要求：

Step01 抢救室应直通门厅，有条件时宜直通

急救车停车位，面积应 ≥ 每床 30.00m²，门的净宽应 ≥ 1.40m。

Step02 宜设氧气、吸引等医疗气体的管道系统终端。

● 抢救监护室内平行排列的观察床净距应 ≥ 1.20m，有吊帘分隔时应 ≥ 1.40m，床沿与墙面的净距应 ≥ 1.00m。

● 急诊用房设置应符合下列要求：

Step01 应设接诊分诊、护士站、输液、观察、污洗、杂物储藏、值班更衣、卫生间等用房。

Step02 急救部分应设抢救、抢救监护等用房。

Step03 急诊部分应设诊查、治疗、清创、换药等用房。

Step04 可独立设挂号、收费、病历、药房、检验、X线检查、功能检查、手术、重症监护等用房。

Step05 输液室应由治疗间和输液间组成。

● 当门厅兼用于分诊功能时，其面积应≥24.00m²。

● 观察用房设置应符合下列要求：

Step01 平行排列的观察床净距应≥1.20m，有吊帘分隔时应≥1.40m，床沿与墙面的净距应≥1.00m。

Step02 可设置隔离观察室或隔离单元，并应设单独出入口，入口处应设缓冲区及就地消毒设施。

Step03 宜设氧气、吸引等医疗气体的管道系统终端。

四、 医疗建筑防火、 疏散设计要点

● 防火分区应符合下列要求：

Step01 医疗建筑的防火分区应结合建筑布局和功能分区划分。

Step02 防火分区的面积除应按建筑物的耐火等级和建筑高度确定外，病房部分每层防火分区内，尚应根据面积大小和疏散路线进行再分隔。同层有两个及两个以上护理单元时，通向公共走道的单元入口处应设乙级防火门。

Step03 高层建筑内的门诊大厅，设有火灾自动报警系统和自动灭火系统并采用不燃或难燃材料装修时，地上部分防火分区的允许最大建筑面积应为4000m²。

Step04 医院建筑内的手术部，当设有火灾自动报警系统，并采用不燃烧或难燃烧材料装修时，地上部分防火分区的允许最大建筑面积应为4000m²。

Step05 防火分区内的病房、产房、手术部、精密贵重医疗设备用房等，均应采用耐火极限≥2h的不燃烧体与其他部分隔开。

● 设置自动喷水灭火系统，应符合下列要求：

Step01 建筑物内除与水发生剧烈反应或不宜用水扑救的场所外，均应根据其发生火灾所造成的危险程度，及其扑救难度等实际情况设置洒水喷头。

Step02 病房应采用快速反应喷头。

Step03 手术部洁净和清洁走廊宜采用隐蔽型喷头。

● 安全出口应符合下列要求：

Step01 每个护理单元应有两个不同方向的安全出口。

Step02 尽端式护理单元，或自成一区的治疗用房，其最远一个房间门至外部安全出口的距离和房间内最远一点到房门的距离，均未超过建筑设计防火规范规定时，可设1个安全出口。

● 医疗用房应设疏散指示标识，疏散走道及楼梯间均应设应急照明。

● 中心供氧用房应远离热源、火源和设防易燃易爆外溅的措施。

● 室内消火栓的布置应符合下列要求：

Step01 消火栓的布置应保证2股水柱同时到达任何位置，消火栓宜布置在楼梯口附近。

Step02 手术部的消火栓宜设置在清洁区域的楼梯口附近或走廊。必须设置在洁净区域时，应满足洁净区域的卫生要求。

Step03 护士站宜设置消防软管卷盘。

● 医院的贵重设备用房、病案室和信息中心（网络）机房，应设置气体灭火装置。

● 血液病房、手术室和有创检查的设备机房，不应设置自动灭火系统。

五、医疗建筑给水排水设计要点

1. 给水

● 医院生活用水量定额宜符合表2-14的规定。

表2-14 医院生活用水量定额

项 目	设 施 标 准	单 位	最高用水量	小时变化系数
每病床	公共卫生间、盥洗	L/床·d	100~200	2.5~2.0
	公共浴室、卫生间、盥洗	L/床·d	150~250	2.5~2.0
	公共浴室、病房设卫生间、盥洗	L/床·d	200~250	2.5~2.0
	病房设浴室、卫生间、盥洗	L/床·d	250~400	2.0
	贵宾病房	L/床·d	400~600	2.0
门、急诊患者		L/人·次	10~15	2.5
医务人员		L/人·班	150~250	2.5~2.0
医院后勤职工		L/人·班	80~100	2.5~2.0
食堂		L/人·次	20~25	2.5~1.5
洗衣		L/kg	60~80	1.5~1.0

注：1. 医务人员的用水量包括手术室、中心供应等医院常规医疗用水。
2. 道路和绿化用水应根据当地气候条件确定。

● 锅炉用水和冷冻机冷却循环水系统的补充水等应根据工艺确定。

● 烧伤病房、中心（消毒）供应室等场所的供水，应根据医院工艺要求设置供水点。

● 下列场所的用水点应采用非手动开关，并应采取防止污水外溅的措施：

Step01 公共卫生间的洗手盆、小便斗、大便器。

Step02 护士站、治疗室、中心（消毒）供应室、监护病房等房间的洗手盆。

Step03 产房、手术刷手池、无菌室、血液病房和烧伤病房等房间的洗手盆。

Step04 诊室、检验科等房间的洗手盆。

Step05 有无菌要求或防止院内感染场所的卫生器具。

● 采用非手动开关的用水点应符合下列要求：

Step01 公共卫生间的洗手盆宜采用感应自动水龙头，小便斗宜采用自动冲洗阀，蹲式大便器宜采用脚踏式自闭冲洗阀或感应冲洗阀。

Step02 护士站、治疗室、洁净室和消毒供应中心、监护病房和烧伤病房等房间的洗手盆，应采用感应自动、膝动或肘动开关水龙头。

Step03 产房、手术刷手池、洁净无菌室、血液病房和烧伤病房等房间的洗手盆，应采用感应自动水龙头。

Step04 有无菌要求或防止院内感染场所的卫生器具，应按本条第1）~3）款要求选择水龙头或冲洗阀。

2. 排水

●医院的宿舍区生活污水应直接排入城市污水排水管道,院区内的普通生活污废水有条件时,可直接排入城市污水排水管道。

●室内卫生间排水系统宜符合下列要求:

Step01 当建筑高度超过2层且为暗卫生间或建筑高度超过10层时,卫生间的排水系统可采用专用通气立管系统。

Step02 公共卫生间排水横管超过10.00m或大便器>3个时,宜采用环行通气管。

Step03 卫生间器具排水支管长度宜≤1.50m。

Step04 浴缸宜采取防虹吸措施。

●排放含有放射性污水的管道应采用机制含铅的铸铁管道,水平横管应敷设在垫层内或专用防辐射吊顶内,立管应安装在壁厚≥150.00mm的混凝土管道井内。

●下列场所应采用独立的排水系统或间接排放,并应符合下列要求:

Step01 传染病门急诊和病房的污水应单独收集处理。

Step02 放射性废水应单独收集处理。

Step03 牙科废水宜单独收集处理。

Step04 锅炉排污水、中心(消毒)供应室的消毒凝结水等,应单独收集并设置降温池或降温井。

Step05 分析化验采用的有腐蚀性的化学试剂宜单独收集,并应综合处理后再排入院区污水管道或回收利用。

Step06 其他医疗设备或设施的排水管道应采用间接排水。

Step07 太平间和解剖室应在室内采用独立的排水系统,且主通气管应伸到屋顶无不良处。

●中心(消毒)供应室、中药加工室、口腔科等场所的排水管道的管径,应大于计算管径1~2级,且应≥100.00mm,支管管径应≥75.00mm。

●存水弯的水封高度应≥50.00mm,且应≤100.00mm。

●医院地面排水地漏的设置,应符合下列要求:

Step01 浴室和空调机房等经常有水流的房间应设置地漏。

Step02 卫生间有可能形成水流的房间宜设置地漏。

Step03 对于空调机房等季节性地面排水,以及需要排放冲洗地面、冲洗废水的医疗用房等,应采用可开启式密封地漏。

Step04 地漏应采用带过滤网的无水封直通型地漏加存水弯,地漏的通水能力应满足地面排水的要求。

Step05 地漏附近有洗手盆时,宜采用洗手盆的排水给地漏水封补水。

六、 医疗建筑消防设计要点

●室内消火栓的布置应符合下列要求:

Step01 消火栓的布置应保证2股水柱同时到达任何位置,消火栓宜布置在楼梯口附近。

Step02 手术部的消火栓宜设置在清洁区域的楼梯口附近或走廊。必须设置在洁净区域时,应满足洁净区域的卫生要求。

Step03护士站宜设置消防软管卷盘。

●医院的贵重设备用房、病案室和信息中心（网络）机房，应设置气体灭火装置。

●设置自动喷水灭火系统，应符合下列要求：

Step01建筑物内除与水发生剧烈反应或不宜用水扑救的场所外，均应根据其发生火灾所造成的危险程度，及其扑救难度等实际情况设置洒水喷头。

Step02病房应采用快速反应喷头。

Step03手术部洁净和清洁走廊宜采用隐蔽型喷头。

●血液病房、手术室和有创检查的设备机房，不应设置自动灭火系统。

七、 医疗建筑污水处理设计要点

●医疗污水排放应符合现行国家标准《医疗机构水污染物排放标准》（GB 18466—2005）的有关规定，并应符合下列要求：

Step01当医疗污水排入有城市污水处理厂的城市排水管道时，应采用消毒处理工艺。

Step02当医疗污水直接或间接排入自然水体时，应采用二级生化污水处理工艺。

Step03医疗污水不得作为中水水源。

●放射性污水的排放，应符合现行国家标准《电离辐射防护与辐射源安全基本标准》（GB 18871—2002）的有关规定。

第四节　办公建筑施工图设计

一、 办公建筑规模划分

●办公建筑设计应依据使用要求分类，并应符合表 2-15 的规定。

表2-15　办公建筑分类

类　别		设计使用年限	耐火等级
一类	特别重要的办公建筑	100 年、50 年	一级
二类	重要办公建筑	50 年	不低于二级
三类	普通办公建筑	50 年、25 年	不低于二级

二、 办公建筑总体环境及设计要点

1. 选址

●办公建筑基地宜选在工程地质和水文地质有利、市政设施完善且交通和通信方便的地段。

●办公建筑基地与易燃易爆物品场所和产生噪声、尘烟、散发有害气体等污染源的距离，应符合安全、卫生和环境保护有关标准的规定。

2. 建筑布局

●办公楼内各种房间的设置及位置应根据使用要求和具体条件确定。

●办公建筑的外窗开启面积应≥窗面积的30％，并应有良好的气密性、水密性和保温隔热性能，满足节能要求。全空调的办公建筑外窗开启面积应满足火灾排烟和自然通风要求。

●根据办公建筑分类，办公室的净高应满足：一类办公建筑应≥2.70m；二类办公建筑应≥2.60m；三类办公建筑应≥2.50m。

办公建筑的走道净高应≥2.20m，储藏间净高应≥2.00m。

●普通办公室每人使用面积应≥4m²，单间办公室净面积应≥10m²。

●5层及以上应设电梯。电梯数量应满足使用要求，按办公建筑面积每5000m²最少设置1台。超高层办公建筑的乘客电梯应分层分区停靠。

●楼梯、电梯厅宜与门厅邻近，并应满足防火疏散的要求。

●办公建筑的门应符合下列要求：

Step01 门洞口宽度应≥1.00m，高度应≥2.10m。

Step02 机要办公室、财务办公室、重要档案库、贵重仪表间和计算机中心的门应采取防盗措施，室内宜设防盗报警装置。

●办公用房建筑总使用面积系数，多层建筑应≥60％，高层建筑应≥57％。

●办公建筑的走道应符合下列要求：

Step01 宽度应满足防火疏散要求，最小净宽应符合表2-16的规定。

Step02 高差不足两级踏步时，不应设置台阶，应设坡道，其坡度宜≤1∶8。

表2-16 走道最小净宽

走道长度/m	走道净宽/m	
	单面布房	双面布房
≤40	1.30	1.50
>40	1.50	1.80

注：高层内筒结构的回廊式走道净宽最小值同单面布房走道。

三、 办公建筑各类功能用房设计要点

1. 办公室用房

●办公室用房宜有良好的天然采光和自然通风，并不宜布置在地下室。办公室宜有避免西晒和眩光的措施。

●专用办公室应符合下列要求：

Step01 设计绘图室宜采用开放式或半开放式办公室空间，并用灵活隔断、家具等进行分隔；研究工作室（不含实验室）宜采用单间式；自然科学研究工作室宜靠近相关的实验室。

Step02 设计绘图室，每人使用面积应≥6m²；研究工作室每人使用面积应≥5m²。

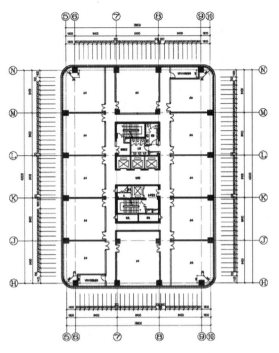

●普通办公室应符合下列要求：

Step01宜设计成单间式办公室、开放式办公室或半开放式办公室；特殊需要可设计成单元式办公室、公寓式办公室或酒店式办公室。

Step02开放式和半开放式办公室在布置吊顶上的通风口、照明、防火设施等时，宜为自行分隔或装修创造条件，有条件的工程宜设计成模块式吊顶。

Step03使用燃气的公寓式办公楼的厨房应有直接采光和自然通风；电炊式厨房如无条件直接对外采光通风，应有机械通风措施，并设置洗涤池、案台、炉灶及排油烟机等设施或预留位置。

Step04酒店式办公楼应符合现行行业标准《旅馆建筑设计规范》（JGJ 62—2014）的相应规定。

Step05带有独立卫生间的单元式办公室和公寓式办公室的卫生间宜直接对外通风采光，条件不允许时，应有机械通风措施。

Step06机要部门办公室应相对集中，与其他部门宜适当分隔。

Step07值班办公室可根据使用需要设置；设有夜间值班室时，宜设专用卫生间。

Step08普通办公室每人使用面积应≥$4m^2$，单间办公室净面积应≥$10m^2$。

2. 公共用房

●会议室应符合下列要求：

Step01根据需要可分设中、小会议室和大会议室。

Step02中、小会议室可分散布置；小会议室使用面积宜为$30m^2$，中会议室使用面积宜为$60m^2$；中小会议室每人使用面积：有会议桌的应≥$1.80m^2$，无会议桌的应≥$0.80m^2$。

Step03大会议室应根据使用人数和桌椅设置情况确定使用面积，平面长宽比不宜大于2:1，宜有扩声、放映、多媒体、投影、灯光控制等设施，并应有隔声、吸声和外窗遮光措施；大会议室所在层数、面积和安全出口的设置等应符合国家现行有关防火规范的要求。

Step04会议室应根据需要设置相应的储藏及服务空间。

●公用厕所应符合下列要求：

Step01对外的公用厕所应设供残疾人使用的专用设施。

Step02距离最远工作点应≤50m。

Step03应设前室；公用厕所的门不宜直接开向办公用房、门厅、电梯厅等主要公共空间。

Step04宜有天然采光、通风；条件不允许时，应有机械通风措施。

Step05卫生洁具数量应符合现行行业标准《城市公共厕所设计标准》（CJJ 14—2016）的规定。

注：1. 每间厕所大便器三具以上者，其中一具宜设坐式大便器。

2. 设有大会议室（厅）的楼层应相

应增加厕位。

●对外办事大厅宜靠近出入口或单独分开设置，并与内部办公人员出入口分开。

●陈列室应根据需要和使用要求设置。

专用陈列室应对陈列效果进行照明设计，避免阳光直射及眩光，外窗宜设遮光设施。

●接待室应符合下列要求：

Step**01**应根据需要和使用要求设置接待室；专用接待室应靠近使用部门；行政办公建筑的群众来访接待室宜靠近基地出入口，与主体建筑分开单独设置。

Step**02**宜设置专用茶具室、洗消室、卫生间和储藏空间等。

●开水间应符合下列要求：

Step**01**宜分层或分区设置。

Step**02**宜直接采光通风，条件不允许时应有机械通风措施。

Step**03**应设置洗涤池和地漏，并宜设洗涤、消毒茶具和倒茶渣的设施。

3. 服务用房

●文秘室应符合下列要求：

Step**01**应根据使用要求设置文秘室，位置应靠近被服务部门。

Step**02**应设打字、复印、电传等服务性空间。

●卫生管理设施间应符合下列要求：

Step**01**宜每层设置垃圾收集间：

①垃圾收集间应有不向邻室对流的自然通风或机械通风措施。

②垃圾收集间宜靠近服务电梯间。

③宜在底层或地下层设垃圾分级集中存放处，存放处应设冲洗排污设施，并有运出垃圾的专用通道。

Step**02**每层宜设清洁间，内设清扫工具存放空间和洗涤池，位置应靠近厕所间。

●员工餐厅可根据建筑规模、供餐方式和使用人数确定使用面积，并应符合现行行业标准《饮食建筑设计规范》（JGJ 64—2017）的有关规定。

●技术性服务用房应符合下列要求：

Step**01**电话总机房、计算机房、晒图室应根据工艺要求和选用机型进行建筑平面和相应室内空间设计。

Step**02**计算机网络终端、小型文字处理机、台式复印机以及碎纸机等办公自动化设施可设置在办公室内。

4. 设备用房

●动力机房宜靠近负荷中心设置，电子信息机房宜设置在低层部位。

●设备用房应留有能满足最大设备安装、检修的进出口。

●有排水、冲洗要求的设备用房和设有给水排水、热力、空调管道的设备层以及超高层办公建筑的敞开式避难层，应有地面

泄水措施。

●办公建筑中的变配电所应避免与有酸、碱、粉尘、蒸汽、积水、噪声严重的场所毗邻，并不应直接设在有爆炸危险环境的正上方或正下方，也不应直接设在厕所、浴室等经常积水场所的正下方。

●高层办公建筑每层应设弱电交接间，其使用面积应≥5m²。弱电交接间应与弱电井毗邻或合一设置。

●弱电设备用房应防火、防水、防潮、防尘、防电磁干扰。其中计算机网络中心、电话总机房地面应有防静电措施。

●产生噪声或振动的设备机房应采取消声、隔声和减振等措施，并不宜毗邻办公用房和会议室，也不宜布置在办公用房和会议室的正上方。

●设备用房、设备层的层高和垂直运输交通应满足设备安装与维修的要求。

●雨水、燃气、给水排水管道等非电气管道，不应穿越变配电间、弱电设备用房等有严格防水要求的电气设备间。

●高层办公建筑每层应设强电间，其使用面积应≥4m²，强电间应与电缆竖井毗邻或合一设置。

●弱电设备用房应远离产生粉尘、油烟、有害气体及储存具有腐蚀性、易燃、易爆物品的场所，应远离强振源，并应避开强电磁场的干扰。

●办公建筑中的锅炉房必须采取有效措施，减少废气、废水、废渣和有害气体及噪声对环境的影响。

四、　办公建筑防火设计要点

●办公建筑的开放式、半开放式办公室，其室内任何一点至最近的安全出口的直线距离应≤30m。

●综合楼内的办公部分的疏散出入口不应与同一楼内对外的商场、营业厅、娱乐、餐饮等人员密集场所的疏散出入口共用。

●机要室、档案室和重要库房等隔墙的耐火极限应≥2h，楼板应≥1.5h，并应采用甲级防火门。

五、　办公建筑室内环境设计要点

1. 小气候环境

●办公建筑可按需要采用不同类别的室内空调环境设计标准。其主要指标应符合《办公建筑设计规范》（JGJ 67—2006）第7.2.2条的规定。

●办公室应有与室外空气直接对流的窗户、洞口，当有困难时，应设置机械通风设施。

●设有全空调的办公建筑宜设吸烟室，吸烟室应有良好的通风换气设施。

●室内空气质量各项指标应符合现行国家标准《室内空气质量标准》（GB/T 18883—2002）的要求。

●采用自然通风的办公室，其通风开口面积应≥房间地板面积的1/20。

●办公建筑室内建筑材料和装修材料所产生的室内环境污染物浓度限量应符合现行国家标准《民用建筑工程室内环境污染控制规范》（GB 50325—2010）的规定。

2. 室内光环境

●办公室、会议室宜有天然采光，采光系数的标准值应符合表2-17的规定。

表2-17　办公建筑的采光系数最低值

采光等级	房间类别	侧面采光	
		采光系数最低值 C_{min}（%）	室内天然光临界照度/lx
Ⅱ	设计室、绘图室	3	150
Ⅲ	办公室、视屏工作室、会议室	2	100
Ⅳ	复印室、档案室	1	50
Ⅴ	走道、楼梯间、卫生间	0.5	25

●采光标准可采用窗地面积比进行估算，其比值应符合表2-18的规定。

表2-18　窗地面积比

采光等级	房间类别	侧面采光
Ⅱ	设计室、绘图室	1/3.5
Ⅲ	办公室、视屏工作室、会议室	1/5
Ⅳ	复印室、档案室	1/7
Ⅴ	走道、楼梯间、卫生间	1/12

注：1. 计算条件：Ⅲ类光气候区；普通玻璃单层铝窗；其他条件下的窗地面积比应乘以相应的系数。

　　2. 侧窗采光口离地面高度在0.80m以下部分不计入有效采光面积。

　　3. 侧窗采光口上部有宽度超过1m以上的外廊、阳台等外部遮挡物时，其有效采光面积可按采光口面积的70%计算。

3. 室内声环境

●办公建筑主要房间室内允许噪声级应符合表2-19的规定。

表2-19　室内允许噪声级

房间类别	允许噪声级（A声级/dB）		
	一类办公建筑	二类办公建筑	三类办公建筑
办公室	≤45	≤50	≤55
设计制图室	≤45	≤50	≤50
会议室	≤40	≤45	≤50
多功能厅	≤45	≤50	≤50

●办公建筑围护结构的空气声隔声标准（计权隔声量dB）应符合表2-20的规定。

表2-20　空气声隔声标准

围护结构部位	计权隔声量/dB		
	一类办公建筑	二类办公建筑	三类办公建筑
办公用房隔墙	≥45	≥40	≥35

六、高层办公楼电梯布置形式

1. 电梯布置原则

●使用方便。　●集中布置。　●分层分区。　●分隔。

2. 电梯布置方式

- 建筑平面中心。
- 建筑平面一侧。
- 体量之外。

3. 高层办公建筑平面上电梯的位置

- 建筑平面中心（图2-16）。
- 建筑平面一侧（图2-17）。
- 体量之外（图2-18）。

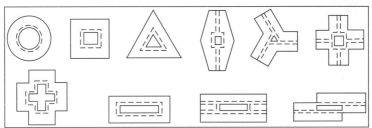

图 2-16　建筑平面中心

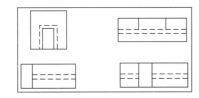

图-2 17　建筑平面一侧

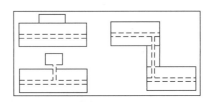

图 2-18　体量之外

七、办公室布置形式

1. 办公室平面布置

- 单元式办公室（图2-19）。
- 公寓式办公室（图2-20）。
- 景观式办公室（图2-21）。
- 大空间办公室（图2-22）。

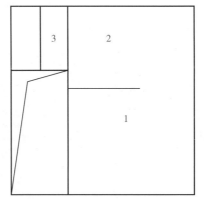

图 2-19　办公室平面布置（一）

1—办公室　2—接待室　3—卫生间

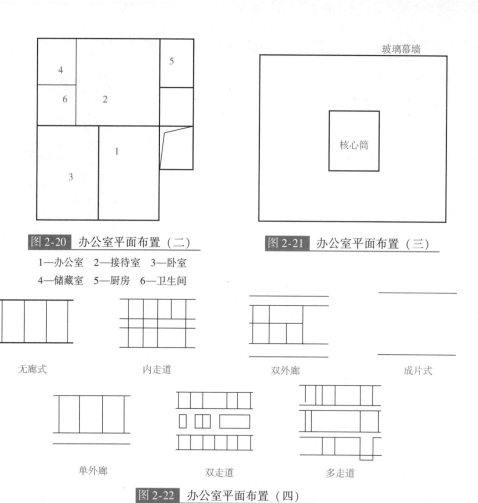

图 2-20　办公室平面布置（二）　　　图 2-21　办公室平面布置（三）

1—办公室　2—接待室　3—卧室
4—储藏室　5—厨房　6—卫生间

无廊式　　　　　　内走道　　　　　　双外廊　　　　　　成片式

单外廊　　　　　　双走道　　　　　　多走道

图 2-22　办公室平面布置（四）

2. 办公室尺寸

● 办公室常用尺寸见表 2-21。

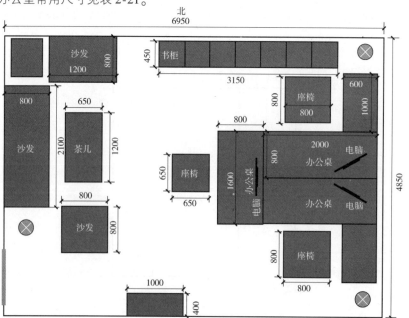

表2-21 办公室常用尺寸

尺寸名称	尺寸/mm
开间	3000、3300、3600、6000、6600、7200
进深	4800、5400、6000、6600
层高	3000、3300、3400、3600

注：办公室尺寸应根据使用要求、家具规格、布置方式、采光要求，以及结构、施工条件、面积定额、模数等因素决定。

第五节　托教建筑施工图设计

一、托教建筑规模划分

●幼儿园的规模应符合表2-22的规定，托儿所、幼儿园的每班人数宜符合表2-23的规定。

表2-22 幼儿园的规模

规　模	班数/班
小型	1～4
中型	5～9
大型	10～12

表2-23 托儿所、幼儿园的每班人数

名　称	班　别		人数/人
托儿所	乳儿班		10～15
	托儿班	小、中班	15～20
		大班	21～25
幼儿园	小班		20～25
	中班		26～30
	大班		31～35

二、托教建筑设计原则

●满足使用功能要求，有益于幼儿健康成长，如图2-23所示。
●保证幼儿、教师及工作人员的环境安全，并具备防灾能力。
●符合节约土地、能源，环境保护的基本方针。

三、托教建筑总体环境及设计要点

1. 选址

●托儿所、幼儿园建设基地的选择应符合当地总体规划和国家现行有关标准的

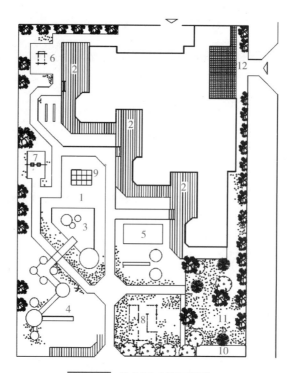

图 2-23　幼儿园功能区划分

1—公共活动场地　2—班级活动场地　3—涉水池　4—游戏设施
5—沙坑　6—浪船　7—秋千　8—尼龙网迷宫　9—攀登架
10—动物房　11—植物园　12—杂务院

要求。

● 托儿所、幼儿园的服务半径宜为 300～500m。

● 托儿所、幼儿园的基地应符合下列规定：

Step01 应建设在日照充足、交通方便、场地平整、干燥、排水通畅、环境优美、基础设施完善的地段。

Step02 不应置于易发生自然地质灾害的地段。

Step03 与易发生危险的建筑物、仓库、储罐、可燃物品和材料堆场等之间的距离应符合国家现行有关标准的规定。

Step04 不应与大型公共娱乐场所、商场、批发市场等人流密集的场所相毗邻。

Step05 应远离各种污染源，并应符合国家现行有关卫生、防护标准的要求。

Step06 园内不应有高压输电线、燃气、输油管道主干道等穿过。

2. 总平面

● 三个班及以上的托儿所、幼儿园建筑应独立设置。两个班及以下时，可与居住建筑合建，但应符合下列规定：

Step01 幼儿生活用房应设在居住建筑的底层。

Step02 应设独立出入口，并应与其他建筑部分采取隔离措施。

Step03 出入口处应设置人员安全集散和车辆停靠的空间。

Step04 应设独立的室外活动场地，场地周围应采取隔离措施。

Step05 室外活动场地范围内应采取防止物体坠落措施。

●托儿所、幼儿园场地内绿地率应≥30%，宜设置集中绿化用地。绿地内不应种植有毒、带刺、有飞絮、病虫害多、有刺激性的植物。

●托儿所、幼儿园出入口不应直接设置在城市干道一侧；其出入口应设置供车辆和人员停留的场地，且不应影响城市道路交通。

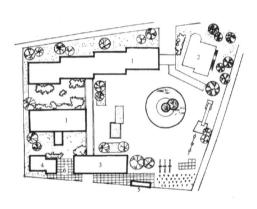

3. 平面布局

●托儿所、幼儿园中的幼儿生活用房不应设置在地下室或半地下室，且不应布置在四层及以上；托儿所部分应布置在一层。

●活动室、寝室、多功能活动室等幼儿使用的房间应设双扇平开门，门净宽应≥1.20m。

●严寒和寒冷地区托儿所、幼儿园建筑的外门应设门斗。

●托儿所、幼儿园的外廊、室内回廊、内天井、阳台、上人屋面、平台、看台及室外楼梯等临空处应设置防护栏杆。防护栏杆的高度应从地面计算，且净高应≥1.10m。防护栏杆必须采用防止幼儿攀

●托儿所、幼儿园的幼儿生活用房应布置在当地最好朝向，冬至日底层满窗日照应≥3h。

●托儿所、幼儿园应设室外活动场地，并应符合下列规定：

Step01 每班应设专用室外活动场地，面积宜≥60m²，各班活动场地之间宜采取分隔措施。

Step02 应设全园共用活动场地，人均面积应≥2m²。

Step03 地面应平整、防滑、无障碍、无尖锐凸出物，并宜采用软质地坪。

Step04 共用活动场地应设置游戏器具、沙坑、30m跑道、洗手池等，宜设戏水池，储水深度应≤0.30m；游戏器具下面及周围应设软质铺装。

Step05 室外活动场地应有1/2以上的面积在标准建筑日照阴影线之外。

●托儿所、幼儿园基地周围应设围护设施，围护设施应安全、美观，并应防止幼儿穿过和攀爬。在出入口处应设大门和警卫室，警卫室对外应有良好的视野。

●夏热冬冷、夏热冬暖地区的幼儿生活用房不宜朝西向；当不可避免时，应采取遮阳措施。

登和穿过的构造，当采用垂直杆件做栏杆时，其杆件净距离应≤0.11m。

●距离地面高度1.30m以下，幼儿经常接触的室内外墙面，宜采用光滑易清洁的材料；墙角、窗台、散热器罩、窗口竖边等阳角处应做成圆角。

●幼儿经常通行和安全疏散的走道不应设有台阶，当有高差时，应设置防滑坡道，其坡度应≤1∶12。疏散走道的墙面距地面2m以下不应设有壁柱、管道、消火栓箱、灭火器、广告牌等凸出物。

●托儿所、幼儿园建筑窗的设计应符合下列规定：

Step01 活动室、多功能活动室的窗台面距地面高度宜≤0.60m。

Step02 当窗台面距楼地面高度<0.90m时，应采取防护措施，防护高度应由楼地面起计算，应≥0.90m。

Step03 窗距离楼地面的高度≤1.80m的部分，不应设内悬窗和内平开窗扇。

Step04 外窗开启扇均应设纱窗。

● 幼儿出入的门应符合下列规定：

Step01 距离地面1.20m以下部分，当使用玻璃材料时，应采用安全玻璃。

Step02 距离地面0.60m处宜加设幼儿专用拉手。

Step03 门的双面均应平滑、无棱角。

Step04 门下不应设门槛。

Step05 不应设置旋转门、弹簧门、推拉门，不宜设金属门。

Step06 活动室、寝室、多功能活动室的门均应向人员疏散方向开启，开启的门扇不应妨碍走道疏散通行。

Step07 门上应设观察窗，观察窗应安装安全玻璃。

● 幼儿使用的楼梯，当楼梯井净宽度>0.11m时，必须采取防止幼儿攀滑措施。楼梯栏杆应采取不易攀爬的构造，当采用垂直杆件做栏杆时，其杆件净距应≤0.11m。

● 建筑室外出入口应设雨篷，雨篷挑出长度宜超过首级踏步0.50m以上。

● 出入口台阶高度超过0.30m，并侧面临空时，应设置防护设施，防护设施净高应≥1.05m。

● 托儿所、幼儿园建筑走廊最小净宽不应小于表2-24的规定。

● 活动室、寝室、乳儿室、多功能活动室的室内最小净高不应低于表2-25的规定。

● 楼梯、扶手和踏步等应符合下列规定：

Step01 楼梯间应有直接的天然采光和自然通风。

Step02 楼梯除设成人扶手外，应在梯段两侧设幼儿扶手，其高度宜为0.60m。

Step03 供幼儿使用的楼梯踏步高度宜为0.13m，宽度宜为0.26m。

Step04 严寒地区不应设置室外楼梯。

Step05 幼儿使用的楼梯不应采用扇形、螺旋形踏步。

Step06 楼梯踏步面应采用防滑材料。

Step07 楼梯间在首层应直通室外。

表2-24　走廊最小净宽度　　　　　　　　　　（单位：m）

房间名称	走廊布置	
	中间走廊	单面走廊或外廊
生活用房	2.4	1.8
服务、供应用房	1.5	1.3

表 2-25　室内最小净高	（单位：m）
房间名称	净高
活动室、寝室、乳儿室	3.0
多功能活动室	3.9

四、托教建筑各类用房设计要点

1. 幼儿园生活用房

●幼儿生活单元应设置活动室、寝室、卫生间、衣帽储藏间等基本空间。

●活动室宜设阳台或室外活动平台，且不应影响幼儿生活用房的日照。

●活动室、寝室、多功能活动室等幼儿使用的房间应做暖性、有弹性的地面，儿童使用的通道地面应采用防滑材料。

●寝室应保证每一幼儿设置一张床铺的空间，不应布置双层床。床位侧面或端部距外墙距离应≥0.60m。

●幼儿园生活单元房间的最小使用面积不应小于表 2-26 的规定，当活动室与寝室合用时，其房间最小使用面积应≥120m²。

●单侧采光的活动室进深宜≤6.60m。

●同一个班的活动室与寝室应设置在同一楼层内。

●活动室、多功能活动室等室内墙面应具有展示教材、作品和空间布置的条件。

●卫生间应由厕所、盥洗室组成，并宜分间或分隔设置。无外窗的卫生间，应设置防止回流的机械通风设施。

●每班卫生间的卫生设备数量不应少于表 2-27 的规定，且女厕大便器应≥4个，男厕大便器应≥2个。

表 2-26　幼儿生活单元房间的最小使用面积		（单位：m²）
房间名称		房间最小使用面积
活动室		70
寝室		60
卫生间	厕所	12
	盥洗室	8
衣帽储藏间		9

表 2-27　每班卫生间卫生设备的最少数量

污水池/个	大便器/个	小便器（沟槽）/个或位	盥洗台（水龙头/个）
1	6	4	6

●卫生间应临近活动室或寝室，且开门不宜直对寝室或活动室。盥洗室与厕所之间应有良好的视线贯通。

●厕所、盥洗室、淋浴室地面不应设台阶，地面应防滑和易于清洗。

●夏热冬冷和夏热冬暖地区，托儿

所、幼儿园建筑的幼儿生活单元内宜设淋浴室;寄宿制幼儿生活单元内应设置淋浴室,并应独立设置。

●多功能活动室的位置宜临近幼儿生活单元,单独设置时宜与主体建筑用连廊连通,连廊应做雨篷,严寒和寒冷地区应做封闭连廊。

●卫生间所有设施的配置、形式、尺寸均应符合幼儿人体尺度和卫生防疫的要求。卫生洁具布置应符合下列规定:

Step 01 盥洗池距地面的高度宜为 0.50 ~ 0.55m,宽度宜为 0.40 ~ 0.45m,水龙头的间距宜为 0.55 ~ 0.60m。

Step 02 大便器宜采用蹲式便器,大便器或小便槽均应设隔板,隔板处应加设幼儿扶手。厕位的平面尺寸应 ≥ 0.70 × 0.80m(宽×深),沟槽式的宽度宜为 0.16 ~ 0.18m,坐式便器的高度宜为 0.25 ~ 0.30m。

●封闭的衣帽储藏室宜设通风设施。

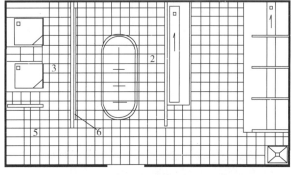

1—厕所 2—盥洗 3—洗浴 4—淋浴 5—更衣 6—毛巾及水杯架

2. 托儿所生活用房

●托儿所应包括托儿班和乳儿班,托儿班宜接纳 2 ~ 3 周岁的幼儿,乳儿班宜接纳 2 周岁以下幼儿。

●每个托儿班和乳儿班的生活用房均应为每班独立使用的生活单元。当托儿所和幼儿园合建时,托儿所生活部分应单独分区,并应设单独出入口。

●乳儿班卫生间至少应设洗涤池 2 个、污水池 1 个、保育人员厕位 1 个。

●乳儿班房间的设置和最小使用面积应符合表 2-28 的规定。

●托儿班生活用房的使用面积及要求应与幼儿园生活用房相同。

●喂奶室、配乳室应符合下列规定:

Step 01 喂奶室、配乳室应临近乳儿室,喂奶室应靠近对外出入口。

Step 02 喂奶室、配乳室应设洗涤盆,配乳室应有加热设施,当使用有污染性燃料时,应有独立的通风、排烟系统。

表2-28 乳儿班每班房间最小使用面积 （单位：m²）

房 间 名 称	使 用 面 积
乳儿室	50
喂奶室	15
配乳室	8
卫生间	10
储藏室	8

3. 服务管理用房

●托儿所、幼儿园建筑应设门厅，门厅内宜附设收发、晨检、展示等功能空间。

●教职工的卫生间、淋浴室应单独设置，不应与幼儿合用。

●服务管理用房应包括晨检室（厅）、保健观察室、教师值班室、警卫室、储藏室、园长室、财务室、教师办公室、会议室、教具制作室等房间，最小使用面积应符合表2-29的规定。

●晨检室（厅）应设在建筑物的主入口处，并应靠近保健观察室。

●保健观察室设置应符合下列规定：

Step01 应设有一张幼儿床的空间。

Step02 应与幼儿生活用房有适当的距离，并应与幼儿活动路线分开。

Step03 宜设单独出入口。

Step04 应设给水、排水设施。

Step05 应设独立的厕所，厕所内应设幼儿专用蹲位和洗手盆。

表2-29 服务管理用房的最小使用面积 （单位：m²）

房 间 名 称	规 模		
	小 型	中 型	大 型
晨检室（厅）	10	10	15
保健观察室	12	12	15
教师值班室	10	10	10
警卫室	10	10	10
储藏室	15	18	24
园长室	15	15	18
财务室	15	15	18
教师办公室	18	18	24
会议室	24	24	30
教具制作室	18	18	24

注：1. 晨检室（厅）可设置在门厅内。

2. 教师值班室仅全日制幼儿园设置。

4. 供应用房

●厨房加工间室内净高应≥3.0m。

●当托儿所、幼儿园建筑为2层及以上时，应设提升食梯。食梯呼叫按钮距地面高度应＞1.70m。

●托儿所、幼儿园建筑应设玩具、图书、衣被等物品专用消毒间。

●厨房室内墙面、隔断及各种工作台、水池等设施的表面应采用无毒、无污染、光滑和易清洁的材料；墙面阴角宜做弧形；地面应防滑，并应设排水设施。

●寄宿制托儿所、幼儿园建筑应设置集中洗衣房。

五、托教建筑室内环境设计要点

1. 采光

● 托儿所、幼儿园的生活用房、服务管理用房和供应用房中的各类房间均应有直接天然采光和自然通风，其采光系数最低值及窗地面积比应符合表 2-30 的规定。

● 托儿所、幼儿园建筑采光应符合现行国家标准《建筑采光设计标准》（GB 50033—2013）的有关规定。

表2-30 采光系数最低值和窗地面积比

房间名称	采光系数最低值（%）	窗地面积比
活动室、寝室、乳儿室、多功能活动室	2.0	1∶5.0
保健观察室	2.0	1∶5.0
办公室、辅助用户	2.0	1∶5.0
楼梯间、走廊	1.0	—

2. 隔声、噪声控制

● 托儿所、幼儿园建筑室内允许噪声级应符合表 2-31 的规定。

● 托儿所、幼儿园建筑主要房间的空气声隔声标准应符合表 2-32 的规定。

● 托儿所、幼儿园建筑的环境噪声应符合现行国家标准《民用建筑隔声设计规范》（GB 50118—2010）的有关规定。

表2-31 室内允许噪声级

房间名称	允许噪声级（A声级/dB）
活动室、寝室、乳儿室	≤45
多功能活动室、办公室、保健观察室	≤50

表2-32 空气声隔声标准

房间名称	空气声隔声标准 （计权隔声量）/dB	楼板撞击声隔声单值 评价量/dB
活动室、寝室、乳儿室、保健观察室与相邻房间之间	≥50	≤65
多功能活动室与相邻房间之间	≥50	≤75

3. 空气质量

● 托儿所、幼儿园的室内空气质量应符合现行国家标准《室内空气质量标准》（GB/T 18883—2002）的有关规定。

● 托儿所、幼儿园建筑使用的建筑材料、装修材料和室内设施应符合现行国家标准《民用建筑工程室内环境污染控制规范》（GB 50325—2010）的有关规定。

● 托儿所、幼儿园的幼儿用房应有良好的自然通风，其通风口面积应≥房间地板面积的 1/20。夏热冬冷、严寒和寒冷地区的幼儿用房应采取有效的通风设施。

六、 托教建筑各类用房布置形式

●活动室。应考虑幼儿使用特点，处理好尺度关系，细部要有利于安全和易于清洁，空间布置如图2-24所示。

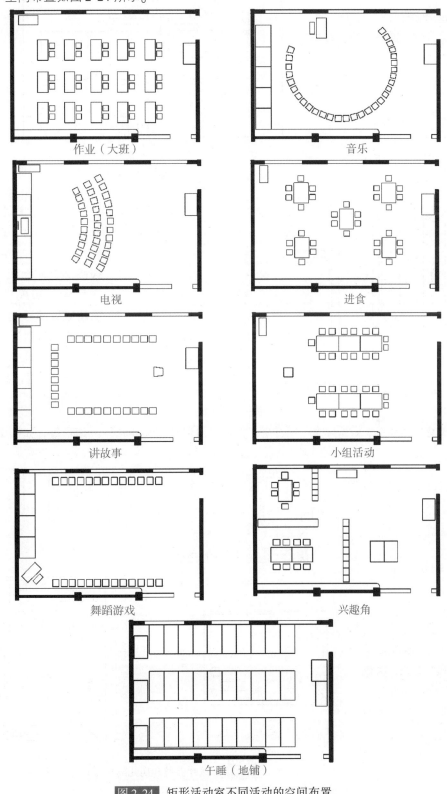

图 2-24　矩形活动室不同活动的空间布置

●寝室。全日制幼儿园各班卧室应与本班活动室毗邻，寄宿制幼儿园各班卧室集中布置便于夜间管理。床的布置尺度合理、紧凑，如图2-25所示。

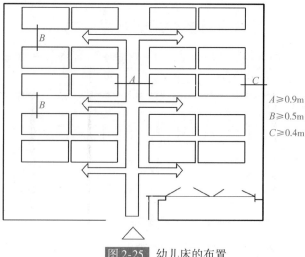

$A \geqslant 0.9m$
$B \geqslant 0.5m$
$C \geqslant 0.4m$

图2-25 幼儿床的布置

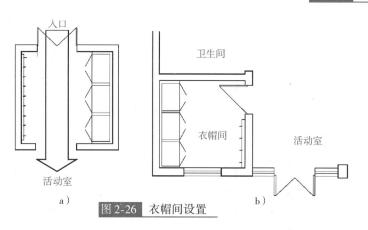

图2-26 衣帽间设置

●衣帽储藏间。北方冬季寒冷，最好将其作为通过式空间，如图2-26a所示；南方气候温和或炎热，衣帽储藏间可设计成活动室入口附近的套件，可大大减少衣帽间交通面积，如图2-26b所示。

●音体活动室。面积分大、中、小三类，平面形状常见矩形、六边形等，如图2-27所示。

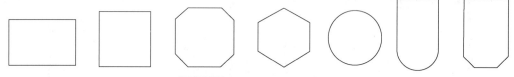

图2-27 活动室平面示意图

●服务用房。晨检室宜设在建筑屋的主要出入口处，医疗保健和病儿隔离室宜相邻设置，如图2-28所示。

图2-28 医疗保健和病儿隔离室相邻设置

七、 托教建筑平面组合设计

1. 幼儿园平面组合功能关系要求

●幼儿园建筑的各个组成部分是既有联系又有相对独立的有机整体，在着手进行幼儿园建筑布局时，首先应了解它们之间的内在关系，以便进行合理的功能分区。

●各类房间的功能关系合理是建筑平面组合的基本要求之一。将性质相近的房间组织在一起以方便联系；相互干扰的房间要予以隔离，做到分区明确，满足功能上联系与分隔的需要。

●幼儿园功能关系和功能分区流线分别如图2-29、图2-30所示。

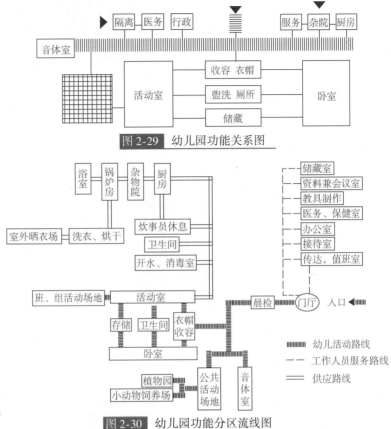

图 2-29 幼儿园功能关系图

图 2-30 幼儿园功能分区流线图

2. 建筑的组合形式

●廊式（功能明确）（图2-31）。

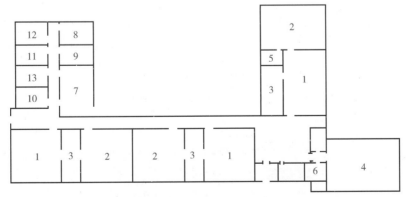

图 2-31 建筑的组合形式——廊式

1—活动室 2—寝室 3—卫生间 4—音体活动室 5—储藏室 6—教具室 7—厨房
8—洗衣房 9—库房 10—办公室 11—医务保健室 12—隔离室 13—教职工宿舍

●厅式（创造交流机会）（图2-32）。

图 2-32　建筑的组合形式——厅式

1—中央大厅　2—教室　3—办公室　4—卫生间

●院落式（空间丰富，室内外一体）（图2-33）。

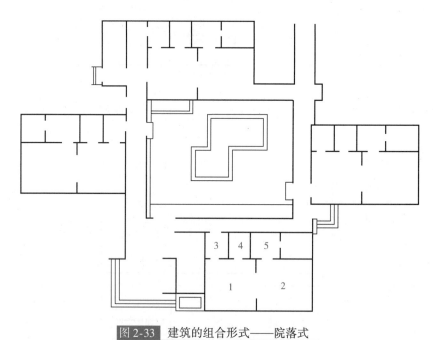

图 2-33　建筑的组合形式——院落式

1—活动室　2—卧室　3—衣帽间　4—储藏室　5—卫生间

●分枝式（空间丰富，室内外一体）（图2-34）。

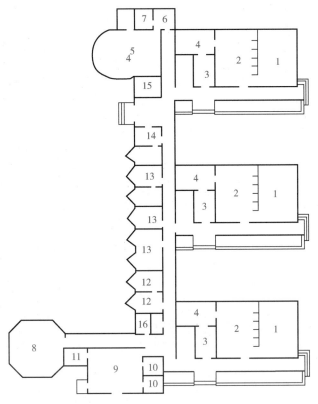

图 2-34　建筑的组合形式——分枝式

1—活动室　2—寝室　3—收容室　4—卫生间　5—乳儿室　6—哺乳室　7—配乳室

8—音体活动室　9—厨房　10—库房　11—更衣休息室　12—医务隔离室

13—教师办公室　14—总务办公室　15—教室值班室　16—教职工厕所

Chapter 3

第三章

建筑施工图审图要点和常见问题

第一节 设计总说明审查要领及常见问题

一、 设计总说明审查要领

1. 文件内容

●设计依据。本子项工程施工图设计的依据性文件、批文和相关规范。

●用料说明和室内外装修。

Step 01 墙体、墙身防潮层、地下室防水、屋面、外墙面、勒脚、散水、台阶、坡道、油漆、涂料等的材料和做法，可用文字说明或部分文字说明，直接在图上引注或加注索引号。

Step 02 室内装修部分除用文字说明以外也可用表格形式表达，在表上填写相应的做法或代号；较复杂或较高级的民用建筑应另行委托室内装修设计；凡属二次装修的部分，可不列装修做法表和进行室内施工图设计，但对原建筑设计、结构和设备设计有较大改动时，应征得原设计单位和设计人员的同意。

●特殊性说明。对采用新技术、新材料的做法说明及对特殊建筑造型和必要的建筑构造的说明。

●电梯选择。电梯（自动扶梯）选择及性能说明（功能、载重量、速度、停站数、提升高度等）。

●幕墙、屋面工程。幕墙工程（包括玻璃、金属、石材等）及特殊的屋面工程（包括金属、玻璃、膜结构等）的性能及制作要求，平面图、预埋件安装图等以及防火、安全、隔声构造。

●封堵方式。墙体及楼板预留孔洞需封堵时的封堵方式说明。

●设计标高。本子项的相对标高与总图绝对标高的关系。

●项目概况。内容一般应包括建筑名称、建设地点、建设单位、建筑面积、建筑基底面积、建筑工程等级、设计使用年限、建筑层数和建筑高度、防火设计建筑分类和耐火等级、人防工程防护等级、屋面防水等级、地下室防水等级、抗震设防烈度等，以及能反映建筑规模的主要技术经济指标，如住宅的套型和套数（包括每套的建筑面积、使用面积、阳台建筑面积，房间的使用面积可在平面图中标注）、旅馆的客房间数和床位数、医院的门诊人次和住院部的床位数、车库的停车泊位数等。

●门窗表及性能。门窗表及门窗性能（防火、隔声、防护、抗风压、保温、空气渗透、雨水渗透等）、用料、颜色、玻璃、五金件等的设计要求。

●其他说明性问题。

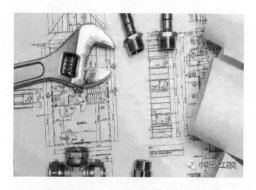

2. 审查内容

●设计的依据性文件和主要规范、标准是否列明齐全、正确。

●建筑墙体和室内外装修用材料，不得使用住房和城乡建设部及本地省建设厅公布的淘汰产品。采用的新技术、新材料须经主管部门鉴定认证，有准用证书。

●外门窗类型与玻璃的选用，气密性等级；木制部位的防腐（禁用沥青类材料）；玻璃幕墙的防火封堵做法，气密性等级；使用安全玻璃的部位及大玻璃落地门窗的警示标志。

●卫生间等有水房间的楼地面及墙脚的防水处理；变形缝的防水、防火、保温节能构造；管道井每层的防火封堵（非2~3层）。

●电梯（自动扶梯）选择及性能说明（功能、载重量、速度、停站数、提升高度等）及无障碍电梯（公建）的配置。

●节能设计专篇。

●设计标高的确定是否与城市已确定的控制标高一致。审图时要特别注意±0.000相对应的绝对标高是否已标注清楚、正确。

●门窗框料材质、玻璃品种及规格要求须明确，整窗传热系数、气密性等级应符合相关规定。

●项目概况，包括建筑名称、建设地点、建筑面积、建筑基底面积、建筑工程等级、设计使用年限、建筑层数和建筑高度、防火设计建筑分类和耐火等级（地上、地下）、火灾危险性类别（厂房、仓库），人防工程防护等级、屋面防水等级（构造做法及防水材料厚度，斜屋面瓦材固定措施）、地下室防水等级（构造做法及防水材料厚度）、抗震设防烈度等。

●建筑防火设计、无障碍设计和建筑节能设计说明应与图样的表达一致。

●阳台、楼梯栏杆及低窗护栏的安全要求。

二、 设计总说明常见问题

1. 设计深度问题

●说明内容欠缺。

Step 01 许多建筑设计人员认为建筑设计总说明就是对建筑专业施工图的补充技术说明，这种理解是错误的。从设计方案选择到初步设计完成再经过多次反复修改、调整，最终的设计成果则是建筑施工图及其总说明。设计总说明及施工图是指导建筑工程施工唯一有效的技术文件，是工程竣工、验收的重要依据，并将载入城市建设档案。

Step 02 建筑设计总说明包括的内容。

①技术说明：如技术数据、技术说明，以及对施工图的补充说明等。

②非技术说明：如工程概况等。

建筑设计总说明应概括整个工程设计，而不是针对工程设计图样说的。所以在非技术性说明中，尤其是在工程设计概况中，应对设计工程在总体上有一个全面而精练的交代。在工程设计概况中除了写明工程设计的主要经济技术指标和主要使用功能外，还应表明设计人员的创意和构思。

Step 03 在工程设计概况中除了重点阐述设计构思之外，还应对重大技术设计方面的问题进行简要的说明，说明中应包括建筑防火设计、建筑人防设计、建筑室内环境设计、建筑节能设计等。

●说明套话多、专业术语不严谨。

Step 01 有些说明在"设计依据"一项中常常会表述为"本工程设计根据国家现行规范、标准和有关规定进行设计"。这种"套话"不结合工程实际情况提出具体的设计依据是十分不妥的。

Step02 一个工程设计人员除了严格执行国家现行标准、规范外，还应根据实际情况做出切实可行的技术措施，在写"设计依据"时应将所依据的有关现行国家规范、标准一一列出，这样做一方面使设计者做到心中有数，另一方面也给审图人员提供了审图所依据的规范标准，不至于在一些重要技术设计环节中因依据不同而出现分歧或矛盾，甚至漏审错审。尤其一些特殊行业的行业标准必须一一列出。

● 叙述不正确不完整。

Step01 对防火设计建筑类别、建筑物及地下室耐火等级、屋面及地下室防水等级、抗震设防烈度、建筑层数、建筑基底面积、建筑总面积等能反映建筑特性的概况叙述不明晰。

Step02 设计依据叙述不正确不完整，主要表现是有关规范名称及编号有误，具体表现在所列规范有的已废止，有的版本已更新而未加注明。

● 材料说明不正确不完整。

Step01 墙体建筑材料说明不正确不完整，应说明建筑物内外墙体的材料做法，特别是防火墙耐火极限应不小于3.0h，首层楼梯间、地下室的隔墙耐火极限应不小于2.0h，有些设计采用100mm厚空心陶粒砌块是不符合要求的。一般可采用100mm厚加气混凝土砌块，其耐火极限不小于3.0h。

Step02 砌筑砂浆与砌体不配套、砌筑施工方法未做相关说明、与节能说明中采用的墙体材料不一致等，有的只说墙体材料为轻质砌块，未具体说明为何种砌块。

● 建筑节能专项内容。建筑节能设计说明中，应交代建筑物的体型系数、各朝向窗墙面积比，屋面、外墙保温材料做法、厚度及传热系数，不采暖房间（含楼梯间）的内隔墙，不采暖的地下室顶板及屋顶夹层楼板的保温材料做法及传热系数，并应与建筑物热工性能计算和节能判定表一致等。

● 书写错误问题。审图中经常看到有些设计人员对一些参数还沿用旧的表达形式，例如抗震设防烈度写为"七度"，屋面防水等级写为"二级"，地下室防水等级写为"Ⅱ级"，门窗气密性等级写为"三级"等。

正确的书写方式如下：

Step01 抗震设防烈度现在划分为"6度，7度，8度，9度等"，如日照地区为7度设防。

Step02 屋面防水等级划分为"Ⅰ级，Ⅱ级，Ⅲ级，Ⅳ级等"，一般采用Ⅱ级（防水层合理使用年限15年）。

Step03 地下室防水等级一般划分为"一级，二级，三级，四级"，地下车库一般为二级。

Step04 门窗气密性等级一般划分为"1级，2级，3级，4级等"，住宅要求外窗的气密性等级不低于规定的4级。

● 建筑防火专项内容。防火分区及每个防火分区的建筑面积，电缆井、管道井在每层楼板处应进行防火封堵，防火分区、防火墙上的防火门应说明火灾时自行关闭等，多数设计图样中没有加以说明。

2. 设计安全问题

● 防火封堵措施未说明。

Step01 电梯井应独立设置，井内严禁敷设可燃气体和甲、乙、丙类液体管道，不应敷设与电梯无关的电缆、电线等。电梯井的井壁除设置电梯门、安全逃生门和通气孔洞外，不应设置其他开口。

Step02 电缆井、管道井、排烟道、排气道、垃圾道等竖向井道，应分别独立设置。井壁的耐火极限不应低于 1.00h，井壁上的检查门应采用丙级防火门。

Step03 建筑内的电缆井、管道井应在每层楼板处采用不低于楼板耐火极限的不燃材料或防火封堵材料封堵。

建筑内的电缆井、管道井与房间、走道等相连通的孔隙应采用防火封堵材料封堵。

Step04 建筑内的垃圾道宜靠外墙设置，垃圾道的排气口应直接开向室外，垃圾斗应采用不燃材料制作，并应能自行关闭。

Step05 电梯层门的耐火极限不应低于 1.00h，并应符合现行国家标准《电梯层门耐火试验完整性、隔热性和热通量测定法》（GB/T 27903—2011）规定的完整性和隔热性要求。

●特有安全构造措施未说明。针对该工程的特有的安全构造措施未说明，主要是对住宅、幼儿园、中小学、老年人建筑、医院等特定人群生活场所的安全构造未说明。

●不符合通则规定。设计人员在阳台、外廊、室内回廊、内天井、上人屋面及室外楼梯等临空处设置了防护栏杆，但在选用标准图集建筑做法时，往往不满足《民用建筑设计通则》（GB 50352—2005）中第 6.6.3 条第 3 款"栏杆离楼面或屋面 0.10m 高度内不宜留空"的规定。

●耐火极限未注明。钢结构承重部位材料的耐火极限未注明。

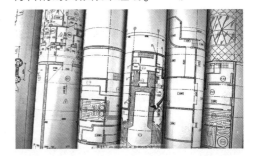

3. 设计条文问题

●设计说明不完整。设计说明应有无障碍设计专项内容，如无障碍电梯、无障碍型住房等内容，并符合《无障碍设计规范》（GB50763—2012）和《住宅建筑构造》（11J930）的规定。

●未注明隔声和减振措施。电梯与卧室和客厅紧邻布置，说明中未注明隔声和减振措施。

●缺节能专项说明。《居住建筑节能设计标准》和《公共建筑节能设计标准》规定施工图中必须有节能专项说明。

●采用材料问题。住宅建筑楼梯间顶棚、墙面和地面应采用不燃性材料。

4. 设计构造问题

●材料及环境问题。

Step01 消防水泵房、排烟机房、楼梯间等的顶棚、内隔墙、楼地面等均应采用 A 级装修材料。

Step02 电梯与卧室、起居室（厅）紧邻布置时未采取隔声、减振措施。

●未做相关施工说明。幕墙（含玻璃、金属、石材）工程、特殊的屋面（含金属、玻璃、膜结构）工程、需二次装修的工程未做相关施工说明，因而未形成与其他工种的交接平台，给后期施工带来了不确定因素。

●防水层设计问题。在进行卫生间、盥洗室、浴室等设计时，除了楼地面做法常常缺少防水层做法，导致不符合《民用建筑设计通则》（GB 50352—2005）中第 6.5.1 条第 4 款"楼地面、楼地面沟槽、管道穿楼板及楼板接墙处应严密防水、防渗漏"的规定。

●建设防潮层问题。《民用建筑设计

通则》（GB 50352—2005）第6.9.3条第1款规定"……室内相邻地面有高差时，应在高差处墙身的侧面加设防潮层"。此条款的执行情况最不理想，几乎所有有此情况的设计图均缺少此项设计。

●门窗工程设计问题。门窗型材未说明，采用安全玻璃的部位未说明，对低窗台的防护措施未说明。

●各部位构造做法问题。

Step01屋面防水构造层次不完整，主要表现是防水构造层次混乱（不设隔离层、不设保护层、找平层不分缝等），说明中屋面为Ⅱ级防水，而选用的图集做法为Ⅲ级防水。

Step02外墙、有积水房间、水池等部位未设防水层。

●闷顶部分问题。坡屋面设计时设计人员容易疏忽闷顶部分的建筑设计，常常缺少闷顶平面图的设计，从而违反《民用建筑设计通则》（GB 50352—2005）中第6.13.3条第10款"闷顶应设通风口，并应有通向闷顶的人孔……"的规定。

第二节 总平面图审查要领及常见问题

一、 总平面图审查要领

1. 文件内容

●原有基地的地形图（等高线、地面标高等）地形变化较大时，应画出相应的等高线。

●指北针或风向玫瑰图指北针主要表明了建筑物的朝向。在总平面图中通常画有带指向北的风向频率玫瑰图（风玫瑰），用来表示该地区常年的风向频率和风速。

●周围环境

Step01建筑附近的地形、地物等，如道路、河流、水沟、池塘、土坡等。

Step02应注明道路的起点、变坡、转折点、终点以及道路中心线的标高和坡向等。

●周围已有的建筑物、构筑物、道路和地面附属物。通过周围建筑概况了解新建建筑对已建建筑造成的影响和作用，距离相邻原有建筑物、拆除建筑物的位置或范围。

●新建建筑物、构筑物的布置

Step01利用新建建筑物和原有建筑物之间的距离定位。

Step02利用施工坐标确定新建建筑物的位置。

Step03利用新建建筑物与周围道路之间的距离确定新建建筑物的位置。

Step04注明新建房屋底层室内地坪和室外整平地坪的绝对标高。

●绿化及道路在总平面图中，绿化及道路反映的范围较大，常用的比例为1:300、1:500、1:1000、1:2000等。

2. 审查内容

●总平面设计深度是否符合要求，是否符合城市规划部门批准的总平面规划。

●无障碍设计（人行道交叉路口缘石坡道、盲道，区内道路纵坡应小于2.5%，无障碍坡道坡度1:12，宽度大于1.5m）。

●住宅至道路边缘最小距离应符合《住宅建筑规范》（GB 50368—2005）第4.1.2

条规定。

●广场、停车场、运动场、道路、无障碍设施、排水沟、挡土墙、护坡的定位坐标或相互尺寸。

●建筑物室内外地面设计标高，地下建筑的顶板面标高及覆盖土高度限制。

●挡土墙、护坡或土坎顶部和底部主要标高及护坡坡度。

●消防道路、出入口、工程周围相邻建（构）筑物的使用性质、房屋间距（日照、防火要求）、消防登高面等是否满足相应规范的要求。

●汽车库出入口与城市道路红线的距离（7.5m）及视线遮挡问题。

●绿化设计。

●场地四邻的道路、水面、地面的关键性标高。

●道路的设计标高、纵坡度、纵坡距、关键性标高；广场、停车场、运动场地的设计标高，以及院落的控制性标高。

二、 总平面图常见问题

1. 设计深度问题

●总平面图设计深度不够。

Step 01 在施工图审查的过程中，总平面图存在的问题占总数比重较大，一般是缺少总平面图或总平面图的设计深度不符合住房和城乡建设部批准发布的《建筑工程设计文件编制深度的规定》。

Step 02 大部分设计的总平面图中只有建筑单体的平面定位，缺少建筑间距、广场（含停车场）、道路布置及道路的转弯半径、宽度、交叉点、变坡点标高、坡度、坡向等竖向设计内容。

●缺少指向定位标识。无指北针和风向玫瑰图。

●位置地形标高不明确。无明确新建工程包括隐蔽工程的位置及室内外设计标高、场地道路、广场、停车位布置及地面雨水排除方向，有的不画等高线，看不出地形变化等。

●缺少日照分析。在送审文件中，部分单位居住建筑未提供日照分析图，相邻建筑（已建或已批准的建筑物）未在日照分析图上做出反映。

●内容设计缺少。普遍没有进行道路、环境、绿化设计。

●缺少标示标高。无标示建设用地范围、道路及建筑红线位置，无用地及四邻有关地形、地物、周边市政道路的控制标高。

●与施工图指标不符。存在技术指标与规划局批准的施工图指标不符的情况。

●地质情况复杂问题。有些工程施工图中，与相对标高±0.000相当的绝对标高值，结构专业注明"见建筑总平面图"，建筑专业注明"见总平面图或标高现场定"，一般这种情况下，地质情况（起码地面地貌）是较为复杂的，标高的差异可以导致直接持力层承载力有较大的不同，所以完整的总平面设计是必要的。

2. 设计场地问题

●道路红线问题。建筑物地下附属设施超出道路红线，审图人员必须明白用地红线、道路红线和建筑控制线的概念。

Step01 用地红线是指各类建筑工程项目用地的使用权属范围的边界线，其围合的面积是用地范围。

①如果征地范围内无城市公共设施用地，征地范围即为用地范围。

②征地范围内如有城市公共设施用地，如城市道路用地或城市绿化用地，则扣除城市公共设施用地后的范围就是用地范围。

Step02 道路红线是城市道路（含居住区级道路）用地的规划控制边界线，一般由城市规划行政主管部门在用地条件中注明。

道路红线总是成对出现，两条红线之间的线性用地为城市道路用地，由城市市政和道路交通部门统一建设管理。

Step03 建筑控制线（也称建筑红线、建筑线）是有关法规或详细规划确定的建筑物、构筑物的基底位置不得超出的界线，是基地中允许建造建筑物的基线。

①一般建筑控制线都会从道路红线后退一定距离，用来安排台阶、建筑基础、道路、停车场、广场、绿化及地下管线和临时性建筑物、构筑物等设施。

②当基地与其他场地毗邻时，建筑控制线可根据功能、防火、日照间距等要求，确定是否后退用地红线。

●坡度问题。单体设计时室外入口标高未考虑总平面图中场地的坡度。

●消防车道问题。带地下建筑的总平面图中消防车道不明确。

●竖向设计问题。地下车库入口标高低于室外路面标高，未采取相应措施，导致路面积水倒流入车库。这种情况应在车库坡道设计中采取措施防止室外地面雨水回流，见《民用建筑设计通则》（GB 50352—2005）第5.3.3条。

●道路宽度问题。住宅山墙间小区道路不符合规范要求，道路宽度一般按以下宽度绘制。

Step01 机动车单车道宽度不小于4m，双车道宽度不小于7m，人行道不小于1.5m。

Step02 沿街建筑应设连通街道和内院的人行通道，其间距不宜大于80m。

Step03 地下车库出入口距基地道路的交叉路口或高架路的起坡点不应小于7.5m。

Step04 地下车库出入口与道路垂直时，出入口与道路红线应保持不小于7.5m的安全距离。

Step05 地下车库出入口与道路平行时，应经不小于7.5m缓冲车道汇入基地道路。

Step06 基地内道路边缘至建筑物、构筑物的最小距离应符合表3-1的规定。

表3-1 道路边缘至建筑物、构筑物的最小距离 （单位：m）

建筑物形式			居住区道路	居住小区道路	组团及宅间小路
建筑物面向道路	无出入口	高层	5.0	3.0	2.0
		多层	3.0	3.0	2.0
	有出入口		—	5.0	2.5

（续）

建筑物形式		居住区道路	居住小区道路	组团及宅间小路
建筑物山墙面向道路	高层	4.0	2.0	1.5
	多层	2.0	2.0	1.5
围墙面向道路		1.5	1.5	1.5

3. 建筑限定问题

● 基地机动车出入口与主干道交叉口的距离，自道路红线交叉点算起小于70m。

● 基地机动车出入口位置要求。

Step01 与大中城市主干道交叉口的距离，自道路红线交叉点算起不应小于70m。

Step02 与人行横道线、人行过街天桥、人行地道（包括引道、引桥）的最边缘线不应小于5m。

Step03 距地铁出入口、公共交通站台边缘不应小于15m。

Step04 距公园、学校、儿童及残疾人使用建筑的出入口不应小于20m。

Step05 当基地道路坡度大于8%时，应设缓冲段与城市道路连接。

Step06 与立体交叉口的距离或其他特殊情况，应符合当地城市规划行政主管部门的规定。

● 基地应与道路红线相邻接，否则应设基地道路与道路红线所划定的城市道路相连接。基地内建筑面积小于或等于3000m²时，基地道路的宽度不应小于4m；基地内建筑面积大于3000m²且只有一条基地道路与城市道路相连接时，基地道路的宽度不应小于7m；若有两条以上基地道路与城市道路相连接时，基地道路的宽度不应小于4m。

● 基地沿城市道路的长度应按建筑规模和疏散人数确定，并不少于基地周长的1/6。

● 基地或建筑物的主要出入口不得和快速道路直接连接，也不得直对城市主要干道的交叉口。

第三节 民用建筑审查要领及常见问题

一、 民用建筑审查要领

1. 文件内容

● 公共建筑。

Step01 托儿所、幼儿园。

①楼梯。

a. 楼梯除设成人扶手外，应在靠墙一侧设幼儿扶手，其高度不应大于0.6m。

b. 楼梯栏杆的净距不应大于0.11m，

当梯井净宽度大于0.2m时，必须采取安全措施。

c. 楼梯踏步的高度不应大于0.15m，宽度不应小于0.26m。

②活动室、寝室。

a. 活动室、寝室、音体活动室应设

双扇平开门，其宽度不应小于1.2m。

b. 疏散通道中不应使用转门、弹簧门和推拉门。

③阳台、屋顶平台。阳台、屋顶平台的护栏净高不应小于1.2m，内侧不应设有支撑。

Step02 中小学校中小学校室外楼梯及水平栏杆（或栏板）的高度不应小于1.1m。楼梯不应采用易于攀登的花格栏杆。

Step03 商店建筑营业部分。

①室内楼梯的每梯段净宽不应小于1.4m。

②踏步高度不应大于0.16m，踏步宽度不应小于0.28m。

③室外台阶的踏步高度不应大于0.15m，踏步宽度不应小于0.3m。

Step04 隔墙商店建筑营业厅与空调机房之间的隔墙应为防火兼隔声构造，并不得直接开门相通。

Step05 医院。

①综合医院4层及4层以上的门诊楼或病房楼应设电梯，且不得少于2台。

②3层及3层以下无电梯的病房楼以及观察室与抢救室不在同一层又无电梯的急诊部，均应设置坡道（坡度不宜大于1/10）。

Step06 电梯。

①疗养院建筑超过4层时应设置电梯。

②5层及5层以上办公建筑应设电梯。

● 居住建筑。

Step01 按套型设计。住宅应按套型设计，每套住宅应设卧室、起居室（厅）、厨房和卫生间等基本空间。

Step02 满足人体健康所需要求。住宅应满足人体健康所需的通风、日照、自然采光和隔声要求。

①住宅应充分利用外部环境提供的日照条件，每套住宅至少应有一个居住空间能获得冬季日照。

②卧室、起居室、厨房应设置外窗，窗地面积比不应小于1/7。

③电梯不应与卧室、起居室紧邻布置。受条件限制需要紧邻布置时，必须采取有效的隔声和减振措施。

Step03 卫生间。

①住宅卫生间不应直接布置在下层住户的卧室、起居室（厅）、厨房、餐厅的上层。

②卫生间地面和局部墙面应有防水构造。

Step04 外部设施。

①住宅外窗窗台距楼面、地面的净高低于0.9m时，应有防护设施。

②6层及6层以下住宅的阳台栏杆（包括封闭阳台）净高不应低于1.05m，7层及7层以上住宅的阳台栏杆（包括封闭阳台）净高不应低于1.1m。

③阳台栏杆应有防护措施。防护栏杆的垂直杆件间净距不应大于0.11m。

Step05 栏杆。

①住宅外廊、内天井及上人屋面等临空处栏杆净高，6层及6层以下不应低于1.05m，7层及7层以上不应低于1.1m。

②栏杆应防止攀登，垂直杆件间净距不应大于0.11m。

Step06 楼梯。

①住宅楼梯梯段净宽不应小于1.1m。6层及6层以下住宅，一边设有栏杆的梯段净宽不应小于1m。

②楼梯踏步宽度不应小于0.26m，踏步高度不应大于0.175m。

③扶手高度不应小于0.9m。

④楼梯水平段栏杆长度大于0.5m时，其扶手高度不应小于1.05m。

⑤楼梯栏杆垂直杆件间净距不应大于0.11m。

⑥楼梯井净宽大于0.11m时，必须采取防止儿童攀滑的措施。

Step07 出入口。

①住宅与附建公共用房的出入口应分开布置。

②住宅的公共出入口位于阳台、外廊及开敞楼梯平台的下部时，应采取防止物体坠落伤人的安全措施。

Step08 设置电梯。7层以及7层以上的住宅或住户入口层楼面距室外设计地面的高度超过16m以上的住宅必须设置电梯。

Step09 燃气灶。燃气灶应安装在通风良好的厨房内，利用卧室的套间或用户单独使用的走廊做厨房时，应设门并与卧室隔开。

Step10 宿舍建筑楼梯门、楼梯及走道。宿舍建筑楼梯门、楼梯及走道总宽度应按每层通过人数每100人不小于1m计算，且梯段净宽不应小于1.2m，楼梯平台宽度不应小于楼梯梯段净宽。

Step11 小学宿舍。

①小学宿舍楼梯踏步宽度不应小于0.26m，踏步高度不应大于0.15m。

②楼梯扶手应采用竖向栏杆，且杆件间净宽不应大于0.11m。

③楼梯井净宽不应大于0.2m。

Step12 设置电梯要求。7层及7层以上宿舍或居室最高入口层楼面距室外设计地面的高度大于21m时，应设置电梯。

2. 审查内容

●公共建筑。

Step01 审查托儿所、幼儿园中的内容。

①楼梯除设成人扶手外，应在靠墙一侧设幼儿扶手，其高度不应大于0.6m；楼梯栏杆的净距不应大于0.11m，当梯井净宽度大于0.2m时，必须采取安全措施；楼梯踏步的高度不应大于0.15m，宽度不应小于0.26m。

②活动室、寝室、音体活动室应设双扇平开门，其宽度不应小于1.2m。疏散通道中不应使用转门、弹簧门和推拉门。

③阳台、屋顶平台的护栏净高不应小于1.2m，内侧不应设有支撑。

Step02 审查中小学校室中的内容。中小学校室外楼梯及水平栏杆（或栏板）的高度不应小于1.1m。楼梯不应采用易于攀登的花格栏杆。

Step03 审查商店建筑营业部分中的内容。室内楼梯的每梯段净宽不应小于1.4m；踏步高度不应大于0.16m，踏步宽度不应小于0.28m；室外台阶的踏步高度不应大于0.15m，踏步宽度不应小于0.3m。

Step04 审查隔墙中的内容。商店建筑营业厅与空调机房之间的隔墙应为防火兼隔声构造，并不得直接开门相通。

Step05 审查医院中的内容。综合医院4层及4层以上的门诊楼或病房楼应设电梯，且不得少于两台；3层及3层以下无电梯的病房楼以及观察室与抢救室不在同一层又无电梯的急诊部，均应设置坡道（坡度不宜大于1/10）。

Step06 审查电梯中的内容。疗养院建筑超过4层时应设量电梯；5层及5层以上办公建筑应设电梯。

●居住建筑。

Step01 审查套型设计的内容。住宅应按套型设计，每套住宅应设卧室、起居室（厅）、厨房和卫生间等基本空间。

Step02 审查满足人体健康所需要求的内容。住宅应满足人体健康所需的通风、日照、自然采光和隔声要求。

①住宅应充分利用外部环境提供的日照条件，每套住宅至少应有一个居住空间能获得冬季日照。

②卧室、起居室、厨房应设置外窗，窗地面积比不应小于1/7。

③电梯不应与卧室、起居室紧邻布置。受条件限制需要紧邻布置时，必须采取有效的隔声和减振措施。

Step03 审查卫生间的内容。

①住宅卫生间不应直接布置在下层住户的卧室、起居室（厅）、厨房、餐厅的上层。

②卫生间地面和局部墙面应有防水构造。

Step04 审查外部设施的内容。

①住宅外窗窗台距楼面、地面的净高低于0.9m时，应有防护设施。

②6层及6层以下住宅的阳台栏杆（包括封闭阳台）净高不应低于1.05m，7层及7层以上住宅的阳台栏杆（包括封闭阳台）净高不应低于1.1m。

③阳台栏杆应有防护措施。防护栏杆的垂直杆件间净距不应大于0.11m。

Step05 审查栏杆的内容。

①住宅外廊、内天井及上人屋面等临空处栏杆净高，6层及6层以下不应低于1.05m；7层及7层以上不应低于1.1m。

②栏杆应防止攀登，垂直杆件间净距不应大于0.11m。

Step06 审查楼梯的内容。

①住宅楼梯梯段净宽不应小于1.1m。6层及6层以下住宅，一边设有栏杆的梯段净宽不应小于1m。

②楼梯踏步宽度不应小于0.26m，踏步高度不应大于0.175m。

③扶手高度不应小于0.9m。

④楼梯水平段栏杆长度大于0.5m时，其扶手高度不应小于1.05m。

⑤楼梯栏杆垂直杆件间净距不应大于0.11m。

⑥楼梯井净宽大于0.11m时，必须采取防止儿童攀滑的措施。

Step07 审查出入口的内容。

①住宅与附建公共用房的出入口应分开布置。

②住宅的公共出入口位于阳台、外廊及开敞楼梯平台的下部时，应采取防止物体坠落伤人的安全措施。

Step08 审查设置电梯的内容。7层以及7层以上的住宅或住户入口层楼面距室外设计地面的高度超过16m以上的住宅必须设置电梯。

Step09 审查燃气灶的内容。燃气灶应安装在通风良好的厨房内，利用卧室的套间或用户单独使用的走廊作厨房时，应设门并与卧室隔开。

Step10 审查宿舍建筑楼梯门、楼梯及走道的内容。宿舍建筑楼梯门、楼梯及走道总宽度应按每层通过人数每100人不小于1m计算，且梯段净宽不应小于1.2m，楼梯平台宽度不应小于楼梯梯段净宽。

Step11 审查小学宿舍的内容。

①小学宿舍楼梯踏步宽度不应小于0.26m，踏步高度不应大于0.15m。

②楼梯扶手应采用竖向栏杆，且杆件间净宽不应大于0.11m。

③楼梯井净宽不应大于0.2m。

Step12 审查设置电梯要求的内容。7层及7层以上宿舍或居室最高入口层楼面距室外设计地面的高度大于21m时，应设置电梯。

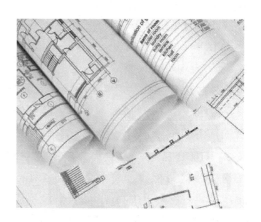

二、 民用建筑常见问题

1. 公共建筑设计问题

●防火设计问题。

Step 01 面积叠加的要求。房屋不超过2层，建筑叠加面积不大于300m²的小型商业服务用房，即小百货、粮店、邮政所、储蓄所、理发店等且与住宅完全分开，有独立的出口。它区别于商住楼的商业用房及综合楼的商业用房，此项服务用房面积可以上下叠加，如果是单独的办公室不应包括在内。商住楼及综合楼中一、二层中设置的小商店应执行《商店建筑设计规范》（JGJ 48—1988）的相关规定。

Step 02 消防电梯前室门的开启方向规定。高层居住建筑的户门不应直接开向前室，但确有困难时开向前室的门应为乙级防火门，尽可能将户门开设在有走道的位置。如无法设置通向各户的走道时，直接开向前室的户门，应采用能自行关闭的乙级防火门。

Step 03 关于楼梯间的要求。如果3层（或更多层）办公与商业用房是同一个部门，或本身就是商业部门的办公用房，可以合用楼梯间；如3层（或更多层）办公属于另一个单位或为出租写字间，则应商业、办公、住宅三者各有独立的疏散楼梯间，不能合用。

Step 04 防火分隔设计要求。注意了地上建筑防火分区的分隔，但常忽视地下建筑的防火分隔设计和疏散出口的组织（地下室防火分区500m²，有自动灭火设备时为1000m²，一个防火分区应有两个出入口）。

Step 05 安全疏散出口的要求。在大底盘的商住楼，商办楼及多功能综合楼（商业，餐饮，文娱等）项目设计中，未将商场部分的安全疏散出口，楼梯与其他部分的安全疏散出口和楼梯分开。

Step 06 紧靠防火墙两侧的门、窗、洞口之间的距离要求。审查中经常发现有些图样在防火分区的外墙上，窗间墙间距不满足2.0m（紧靠防火墙两侧）与4.0m（内转角防火分隔处窗，门的水平距）的要求。依据《建筑设计防火规范》（GB 50016—2014）第6.1.3条"紧靠防火墙两侧的门、窗、洞口之间最近边缘的水平距离不应小于2.00m；当水平间距小于2.00m时，应设置固定乙级防火门、窗"。

Step 07 其他防火设计问题。

①一二级耐火等级的门厅隔墙上的门窗未采用乙级防火门窗。

②在安全疏散设计中，常见在多层建筑中袋形走道超过22.0m；在高层的商业裙房中，最远一点超出30.0m。

③在一些地方的多层、高层综合楼建筑中，常将大型多功能厅、歌舞、娱乐等文体用房设在二、三层以上，而且面积大于200.0m²，其疏散门也未按防火门设计（位于三层以上的会议厅，观众厅大于400m²，且位于两楼梯中间，使其他房间不能满足双向疏散的要求）。

④消防通道的过街楼设计中，净高不满足规范规定的最小4m的要求。

在用作消防通道的过街楼设计中，注意了净宽的要求，但往往忽略了与结构专业的配合，导致净高小于4.0m。穿过高层建筑的消防车道，其净宽和净空高度均不应小于4.00m的规定，通道净高不满足要求，审查提出意见后进行了修改，把框架梁截面改为300mm×600mm满足要求。

⑤对除正压送风井、排烟井以外的设备管井，常不明确防火封堵要求；在大型商住综合楼中，对前室，楼梯间内不可避免的设备管井未进行层层封堵（按规范

要求在楼梯间，前室内是不允许设管井的，但从减少公摊面积，方便检修等方面考虑，管井设在公共部位的情况非常普遍，消防部门要求位于前室，楼梯间内的管井采用层层封堵的措施，以确保前室、楼梯间的安全）。

⑥近年来采用金属结构作为屋顶承重结构的建筑逐渐增多，但普遍未按规范要求进行防火设计（应加刷薄型、超薄型防火涂料，使之符合规范要求的耐火极限）。

Step⑧无障碍出入口的设计应符合《无障碍设计规范》（GB 50763—2012）的要求。

●无障碍设计问题。

Step①楼梯有关无障碍设计方面的要求。无障碍设计建筑物实施范围较广，各类建筑物无障碍设计的范围，规范都有详细不同类型的设计部位。有的建筑无障碍设计有无障碍电梯，楼梯也要考虑无障碍楼梯。高层、中高层住宅就只考虑电梯，楼梯就不考虑。详细设计应以规范规定为准。

Step②公共厕所无障碍设计的范围要求。对设有无障碍电梯的中小型公共建筑中的无障碍公共厕所可考虑只在首层设置。

Step③住宅社区活动用房、庙宇设计残疾人设施要求。应有残疾人无障碍的相关设施。

Step④无障碍坡道。

①商场、办公楼等公共场合常不设无障碍坡道；设了坡道的项目，坡道净宽不足 1200mm，门前平台宽度不足1500mm（中型建筑）、2000mm（大型）；坡度不足 1/12。

②应设有无障碍坡道的商场、办公楼等建筑，没有残疾人专用卫生间或厕

位；即使设了专位，轮椅无回转空间（d≤1500mm），厕位无助力扶手，抓杆做法不明确，入口门宽小于 800mm，仍然无法使用。

Step⑤设有电梯的建筑，电梯未提无障碍使用要求。

6）停车场和车库的无障碍设计要求。随着社会经济的飞速发展，居民的机动车拥有量也在不断增加，停车场和车库的无障碍设计，在满足行为障碍者出行的基础上，也为居民日常的购物搬运提供便捷。

停车场和车库应符合下列规定。

①居住区停车场和车库的总停车位应设置不少于 0.5% 的无障碍机动车停车位；若设有多个停车场和车库，宜每处设置不少于 1 个无障碍机动车停车位。

②地面停车场的无障碍机动车停车位宜靠近停车场的出入口设置。有条件的居住区宜靠近住宅出入口设置无障碍机动车停车位。

③车库的人行出入口应为无障碍出入口。设置在非首层的车库应设无障碍通道与无障碍电梯或无障碍楼梯连通，直达首层。

Step⑦无障碍通路坡道的坡度设置。无障碍通路对老年人、残疾人、儿童和体弱者的安全通行极其重要，是住宅功能的外部延伸，故住宅外部无障碍通路应贯通。无障碍坡道、人行道及通行轮椅车的坡道应满足相应要求。

坡道的坡度应符合表 3-2 的规定。

不同位置的坡道，其坡度和宽度应符合表 3-3 的规定。

坡道在不同坡度的情况下，坡道高度和水平长度应符合表 3-4 的规定。

表3-2 坡道的坡度

高度/m	1.50	1.00	0.75
坡 度	≤1:20	≤1:16	≤1:12

表3-3　不同位置的坡道坡度和宽度

坡 道 位 置	最大坡度	最小宽度/m
有台阶的建筑入口	1:12	≥1.20
只设坡道的建筑入口	1:20	≥1.50
室内走道	1:12	≥1.00
室外走道	1:20	≥1.50
困难地段	1:10~1:8	≥1.20

表3-4　不同坡度高度和水平长度

坡 度	1:20	1:16	1:12	1:10	1:8
最大高度/m	1.50	1.00	0.75	0.60	0.35
水平长度/m	30.00	16.00	9.00	6.00	2.80

●屋面、女儿墙及地下室设计问题。

Step01 套用国家或省级屋面防水设计标准图集，不注明保温层的材料品种；保温层厚度未按标准图推荐要求选择。

Step02 屋面防水未按规范要求设防（一般建筑按Ⅲ级一道防水设防，高层建筑按Ⅱ级二道防水设防）；选用卷材或涂料防水没有明确防水层厚度，即使明确了厚度，部分厚度却达不到所选材料及设防等级规定的要求。

Step03 屋面排水设计，常不明确下雨水口的形式（有女儿墙外排时为侧排式，内排时为直排式）及节点做法索引号；有女儿墙时（或上层有建筑时）不明确泛水做法，出屋面门口泛水高度常低于250mm，甚至未考虑屋面保温隔热层厚度及屋面起坡升起后的尺寸，门内侧反而低于室外，形成倒排水；高跨屋面向低处屋面无组织排水时，未设防冲刷附加层(卷材或混凝土板)，有组织排水时，水落管下未设水簸箕。

Step04 上人屋面女儿墙（或栏杆）的净高尺寸，只考虑保温防水层厚度尺寸，常忽略屋面起坡尺寸，使屋面最高点女儿墙净高不符合安全要求（临空高度在24m以下时，栏杆高度≥1.05m，临空高度在24m及24m以上时，栏杆高度≥1.10m）。

Step05 有的公共建筑屋面设计成屋顶花园，此时应设两道防水（上层为刚性防水

层），应明确种植土层的材料厚度、并组织好种植层的排水（用陶粒或专用疏水塑料夹层板）和节水型灌溉系统（滴灌或喷灌）。

Step06 局部凸出高于2.0m的屋面未设检修用人孔或爬梯，一个局部屋面只设一个下雨水口，一旦堵塞而不能及时清通时，屋面将会积水。

Step07 采用彩钢板的屋面往往不注明屋面排水坡（10%），特别是缺少排水檐沟的沟宽、沟深尺寸（应由给水排水专业复核后确定泛水坡度）。

Step08 对采用彩钢板或成型彩钢夹芯板的屋面，未明确彩钢板的色彩、夹芯保温层的种类、厚度（常用不燃材料为：岩棉、矿棉；难燃材料为：阻燃型泡沫塑料或聚氨酯硬泡；保温层厚度应满足热工规范的规定并按隔热要求复核）。

Step09 对设一部楼梯顶层局部升高在两层部位，应控制每层建筑面积不大于200m²，否则应设两部楼梯。

Step10 在地下机动车库设计中，常有设计者把车辆出入口视为人员疏散出口；但却往往忽略了有的人员疏散出口离库内最远一点距离已经大于规范规定（一般应≤45.0m，有自动灭火设备时应≤60.0m）；在车辆出入口漏设防火卷帘或甲级防火门（只有在车库及车行通道上均有自动灭火系统时才可免设）及防

火挑檐（≥1.0m）；无外窗的车库，未交代进排风井的位置、尺寸；有进排风井的设计其出地面高度常常不足2.5m。

地下常用的设备机房（变配电室、制冷机房、空调通风机房、消防水泵房、锅炉房、柴油发电机房、油库等）未采用甲级防火门，防火门未向疏散方向开启；长度大于7m的配电装置室只设一个出口。

在地下建筑的防水设计中，防水等级不明，设防道数不清［应按《地下防水规范》（GB 50108—2008）确定，并参考国标《地下建筑防水构造》图集02J301进行选用］；防水层厚度不明；有的指定防水材料，但对其性能及用法不明，标注错误。

●门窗、玻璃屋顶设计和厨、卫设计问题。

Step01 非标门窗不画大样，没有表示出门窗的立面分格形式、开启扇、位置、尺寸；尤其是玻璃幕墙，不交代分格尺寸与开启扇。

Step02 对外窗尤其是幕墙，普遍不提出物理性能要求。

Step03 对门窗安全玻璃及防护措施要求在说明中不详。

部分设计人员认为门窗（包括玻璃幕墙）采用安全玻璃后就无需增加防护措施，而相应的施工过程中也就会忽略防护措施。如底层窗防盗安全措施，受人体冲击、撞击的大门玻璃的安全要求。其

实相关规范对此已做出明确的规定。

①《民用建筑设计通则》（GB 50352—2005）中关于门的设置应符合下列规定（第6.10.4条）："全玻璃门应选用安全玻璃或采取防护措施，并应设防撞提示标志。"

②《建筑玻璃应用技术规程》（JGJ 113—2003）第6.3.1条："安装在易于受到人体或物体碰撞部位的建筑玻璃，如落地窗、玻璃门、玻璃隔断等，应采取保护措施。"

第6.3.2条规定："保护措施应视易发生碰撞的建筑玻璃所处的具体部位不同，分别采取警示（在视线高度设醒目标志）或防碰撞设施（设置护栏）等。对于碰撞后可能发生高处人体或玻璃坠落的情况，必须采用可靠的护栏。"

Step04 对于用于屋顶采光的玻璃（包括玻璃雨篷），未采用夹胶玻璃、钢化玻璃、夹丝玻璃和聚碳酸酯板（PC板）等安全性能好的玻璃；当采光顶高出5.0m时，未采用夹胶玻璃；胶层厚度未注明应≥0.76mm。

相关规范对门窗设置及安全玻璃的规定如下。

①《民用建筑设计通则》（GB 50352—2005）第6.10.3条、第6.10.4条、第6.11.2条。

②《建筑玻璃应用技术规程》（JCJ 113—2003）第6.2.1条、第6.2.2条、第6.2.4条。

Step05 底层带商铺的公共建筑，其内暗卫生间不交代排气设计。

审查图样中经常碰到底层带小型商铺的公共建筑，其内用暗卫生间往往忽视或不交代排气设计，有的将暗卫生间高侧窗开向走道或室内，使相邻房间的室内空气质量得不到保证。

Step06 在一些功能复杂的餐饮店设计中，常见到厨房或餐厅顶上设有上层包厢的卫生间，但未按规范要求进行防渗漏水分

隔与阻断设计，即使楼板做了防水，由于管子下部无分隔设施，万一管子接口漏水仍将对下层厨房、餐厅造成严重污染。

Step07公共厨房设计中，未仔细分隔员工更衣、卫浴、库房、冷藏、粗加工、细加工、冷菜间、备餐间等功能用房，也无餐具洗涤、消毒间，甚至没有排水地沟及排油烟井道（烟囱）。

Step08比较普遍的问题是不注意防水设计，未交代防水做法；即使注明了要防水，但未明确防水材料品种及厚度，防水层沿墙上翻尺寸；厨、卫四周墙体下部未做混凝土防水翻边（与墙同宽，上翻200mm）。

Step09对设有管井的客房卫生间，管井是否出屋面交代不清；出屋面的管井顶盖无标高，侧面未交代排气口尺寸、用料，致使不能确保管井的排气效果。

Step10门窗设置及安全玻璃应符合以下规范的规定。

　　①《民用建筑设计通则》（GB 50352—2005）。

　　②《建筑安全玻璃管理规定》［2003］2116号。

　　③《建筑玻璃应用技术规程》（JGJ 113—2009）。

　　④《托儿所、幼儿园建筑设计规范》（JGJ 39—1987）。

　　⑤《中小学校设计规范》（GB 50099—2011）。

　　●电梯、自动扶梯、楼梯和栏杆的设计问题。

Step01普遍缺少对选用电梯技术性能要求的说明，包括电梯使用功能、品种（客梯、货梯、餐梯、杂梯、医梯）、载重量、速度、停站数、提升高度等指标。

Step02当为消防电梯时，不符合规范对消防电梯的载重量、速度要求，井底未设置排水设施；当与普通客梯相邻时，其井道、机房未做好防火分隔（耐火2.0h的隔墙，隔墙上开门时为甲级防火门）。

Step03电梯机房顶部有水箱时，机房顶板未做防水设计。

Step04机房内井道板高差≥600mm时，未设上下爬梯及防护栏杆。

Step05无地下室的电梯、自动扶梯井底未做防水设计。

Step06使用自动扶梯的场合，未核算防火分区的分层面积；超出规范规定的防火分区面积时，未做防火分隔（用耐火3.0h的复合防火卷帘）；有的垂直升降防火卷帘未设导轨，无法实现真正的防火分隔。

Step07梯段宽度未按疏散人数进行设计；独立分隔的3层商店专用梯仅950mm宽（商场等人数众多的公共建筑，应按商场营业面积和为顾客服务面积之和来计算容纳顾客人数，再来求出梯段的宽度。商场营业面积容纳顾客人数在一、二层时为0.85人/m²，三层时为0.77人/m²，四层及以上时为0.6人/m²）。高层梯宽为1.0m/100人。

Step08梯段净宽常不考虑扶手所占的空间（一般占50mm）造成梯段宽度不符合规范要求，如梯段标注宽度，多层住宅应≥1050mm，高层住宅应≥1150mm，其他建筑应≥1250mm，商场应≥1450mm，医院主楼梯应≥1700mm。

Step09楼梯疏散门常开错方向，底层楼梯外门、出屋顶疏散门常设计成向内开；楼梯侧向开门时，门扇距踏步常不足400mm，门扇开启时影响梯段疏散宽度。

Step10地上、地下共用楼梯时，未在首层处将上、下梯之间封住隔开；有的设计虽有分隔示意，但隔而不死，地下出入口的门应为乙级防火门。

对于无外窗可采光，无通风排烟的封闭楼梯间，未按防烟梯间要求进行设计（未设具有防烟功能带正压送风的前室）。

不做楼梯平剖面大样，梯段之间垂直净距不足2200mm的情况也时有发生。

公共建筑6层未做封闭楼梯间（如学校教学楼，普通办公楼）。

室外疏散楼梯不符合规范要求。

栏杆扶手高度按照《民用建筑设计通则》（GB 50352—2005）第6.6.3条规定应取1.05m（临空高度24m以下），依据《建筑设计防火规范》（GB 50016—2014）第6.4.5条规定，室外楼梯符合下列规定时可作为疏散楼梯：

①栏杆扶手的高度不应小于1.10m，楼梯的净宽度不应小于0.90m。

②倾斜角度不应大于45°。

③梯段和平台均应采用不燃材料制作，平台的耐火极限不应低于1.00h，梯段的耐火极限不应低于0.25h。

④通向室外楼梯的门应采用乙级防火门，并应向外开启。

⑤除疏散门外，楼梯周围2m内的墙面上不应设置门、窗、洞口。疏散门不应正对梯段。

●公共绿地总指标的设计问题。居住用地中应有的公共绿地面积总指标，是以人均面积指标确定的。居住用地的公共绿地，是为居民提供游憩、健身、交往和陶冶情操的公共活动场地。它既是组成居住用地中必不可少的用地，也是居民生活必需的活动场所。无论规划布局如何，其公共绿地总指标应符合不少于1m²/人的规定。

居住区内公共绿地的总指标，应根据居住人口规模分别达到：组团不少于0.5m²/人，还应根据居住区规划布局形式统一安排、灵活使用。

旧区改建可酌情降低，但不得低于相应指标的70%。

还应注意以下几点：

Step01 公共绿地一般由绿地、水面与铺地构成，其绿地与水面面积不应低于70%。

Step02 公共绿地总指标，应根据居住区用地规划布局形式统一安排、灵活使用，既可集中使用，也可分散设置或集中与分散相结合。

Step03 公共绿地应满足有不少于2/3的绿地面积在标准的建筑日照阴影线范围之外的日照环境要求。

Step04 集中的公共绿地不应小于4000m²，其他公共绿地不应小于400m²，以利于人的活动和相关设施的设置。

Step05 集中公共绿地面积不宜过大，应结合居住用地的具体条件，采用适宜的尺度。

●配套公共服务设施的设计问题。随着我国经济水平的快速提升，城市的居住用地建设得到了长足的发展。物质生活水平的提高促使城市居民对居住质量提出了更高的要求，这些要求不仅表现在对住宅户型功能合理与舒适度的追求，还表现在人们对区位、周边环境、配套设施的需求，因为居住区公共服务设施建设的数量、质量以及种类不仅直接影响到居民的生活水平、生活方式和生活质量，而且在一定程度上体现并影响到社会的文明程度，是关系到城市整体功能合理配置的重要因素。据此，配套公共服务设施是居住用地中与住宅相匹配的不可缺少的必要设施，也是决定外部环境质量优劣的重要因素之一。

配套公共服务设施（配套公建）应包括教育、医疗卫生、文化、体育、商业服务、金融邮电、社区服务、市政公用和行政管理等九类设施，见表3-5。

表3-5 配套公共服务设施（配套公建）　　　　（单位：m²）

类　别	居住规模					
	居住区		小区		组团	
	建筑面积	用地面积	建筑面积	用地面积	建筑面积	用地面积
总指标	1668～3293 (2228～4213)	2172～5559 (2762～6329)	968～2397 (1338～2977)	1091～3835 (1491～4585)	362～856 (703～1356)	488～1058 (868～1578)

类　别		居 住 规 模					
		居 住 区		小 区		组 团	
		建筑面积	用地面积	建筑面积	用地面积	建筑面积	用地面积
其中	教育	600～1200	1000～2400	330～1200	700～2400	160～400	300～500
	医疗卫生（含医院）	78～198（178～398）	138～378（28～548）	38～98	78～228	6～20	12～40
	文体	125～245	225～645	45～75	65～105	18～24	40～60
	商业服务	700～910	600～940	450～570	100～600	150～370	100～400
	社区服务	59～464	76～68	59～292	76～328	19～32	16～28
	金融邮电（含银行、邮电局）	20～30（60～80）	25～50	16～22	22～34	—	—
	市政公用（含居民存车处）	40～150（460～820）	70～360（500～960）	30～140（400～720）	50～140（50～760）	9～10（350～510）	20～30（400～550）
	行政管理及其他	46～96	37～72	—	—	—	—

● 住宅公共服务设施等配置的设计问题。住宅应具有与其居住人口规模相适应的公共服务设施、道路和公共绿地。

不同居住人口规模的居住区，应配置不同层次的配套设施，才能满足居民在基本的物质与文化生活上不同层次的要求。因而，配套设施的配建水平与指标必须与居住人口规模相对应，这是对不同规模居住区规划设计的共同要求。

居住区内建筑应包括住宅建筑和公共服务设施建筑（也称公建）两部分；在居住区规划用地内的其他建筑的设置，应符合无污染、不扰民的要求。

居住区的规划布局，应综合考虑周边环境、路网结构、公建与住宅布局、群体组合、绿地系统及空间环境等的内在联系，构成一个完善的、相对独立的有机整体，并应遵循下列原则：

Step01 方便居民生活，有利于安全防卫和物业管理。

Step02 组织与居住人口规模相适应的公共活动中心，方便经营、使用和为社会化服务。

2. 居住建筑设计问题

● 住宅防火疏散问题。

Step01 高层板式住宅，设一个安全出口时，单元之间应设防火墙，窗间墙宽度小于2.0m（特别是单元之间的北向明卫生间外窗及封闭阳台之间窗间墙的宽度），窗槛墙高度小于1.2m（含有封闭阳台）不符合《建筑设计防火规范》（GB 50016—2014）的规定。多层、塔式高层住宅及设两个安全出口的板式住宅，只要求窗槛墙不小于0.8m，满足《住宅建筑规范》（GB 50368—2005）第9.4.1就可

以。楼梯间外窗口与户型套房外窗口最近边缘之间的水平间距小于1.0m（别墅等独式户型住宅除外），不符合《住宅建筑规范》（GB 50368—2005）第9.4.2条规定。

Step02 根据《住宅设计规范》（GB 50096—2011）第4.5.4条规定："住宅与附建公共用房的出入口应分开布置"。《住宅建筑规范》（GB 50368—2005）第9.1.3条规定："住宅部分的安全出入口和疏散楼梯应独立设置"，在审图中发现不少设计，在住宅建筑的低层和地下室部分设有

商店、娱乐场所、办公、仓储等公共用房，特别指出的是，有些住宅工程设计，由于住宅间距不能满足日照间距的要求，在住宅低层部分，改为其他用途如商店、办公等，其出入口与住宅的出入口合用，是不符合《住宅建筑规范》（GB 50368—2005）规定的。根据《住宅建筑规范》（GB 50368—2005）第9.1.3条规定的说明，直接为住户服务的物业管理办公用房和棋牌室、健身房等活动场所，其出入口可与住宅合用，应在设计图或设计说明中交代清晰。

Step03 设有车库或停车位的联排式住宅、别墅等，车库（停车位）通往住宅内部应设防火墙及甲级防火门，车库（或停车位）的外墙门窗洞口的上方应设不小于 1.0m 的防火挑檐或不小于 1.2m 高度的窗间墙。

Step04 室外楼梯的疏散设计要求。

室外楼梯符合下列规定时可作为疏散楼梯：

①栏杆扶手的高度不应小于 1.1m，楼梯的净宽度不应小于 0.9m。

②倾斜角度不应大于 45°。

③楼梯段和平台均应采取不燃材料制作。平台的耐火极限不应低于 1.00h，楼梯段的耐火极限不应低于 0.25h。

④通向室外楼梯的门宜采用乙级防火门，并应向室外开启。

⑤除疏散门外，楼梯周围 2m 内的墙面上不应设置门窗洞口。疏散门不应正对楼梯段。

Step05 疏散走道、出口应符合规定。在建筑内常建有人员密集厅堂，厅堂内设有固定座位以控制使用人数，如果没有人员限制，遇有火灾疏散极为困难。为有利于疏散，对座位布置、纵横走道净宽均做了必要的规定。尤其强调疏散外门开启方向并应均匀布置，以缩短疏散时间。疏散外门还须采用推杠式门闩（只能从室内开启，借助人的推力，触动门闩将门打开），并与火

灾自动报警系统联动，自动开启。

由于疏散外门的开启方向或启闭器件设置不当，遇有火灾可能产生严重后果，国内外都有造成众多人员伤亡的火灾案例。因此，设计过程中，应十分重视人员密集的观众厅、会议厅等疏散外门的设计。

高层建筑内设有固定座位的观众厅、会议厅等人员密集的场所，其疏散走道，出口等应符合下列规定：

①厅内的疏散走道的净宽应按通过人数每 100 人不小于 0.80m 计算，且不宜小于 1.00m；走道的最小净宽不宜小于 0.80m。

②厅的疏散出口和厅外疏散走道的总宽度，平坡地面应按通过人数每 100 人不小于 0.65m 计算，阶梯地面应按通过人数每 100 人不小于 0.80m 计算。

疏散出口和疏散走道的最小净宽均不应小于 1.40m。

③疏散出口的门内、门外 1.40m 范围内不应设踏步，且门必须向外开，并不应设置门槛。

④厅内座位的布置，横走道之间的排数不宜超过 20 排，纵走道之间每排座位不宜超过 22 个；当前后排座位的排距不小于 0.90m 时，每排座位可为 44 个；只一侧有纵走道时，其座位数应减半。

⑤厅内每个疏散出口的平均疏散人数不应超过 250 人。

⑥厅的疏散门应采用推闩式外开门。

● 无障碍设计问题。

Step01 高层住宅只在入口处设置了无障碍坡道，无障碍设计内容不全。审查中经常碰到许多高层住宅报审图样中，设计人员只简单地在住宅入口处画了无障碍坡道，有的连坡道栏杆都未表示，对无障碍住房，只交代在后期设计中考虑，候梯厅、公共走道，无障碍电梯等要求均未在图样中交代。

Step02 盲道的无障碍设计要求应符合《无障碍设计规范》（GB 50763—2012）第

3.3 条的规定。

Step 03 无障碍住房中厨房和卫生间不满足无障碍要求。

①厨房和卫生间布置无法满足乘轮椅者通行和操作。

②通往卧室的走道净宽小于 1.2m。

③阳台深度小于 1.5m。

Step 04 高层住宅入口平台宽度小于 2.00m。

Step 05 居住建筑无障碍设计要求。

①居住建筑进行无障碍设计的范围应包括住宅及公寓、宿舍建筑（职工宿舍、学生宿舍）等。

②居住建筑的无障碍设计应符合《无障碍设计规范》（GB 50763—2012）第 7.4.2 条的规定。

③宿舍建筑中，男女宿舍应分别设置无障碍宿舍，每 100 套宿舍各应设置不少于 1 套无障碍宿舍；当无障碍宿舍设置在 2 层以上且宿舍建筑设置电梯时，应设置不少于 1 部无障碍电梯，无障碍电梯应与无障碍宿舍以无障碍通道连接。

④无障碍住房及宿舍宜建于底层，当无障碍住房及宿舍设在二层及以上且未设置电梯时，其公共楼梯应满足《无障碍设计规范》（GB 50763—2012）第 3.6.1 条的规定。

⑤居住建筑应按每 100 套住房设置不少于 2 套无障碍住房。

⑥当无障碍宿舍内未设置厕所时，其所在楼层的公共厕所至少有 1 处应满足《无障碍设计规范》（GB 50763—2012）第 8.13.2 的规定或设置无障碍厕所，并宜靠近无障碍宿舍设置。

无障碍标志应醒目，避免遮挡。

无障碍标志应纳入城市环境或建筑内部的引导标志系统，形成完整的系统，清楚地指明无障碍设施的走向及位置。

Step 06 审图中对无障碍住房需要特别注意的几点：

①供轮椅通行的门净宽不应小于 0.80m。（强制性条文）

②供轮椅通行的推拉门和平开门，在门把手一侧的墙面，应留有不小于 0.50m 的墙面宽度。（强制性条文）

③供轮椅通行的走道和通道净宽不应小于 1.20m。

④厨房净宽应不小于 2.0m，双排布置设备的厨房通道净宽应不小于 1.50m。

⑤卫生间的布置应方便轮椅进出，轮椅回转直径不应小于 1.50m。

⑥阳台深度不应小于 1.50m。

⑦阳台与居室地面高差不应大于 15mm，并以斜面过渡。

Step 07 缘石坡道的无障碍设计要求应符合《无障碍设计规范》（GB 50763—2012）第 3.1 条的规定。

●室内环境存在的主要问题。

Step 01 隔声和减振措。施高层住宅地下部分设有水泵房、风机房，电梯与卧室或客厅紧邻布置而未采取有效地隔声和减振措施。

Step 02 冬季日照要求。对于一些高层塔式住宅，往往做到一梯六户或八户，导致北向几户根本照不到太阳。《住宅建筑规范》（GB 50368—2005）第 7.2.1 条规定："住宅应充分利用外部环境提供的日照条件，每套住宅至少应有一个居住空间能获得冬季日照。"

Step 03 面积比要求外窗洞口从采光要求来说，应是越大越好，而从节能要求来说，则越小越好，这就要求设计人员应综合考虑，既要满足窗地比的要求又要尽量使窗墙面积比小于规范规定的限值。在审查窗地面积比时需要审图人员特别注意以下几点：

①离地面高度低于 0.50m 的窗洞口面积不计入采光面积内。窗洞口上沿距地面高度不宜低于 2m。

②当窗口上有大于 1m 的外廊和阳台等遮挡物时，其有效采光面积应按采光面积的 70% 计算。

第四节　防火设计审查要领及常见问题

一、 防火设计审查要领

1. 文件内容

- ●建筑设计说明
- ●总平面图
- ●防火分区的划分
- ●危险性类别和耐火等级
- ●防火疏散
- ●防爆设计
- ●防火构造
- ●有关消防设计的其他内容

2. 审查内容

●审查建筑设计说明的内容。施工图的建筑设计说明中，应有防火设计专项说明，明确建筑物的耐火等级，高层建筑应明确该工程属一类或二类。

●审查总平面图的内容。

Step01明确各单体之间的防火间距。

Step02按规定设消防车道、环形消防车道、进入内院的消防车道、穿过建筑物的消防车道。

●审查防火分区的划分的内容。防火分区的划分，应画防火分区示意图，在图中应注明每个分区的面积、安全出口位置。

●审查危险性类别和耐火等级的内

容。建筑的火灾危险性类别和耐火等级。

●审查防火疏散的内容。防火疏散：按面积计算人数，按人数计算疏散宽度及疏散距离。

●审查防爆设计的内容。有爆炸危险性的甲、乙类厂房的防爆设计。

●审查防火构造的内容。防火构造：如封闭楼梯间、防烟楼梯间、防火隔间、跨越楼板的玻璃幕墙、消防电梯等，应画详图并附说明。

●审查有关消防设计的其他内容。国家工程建筑标准及地方消防部门有关消防设计的其他内容。

二、 防火设计常见问题

1. 建筑防火分区问题

●设有中庭的建筑，其防火分区面积未按上下层相连通的面积叠加计算。依据《建筑设计防火规范》（GB 50016—2014）第5.3.2条规定：建筑内设置自动扶梯、敞开楼梯等上、下层相连通的开口时，其防火分区的建筑面积应按上、下层相连通的建筑面积叠加计算；当叠加计

算后的建筑面积大于本规范第5.3.1条的规定时，应划分防火分区。

建筑内设置中庭时，其防火分区的建筑面积应按上、下层相连通的建筑面积叠加计算；当叠加计算后的建筑面积大于《建筑设计防火规范》（GB 50016—2014）第5.3.1条的规定时，应符合下列规定：

Step**01**与周围连通空间应进行防火分隔：采用防火隔墙时，其耐火极限不应低于1.00h；采用防火玻璃时，防火玻璃与其固定部件整体的耐火极限不应低于1.00h，但采用C类防火玻璃时，尚应设置闭式自动喷水灭火系统保护；采用防火卷帘时，其耐火极限不应低于3.00h，并应符合《建筑设计防火规范》（GB 50016—2014）第6.5.3条的规定；与中庭相连通的门、窗，应采用火灾时能自行关闭的甲级防火门、窗。

Step**02**高层建筑内的中庭回廊应设置自动喷水灭火系统和火灾自动报警系统。

Step**03**中庭应设置排烟设施。

Step**04**中庭内不应布置可燃物。

划分防火分区是建筑防火设计中重要的一个方面，为审图方便，现将高层和多层防火规范对防火分区的规定整理如下。

建筑的防火分区一般规定：民用建筑（≤9层的居住建筑、建筑高度≤24m的公共建筑、建筑高度＞24m的单层公共建筑）的防火分区最大允许建筑面积应符合表3-6的规定。

高层建筑防火分区规定如下：

Step**01**高层建筑（≥10层的居住建筑、建筑高度超过24m但未超250m的公共建筑）防火分区最大允许建筑面积：一类建筑：≤1000m²；二类建筑：≤1500m²；地下室：≤500m²。

①建筑内设置自动灭火系统时，该防火分区的最大允许建筑面积可按表3-6的规定增加1.0倍。局部设置时，增加面积可按该局部面积的1.0倍计算。

②一类建筑的电信楼，其防火分区允许建筑面积可按规定增加50%。

Step**02**高层建筑内设有上下层相连通的走廊、敞开楼梯、自动扶梯、传送带等开口部位时，应按上下连通层作为一个防火分区，其允许最大建筑面积之和不应超过规范的规定。当上下开口部位设有耐火极限大于3.00h的防火卷帘或水幕等分隔设施时，其面积可不叠加计算。

Step**03**高层建筑中庭防火分区面积应按上、下层连通的面积叠加计算，当超过一个防火分区面积时，应符合下列规定。

①房间与中庭回廊相通的门、窗，应设自行关闭的乙级防火门、窗。

②与中庭相通的过厅、通道等，应设乙级防火门或耐火极限大于3.00h的防火卷帘分隔。

表3-6　民用建筑的耐火等级、最多允许层数和防火分区最大允许建筑面积

名　　称	耐火等级	允许建筑高度或层数	防火分区的最大允许建筑面积/m²	备　　注
高层民用建筑	一、二级	按本规范第5.1.1条确定	1500	对于体育馆、剧场的观众厅，防火分区的最大允许建筑面积可适当增加
单、多层民用建筑	一、二级	按本规范第5.1.1条确定	2500	
	三级	5层	1200	—
	四级	2层	600	—
地下或半地下建筑（室）	一级	—	500	设备用房的防火分区最大允许建筑面积不应大于1000m²

注：1. 建筑内设置自动灭火系统时，该防火分区的最大允许建筑面积可按本表的规定增加1.0倍。局部设置时，增加面积可按该局部面积的1.0倍计算。

　　2. 多层建筑物内设置自动扶梯、敞开楼梯等上下层相连通的开口时，其防火分区面积应按上下层相连通的面积叠加计算；当其建筑面积之和大于本表的规定时，应划分防火分区。

　　3. 建筑物内设置中庭时，其防火分区面积应按上下层相连通的面积叠加计算。

③中庭每层回廊应设有自动喷水灭火系统。

④中庭每层回廊应设火灾自动报警系统。

Step04 当高层建筑与其裙房之间设有防火墙等防火分隔设施时，其裙房的防火分区允许的最大建筑面积为 2500m²，当设有自动喷水灭火系统时，防火分区允许的最大建筑面积可增加 1.00 倍。

●地下室内有两个以上防火分区按《建筑设计防火规范》（GB 50016—2014）第 3.7.3 条的规定，地下或半地下厂房（包括地下或半地下室），当有多个防火分区相邻布置，并采用防火墙分隔时，每个防火分区可利用防火墙上通向相邻防火分区的甲级防火门作为第二安全出口，但每个防火分区必须至少有 1 个直通室外的独立安全出口。

一般合理的设计，可在安全出口门洞上做两樘开启方向不同、连在一起的防火门。

●地下复式汽车库防火分区面积未按规范要求折减。有些地下车库，由于空间限制，车位数常常无法满足规划要求，设计人员只能采用复式停车位的办法来解决，但在防火分区面积的划分上，往往出现超面积现象。采用双层直体车位时，高层地下汽车库每个防火分区的最大允许建筑面积为 2000m²，汽车库内设有自动灭火系统时，其防火分区的最大允许建筑面积可增加为 4000m²，但对复式汽车

库，防火分区最大允许建筑面积应按规定值减少 35%，即最大可以做到 2600m²，这一点许多设计人员往往忽略，审查时应特别注意。

●汽车库与其他功能的房间划分为一个防火分区。车库与商铺划分为一个防火分区不当："设在其他建筑物内的汽车库（包括屋顶的汽车库）、修车库与其他部分应采用耐火极限不低于 3.00h 的不燃烧体隔墙和 2.00h 的不燃烧体楼板分隔，汽车库、修车库的外墙门、窗、洞口的上方应设置不燃烧体的防火挑檐"。

●在划分防火分区时，有的将防烟楼梯间及其前室、消防电梯及其防烟前室等面积不划分在防火分区内，形成空白区域，以减少防火分区的面积来满足规范限制的防火分区面积要求，这一现象在地下室尤为常见。这种情况确实存在，且经常发现。在某些地方也确实允许这样划分。允许最大建筑面积，即所有面积，也就是说每平方米建筑面积都应有其防火分区归属，扣除某些部位面积（水池面积以外）没有依据。

2. 建筑耐火等级问题

●地下室、半地下室的耐火等级错误地划分为二级。审图中遇到此类问题非常普遍，特别是一些带地下室的多层住宅，地面以上部分耐火等级一般都为二级，因此也就忽略了地下部分耐火等级应为一级的规定，见《建筑设计防火规范》（GB 50016—2014）第 5.3.1 条。

●工业厂房的安全疏散门依据《建

筑设计防火规范》（GB 50016—2014）第 6.4.11 条，应向疏散方向开启，可设有推拉门带小门。按《建筑设计防火规范》（GB 50016—2014）第 6.4.11.1 条规定，厂房疏散用门不能采用推拉门，但如果采用平开门，门扇太大，也不是很方便。如果大推拉门上附有净宽大于 0.9m 的平开门，并向疏散方向开启的，可以采用，这

也是传统做法。

3. 住宅防火疏散问题

●疏散楼梯宽度不满足要求。这类问题经常出现在设有大型商场的建筑中，商场总疏散宽度往往不满足要求。

审图中提出疏散总宽度不满足要求，其验算过程如下。

商场营业厅各层的安全出口、疏散走道、疏散楼梯梯段的宽度根据现行规范《建筑设计防火规范》（GB 50016—2014）的规定，取面积折算值为地上50%，地下70%；并根据表3-7的规定取值计算商业疏散宽度。

表3-7 疏散走道、安全出口、疏散楼梯和房间疏散门每100人的净宽度

（单位：m）

建 筑 层 数		建筑的耐火等级		
		一、二级	三级	四级
地上楼层	1～2层	0.65	0.75	1.00
	3层	0.75	1.00	—
	≥4层	1.00	1.25	
地下楼层	与地面出入口地面的高差 $\triangle H \leqslant 10m$	0.75	—	—
	与地面出入口地面的高差 $\triangle H > 10m$	1.00	—	—

商店的疏散人数应按每层营业厅的建筑面积乘以表3-8规定的人员密度计算，对于建材商店、家具和灯饰展示建筑，其人员密度可按30%确定。

表3-8 商店营业厅内的人员密度 （单位：人/m²）

楼层位置	地下第二层	地下第一层	地上第一、二层	地上第三层	地上第四层及以上各层
人员密度	0.56	0.60	0.43～0.60	0.39～0.54	0.30～0.42

为审查方便，对常用的疏散宽度、疏散距离和楼梯及电梯的设置规定整理如下。

Step01 安全疏散宽度一般以每百人不小于1m来计算宽度；疏散走道和楼梯的最小宽度不应小于1.1m；人员密集的公共场所，观众厅的门，其宽度不应小于1.4m。

Step02 安全疏散距离公共建筑的安全疏散距离应符合下列规定。

①直通疏散走道的房间疏散门至最近安全出口的直线距离不应大于表3-9的规定。

表3-9 直通疏散走道的房间疏散门至最近安全出口的直线距离 （单位：m）

名　　称			位于两个安全出口之间的疏散门			位于袋形走道两侧或尽端的疏散门		
			一、二级	三级	四级	一、二级	三级	四级
托儿所、幼儿园老年人建筑			25	20	15	20	15	10
歌舞娱乐放映游艺场所			25	20	15	9	—	—
医疗建筑	单、多层		35	30	25	20	15	10
	高层	病房部分	24	—	—	12	—	—
		其他部分	30	—	—	15		
教学建筑	单、多层		35	30	25	22	20	10
	高层		30	—	—	15		
高层旅馆、公寓、展览建筑			30	—	—	15		

（续）

名　　称		位于两个安全出口之间的疏散门			位于袋形走道两侧或尽端的疏散门		
		一、二级	三级	四级	一、二级	三级	四级
其他建筑	单、多层	40	35	25	22	20	15
	高层	40	—	—	20	—	—

注：1. 建筑内开向敞开式外廊的房间疏散门至最近安全出口的直线距离可按本表的规定增加5m。

　　2. 直通疏散走道的房间疏散门至最近敞开楼梯间的直线距离，当房间位于两个楼梯间之间时，应按本表的规定减少5m；当房间位于袋形走道两侧或尽端时，应按本表的规定减少2m。

　　3. 建筑物内全部设置自动喷水灭火系统时，其安全疏散距离可按本表及注1的规定增加25%。

②楼梯间应在首层直通室外，确有困难时，可在首层采用扩大的封闭楼梯间或防烟楼梯间前室。当层数不超过4层且未采用扩大的封闭楼梯间或防烟楼梯间前室时，可将直通室外的门设置在离楼梯间不大于15m处。

③房间内任一点至房间直通疏散走道的疏散门的直线距离，不应大于表3-9规定的袋形走道两侧或尽端的疏散门至最近安全出口的直线距离。

④一、二级耐火等级建筑内疏散门或安全出口不少于两个的观众厅、展览厅、多功能厅、餐厅、营业厅等，其室内任一点至最近疏散门或安全出口的直线距离不应大于30m；当疏散门不能直通室外地面或疏散楼梯间时，应采用长度不大于10m的疏散走道通至最近的安全出口。当该场所设置自动喷水灭火系统时，室内任一点至最近安全出口的安全疏散距离可分别增加25%。

公共建筑内疏散门和安全出口的净宽度不应小于0.90m，疏散走道和疏散楼梯的净宽度不应小于1.10m。

高层公共建筑内楼梯间的首层疏散门、首层疏散外门、疏散走道和疏散楼梯的最小净宽度应符合表3-10的规定。

表3-10　高层公共建筑内楼梯间的首层疏散门、首层疏散外门、疏散走道和疏散楼梯的最小净宽度　（单位：m）

建筑类别	楼梯间的首层疏散门、首层疏散外门	走道		疏散楼梯
		单面布房	双面布房	
高层医疗建筑	1.30	1.40	1.50	1.30
其他高层公共建筑	1.20	1.30	1.40	1.20

Step03 安全疏散设施

①封闭楼梯间：设有阻挡烟气的双向弹簧门（高层建筑为乙级防火门）的楼梯间。

②防烟楼梯间：设有前室并有防烟设施，通向前室和楼梯间的门为乙级防火门的楼梯间。

③室外疏散楼梯：用不燃材料制作，最小宽度≥0.9m，倾斜角≤45°，栏杆扶手高度≥1.1m。

Step04 各类楼梯间及消防电梯的设置原则见表3-11。

表 3-11 各类楼梯间及消防电梯的设置原则

建筑类别	普通楼梯间	封闭楼梯间	防烟楼梯间	消防电梯
塔式住宅	2~6 层 7~9 层（户门为乙级防火门）	7~9 层（楼梯间应采用弹簧门）	10 层及 10 层以上	10 层及 10 层以上
单元式住宅，单元式宿舍	2~6 层 7~11 层（户门为乙级防火门）	7~18 层	19 层及 19 层以上	12 层及 12 层以上住宅，$h>32\text{m}$ 宿舍
通廊式住宅	2 层 3~9 层（户门为乙级防火门）	3~11 层	12 层及 12 层以上	12 层及 12 层以上
通廊式宿舍	2 层 3~6 层（户门为乙级防火门）	3~11 层	12 层及 12 层以上	$h>32\text{m}$
一类高层公共建筑包括地下室	可采用，但不得计入疏散宽度	可采用，但不得计入疏散宽度	应采用	应采用
二类高层公共建筑包括地下室	可采用，但不得计入疏散宽度	$h\leqslant32\text{m}$，且应有直接天然采光和自然通风	$h>32\text{m}$ 及 $h\leqslant32\text{m}$ 无直接天然采光和自然通风	$h>32\text{m}$
高层的裙房包括地下室和地下车库	可采用，但不得计入疏散宽度	应有直接天然采光和自然通风	无天然采光和自然通风	—
汽车库、修车库	—	$h\leqslant32\text{m}$，楼梯间为乙级防火门	$h>32\text{m}$	—
单、多层厂房	丁、戊类厂房	甲乙丙类厂房，楼梯间乙级防火门	—	—
高层厂房	—	$h>24\text{m}$，$h\leqslant32\text{m}$ 楼梯间乙级防火门	$h>32\text{m}$	$h>32\text{m}$
多层公建	可用，除右列建筑外	医院、疗养院的病房楼；旅馆 >5 层其他公共建筑 >3 层娱乐放映游艺场所和商店，楼梯间为乙级防火门	无天然采光和自然通风的封闭楼梯间	—
多层公共建筑地下及半地下室	除汽车库、修车库及右列建筑外	地下 ≤2 层且室内外高差 <10m 的商店娱乐放映游艺场所，楼梯间乙级防火门	地下 ≥3 层，或室内外高差 >10m 的商店、娱乐、放映、游艺场所	—
人防地下室	—	地下 ≤2 层且室内外高差 <10m 的电影院、礼堂；>500m² 的医院、旅馆；>1000m² 的餐厅、展厅、小型体育馆、商场、公共娱乐场所	地下 ≥3 层，或室内外高差 >10m 的同左列各用房，防烟前室甲级防火门	—

①民用建筑封闭楼梯间用弹簧门，高层工业建筑用乙级防火门。

②消防电梯数量：每层不大于 1500m² 时设置一台，1500~4500m² 时设置两台，大于 4500m² 时设置三台。

疏散用楼梯间（含封闭楼梯间、防烟前室）能否开设丙级防火门的管道井，在平台能否开设有甲级防火门的其他房间。

如是住宅建筑，应根据《住宅建筑规范》（GB 50368—2005）第9.4.3条第4款的规定："电管井和管道井可设在防火楼梯间的前室及合用前室内，其井壁上的检查门应采用丙级防火门"（强制性条文）。其他建筑应按新版《建筑设计防火规范》（GB 50016—2014）第6.4.2条第2款"除楼梯间的门之外，楼梯间的内墙上不应开设其他门、窗洞口"。

●安全疏散距离不满足规范要求。安全疏散是使建筑物内的人员，在发生火灾的应急情况下，安全撤离到无危险的安全地带的逃生措施。人们按疏散路线进入"安全通道"之后，就应能一直走到安全地带。中间不能再出现"反复"，以致重临"危险区"。在建筑防火设计中，都把通往室外或封闭、防烟楼梯间等"安全地带"的门视为"安全出口"。进到"安全出口"后，安全疏散应当是没有问题的。

●住宅建筑中相邻套房之间采取防火分隔措施的量化。住宅建筑中相邻套房之间（是指相邻住户分户墙）应采取防火分隔措施，具体量化如下。

Step01《建筑设计防火规范》（GB 50016—2014）第3.2.1条规定：民用建筑的耐火等级应分为一、二、三、四级。除本规范另有规定者外，不同耐火等级建筑物相应构件的燃烧性能和耐火极限不应低于表3-12的规定。

Step02高层建筑的耐火等级应分为一、二两级，其建筑构件的燃烧性能和耐火极限应符合《建筑设计防火规范》（GB 50016—2014）第3.2.1条规定。各类建筑构件的燃烧性能和耐火极限应符合《建筑设计防火规范》（GB 50016—2014）附录的规定。

表3-12 不同耐火等级民用建筑相应构件的燃烧性能和耐火极限　　（单位：h）

构件名称		耐火等级			
		一级	二级	三级	四级
墙	防火墙	不燃性 3.00	不燃性 3.00	不燃性 3.00	不燃性 3.00
	承重墙	不燃性 3.00	不燃性 2.50	不燃性 2.00	难燃性 0.50
	楼梯间和前室的墙，电梯井的墙	不燃性 2.00	不燃性 2.00	不燃性 1.50	难燃性 0.50
	疏散走道两侧的隔墙	不燃性 1.00	不燃性 1.00	不燃性 0.50	难燃性 0.25
	非承重外墙，房间隔墙	不燃性 0.75	不燃性 0.50	难燃性 0.50	难燃性 0.25
柱		不燃性 3.00	不燃性 2.50	不燃性 2.00	难燃性 0.50
梁		不燃性 2.00	不燃性 1.50	不燃性 1.00	难燃性 0.50
楼板		不燃性 1.50	不燃性 1.00	不燃性 0.75	难燃性 0.50
屋顶承重构件		不燃性 1.50	不燃性 1.00	难燃性 0.50	可燃性
疏散楼梯		不燃性 1.50	不燃性 1.00	不燃性 0.75	可燃性
吊顶（包括吊顶搁栅）		不燃性 0.25	难燃性 0.25	难燃性 0.15	可燃性

注：二级耐火等级建筑内采用不燃材料的吊顶，其耐火极限不限。

●安全出口的宽度。

Step 01 安全出口是为了满足安全疏散的要求，对其出口的宽度提出了明确的规定。

Step 02 如果安全出口的宽度不足，势必会延长疏散时间，造成滞留和拥挤，甚至出现安全出口宽度不足而造成意外伤亡事故。

Step 03 按照相关规定，安全出口宽度是由疏散宽度指标计算出来的，宽度指标是对允许疏散时间、人体宽度、人流在各种疏散条件下的通行能力等进行调查、实测、统计研究的基础上确定的，应同时满足设计人员设计，又有利于消防安全部门检查监督。

Step 04 工程设计计算安全出口宽度一般按照百人宽度指标计算，具体公式如下：

$$B = Nb/At$$

式中　B——百人宽度指标，即每一百人安全疏散需要的最小宽度（m）；

　　　N——疏散总人数（人）；

　　　b——单股人流的宽度，人流不携带行李，按照 $b = 0.55\text{m}$；

　　　A——单股人流通行能力，平坡地 $A = 43$ 人/min；阶梯地 $A = 37$ 人/min；

　　　t——允许疏散时间（min）。

●安全出口的数量。

Step 01 为了确保公共场所的安全，建筑中应设有足够数量的安全出口。

Step 02 根据使用要求，结合防火安全的需要布置门、走道和楼梯，一般要求建筑都有两个或两个以上的安全出口，保证起火时的安全疏散。

Step 03 但如果建筑符合下述各情况，可以设一个安全出口。

①每个房间的面积不超过 60m^2，且人数不超过 50 人时，可设一个出口。

②位于走道尽端的房间（幼儿园、托儿所除外）内，且最远点到房间门的距离不超过 14m，使用人数不超过 80 人时，也可以设一个向外开启的门，但门的净宽不应小于 1.4m。

③2、3 层的建筑（医院、疗养院、幼儿园、托儿所除外）可以设一个疏散楼梯。

④单层公共建筑（幼儿园、托儿所除外）如果面积不超过 200m^2，其人数不超过 50 人时，可设一个直通室外的安全出口。

⑤设有不少于两个疏散楼梯的一、二级耐火等级的公共建筑，如顶层局部升高时，其高出部分的层数不应超过两层，每层面积不超过 200m^2，人数之和不超过 50 人时，可设一个楼梯，但应另设一个直通平屋面的安全出口。

⑥疏散门的构造要求。

a. 疏散门的构造有特殊要求。疏散门应该向疏散方向开启，但如果房间内人数不超过 60 人，且每樘门的平均通行人数不超过 30 人时，门的开启方向可以不限。

b. 疏散门不应采用转门。

c. 人员密集的公共场所，如观众厅等的入场门、太平门，不应设门槛，且其宽度不应小于 1.4m，还应在室内设置明显的标志和事故照明，室外疏散通道的净宽不应小于疏散走道的总宽度要求，最小净宽不应小于 3m。

●开敞式楼梯间。

Step 01 开敞式楼梯间是指在一些标准不高、层数不多或公共建筑门厅中，楼梯间通常采用走廊或大厅都开敞在建筑中的形式，其典型特征是楼梯间不设门，有时为了管理设普通的木门、弹簧门、玻璃门等。

Step02 该类楼梯间防火上不安全，是烟火向其他楼层蔓延的主要通道。

Step03 开敞式楼梯间楼梯的宽度、数量及位置应结合建筑平面、根据规范合理确定，一般其宽度最小不应 < 1.1m。

Step04 楼梯首层应设置直接对外的出口，如果建筑层数不超过 4 层时，可将对外出口设在距离楼梯间不超过 15m 处。

Step05 楼梯间最好靠近外墙，并设通风采光窗。

● 封闭式楼梯间和防烟楼梯间。

Step01 按照防火规范要求，高度不超过 32m 的二类建筑；12～18 层单元式住宅；超过 5 层的公共建筑和超过 6 层的塔式住宅，应设封闭式楼梯间。

Step02 当建筑标准不高且层数不多时，封闭式楼梯间不必另设封闭的前室，宜采用设置防火墙、防火门与走道分开，具有一定的防烟、防火能力，并保证楼梯间具有良好的采光和通风。

Step03 在楼梯间入口之前，设置能阻止火灾时烟气进入的前室、阳台或凹廊的楼梯间，称为防烟楼梯间。

Step04 一类高层建筑和建筑高度超过 32m 的二类建筑；高度超过 24m 的高层住宅；疏散楼梯应采用能防烟火侵袭的设有的排烟前室的封闭式楼梯间，该前室有增强楼梯间的排烟能力和缓冲人流的作用。

Step05 封闭前室可以用阳台或凹廊代替，前室的面积不应小于 $6.00m^2$ 和 $4.5m^2$（居住建筑），并应采用开向疏散方向的乙级防火门。

Step06 高层建筑为了满足抗风、抗震的需求，筒体结构应用广泛，这种结构由于采用核心式布置，楼梯位于建筑物的内核，因而一般采用机械加压防烟楼梯间。

● 剪刀楼梯间。

Step01 剪刀楼梯又称为叠合楼梯或套梯，是指在同一楼梯间设置一对相互重叠、又互不相通的两个楼梯，一般在楼层间为单跑直梯段。

Step02 剪刀楼梯最重要的特点是，在同一楼梯间里设置了两个楼梯，楼梯段应该是完全分隔的，具有两条垂直方向疏散通道的功能，在平面设计中可利用较为狭窄的空间，起到两部楼梯的作用。

● 室外疏散楼梯。

Step01 在建筑端部的外墙上常采用设置简易的、全部开敞的室外楼梯的形式。

Step02 该类楼梯不受烟火的威胁，可供人员疏散使用，也能供消防人员使用。

Step03 其防烟效果和经济性都较好，结合我国国情应尽量采用，如果造型处理得当，还为建筑立面增添风采。

Step04 为了确保室外疏散楼梯的安全使用，其临空面的栏板应做成不小于 1.10m 的实体栏板墙，每层出口处平台，应采用不燃材料制作，且其耐火极限不应低于 1h。

Step05 室外疏散楼梯的最小宽度不应小于 0.9m，坡度不应大于 45°。

4. 厂房防火设计问题

● 厂房耐火等级。根据《建筑设计防火规范》（GB 50016—2014）第 3.2.4 条的规定，特殊贵重的机器、仪表、仪器等应设在一级耐火等级的建筑内。另外当建筑物内一个防火分区的面积超过相应生产类别的二级耐火等级建筑物最大允许占地面积的规定，而根据工艺要求又不能用防火墙分为两个防火分区，同时又不考虑增加喷淋等其他设施时，可考虑提高建筑物的耐火等级。不同耐火等级建筑物构件的燃烧性能和耐火极限要求不同，设计时必须满足规范要求，具体见表3-13。

表3-13 厂房（仓库）建筑构件的燃烧性能和耐火极限 （单位：h）

构件名称		耐火等级			
		一级	二级	三级	四级
墙	防火墙	不燃性 3.00	不燃性 3.00	不燃性 3.00	不燃性 3.00
	承重墙	不燃性 3.00	不燃性 2.50	不燃性 2.00	难燃性 0.50
	楼梯间和前室的墙电梯井的墙	不燃性 2.00	不燃性 2.00	不燃性 1.50	难燃性 0.50
	疏散走道两侧的隔墙	不燃性 1.00	不燃性 1.00	不燃性 0.50	难燃性 0.25
	非承重外墙房间隔墙	不燃性 0.75	不燃性 0.50	难燃性 0.50	难燃性 0.25
柱		不燃性 3.00	不燃性 2.50	不燃性 2.00	难燃性 0.50
梁		不燃性 2.00	不燃性 1.50	不燃性 1.00	难燃性 0.50
楼板		不燃性 1.50	不燃性 1.00	不燃性 0.75	难燃性 0.50
屋顶承重构件		不燃性 1.50	不燃性 1.00	难燃性 0.50	可燃性
疏散楼梯		不燃性 1.50	不燃性 1.00	不燃性 0.75	可燃性
吊顶（包括吊顶搁栅）		不燃性 0.25	难燃性 0.25	难燃性 0.15	可燃性

注：二级耐火等级建筑的吊顶采用不燃烧体时，其耐火极限不限。

一般生产车间与办公区（生活区）应为独立的防火分区，每个防火分区应有两个安全出口，厂房与办公区的安全出口应分开设置（车间内的少量办公用房除外）。

●划分厂房防火分区。审查时对照《建筑设计防火规范》（GB 50016—2014）第3.3.1条中的要求执行，见表3-14。同时防火分区的划分应根据建筑物的具体情况来确定。

表3-14 厂房的耐火等级、层数和防火分区的最大允许建筑面积

生产的火灾危险性类别	厂房的耐火等级	最多允许层数	每个防火分区的最大允许建筑面积/m²			
			单层厂房	多层厂房	高层厂房	地下或半地下厂房（包括地下或半地下室）
甲	一级	宜采用单层	4000	3000	—	—
	二级		3000	2000	—	—
乙	一级	不限	5000	4000	2000	—
	二级	6	4000	3000	1500	—
丙	一级	不限	不限	6000	3000	500
	二级	不限	8000	4000	2000	500
	三级	2	3000	2000	—	—
丁	一、二级	不限	不限	不限	4000	1000
	三级	3	4000	2000	—	—
	四级	1	1000	—	—	—
戊	一、二级	不限	不限	不限	6000	1000
	三级	3	5000	3000	—	—
	四级	1	1500	—	—	—

注：1. 防火分区之间应采用防火墙分隔。除甲类厂房外的一、二级耐火等级厂房，当其防火分区的建筑面积大于本表规定，且设置防火墙确有困难时，可采用防火卷帘或防火分隔水幕分隔。采用防火卷帘时，应符

合规范第 6.5.3 条的规定；采用防火分隔水幕时，应符合现行国家标准《自动喷水灭火系统设计规范》（GB 50084）的规定。

2. 除麻纺厂房外，一级耐火等级的多层纺织厂房和二级耐火等级的单、多层纺织厂房，其每个防火分区的最大允许建筑面积可按本表的规定增加 0.5 倍，但厂房内的原棉开包、清花车间与厂房内其他部位之间均应采用耐火极限不低于 2.50h 的防火隔墙分隔，需要开设门、窗、洞口时，应设置甲级防火门、窗。

3. 一、二级耐火等级的单、多层造纸生产联合厂房，其每个防火分区的最大允许建筑面积可按本表的规定增加 1.5 倍。一、二级耐火等级的湿式造纸联合厂房，当纸机烘缸罩内设置自动灭火系统，完成工段设置有效灭火设施保护时，其每个防火分区的最大允许建筑面积可按工艺要求确定。

4. 一、二级耐火等级的谷物筒仓工作塔，当每层工作人数不超过 2 人时，其层数不限。

5. 一、二级耐火等级卷烟生产联合厂房内的原料、备料及成组配方、制丝、储丝和卷接包、辅料周转、成品暂存、二氧化碳膨胀烟丝等生产用房应划分独立的防火分隔单元，当工艺条件许可时，应采用防火墙进行分隔。其中制丝、储丝和卷接包车间可划分为一个防火分区，且每个防火分区的最大允许建筑面积可按工艺要求确定，但制丝、储丝及卷接包车间之间应采用耐火极限不低于 2.00h 的防火隔墙和 1.00h 的楼板进行分隔。厂房内各水平和竖向防火分隔之间的开口应采取防止火灾蔓延的措施。

6. 厂房内的操作平台、检修平台，当使用人数少于 10 人时，平台的面积可不计入所在防火分区的建筑面积内。

7. "一"表示不允许。

防火分区通常按以下方式划分：

Step01 按楼层划分将每个楼层作为一个分区，之间用封闭楼梯间连通，楼梯间的门应为乙级防火门。

Step02 按功能分区划分通常可以把生产区作为一个分区，动力区作为一个分区，办公区独立一个分区。

当面积允许时，生产和动力可以合并为一个区，办公区相对独立较为合理。根据《建筑设计防火规范》（GB 50016—2014）第 3.3.1 条中规定：甲、乙、丙类厂房装有自动灭火设备时，防火分区最大允许占地面积可以增加一倍，丁、戊类厂房装设自动灭火设备时，其占地面积不限。局部设置时，增加面积可按该局部面积的一倍计算。如二级耐火等级的丙类多层厂房每个分区允许面积为 4000m²，当装有喷淋时可达 8000m²，而当局部 1000m² 面积装有喷淋时，该分区面积可增加 1000m²，达到 5000m²。在具体的设计及审图工作中，应根据不同情况，区别对待。

●工业厂房的安全疏散门。依据《建筑设计防火规范》（GB 50016—2014）第 6.4.10 条，应向疏散方向开启，能否用推拉门带小门见以下规范规定。

按《建筑设计防火规范》（GB 50016—2014）第 6.4.11 条规定。

Step01 民用建筑和厂房的疏散门，应采用向疏散方向开启的平开门，不应采用推拉门、卷帘门、吊门、转门和折叠门。除甲、乙类生产车间外，人数不超过 60 人且每樘门的平均疏散人数不超过 30 人的房间，其疏散门的开启方向不限。

Step02 仓库的疏散门应采用向疏散方向开启的平开门，但丙、丁、戊类仓库首层靠墙的外侧可采用推拉门或卷帘门。

Step03 开向疏散楼梯或疏散楼梯间的门，当其完全开启时，不应减少楼梯平台的有效宽度。

Step04 人员密集场所内平时需要控制人员随意出入的疏散门和设置门禁系统的住宅、宿舍、公寓建筑的外门，应保证火灾时不需使用钥匙等任何工具即能从内部易于打开，并应在显著位置设置具有使用提示的标识。

●火灾危险性类别的定性。对工业建筑而言，必须对其生产的火灾危险性类别给以准确的定性。因为建筑物的耐火等级、防火分区、建筑布置以及水、电等一系列的消防设施都与其生产的火灾危险性类别密切相关，都将以此为依据做出相应的设计考虑，现将生产火灾危险性分为五类，具体内容如下。

Step01 甲级类别。特征使用或产生下列物质的生产。

①遇酸、受热、撞击、摩擦、催化以及遇有机物或硫黄等易燃的无机物，极易引起燃烧或爆炸的强氧化剂。

②常温下受到水或空气中水蒸气的作用，能产生可燃气体并引起燃烧的物质。

③常温下能自行分解或在空气中氧化即能导致迅速自燃和爆炸的物质。

④受撞击、摩擦或与氧化剂、有机物接触时能引起燃烧或爆炸的物质。

⑤在密闭设备内操作温度等于或超过物质本身自燃点的生产。

⑥爆炸下限小于 10% 的气体。

⑦闪点小于 28℃ 的液体。

Step02 乙级类别。特征使用或产生下列物质的生产。

①能与空气形成爆炸性混合物的浮状粉尘、纤维、闪点大于 60℃ 的液体雾滴。

②闪点大于或等于 28℃ 且小于 60℃ 的液体。

③不属于甲类的化学易燃危险固体。

④爆炸下限小于 10% 的气体。

⑤不属于甲类的氧化剂。

⑥助燃气体。

Step03 丙级类别。特征使用或产生下列物质的生产。

①闪点大于 60℃ 的液体。

②可燃固体。

Step04 丁级类别。特征具有下列情况的生产。

①对非燃烧物质进行加工，并在高热或熔化状态下常产生强辐射热、火花或火焰的生产。

②利用气体、液体、固体作为燃烧或将气体、液体进行燃烧做其他用的各种生产。

③常温下使用或加工难燃烧物质的生产。

Step05 戊级类别。特征常温下使用或加工非燃烧物质的生产。

●仓库防火间距的确定。

Step01 甲类仓库之间及其与其他建筑、明火或散发火花地点、铁路、道路等的防火间距不应小于表 3-15 的规定，与架空电力线的最小水平距离应符合《建筑设计防火规范》（GB 50016—2014）第 3.5.1 条的规定。厂内铁路装卸线与设置装卸站台的甲类仓库的防火间距，可不受表 3-15 规定的限制。

表 3-15　甲类仓库之间及其与其他建筑、明火或散发火花地点、铁路、道路等的防火间距

（单位：m）

名　称	甲类仓库（储量/t）			
	甲类储存物品第 3、4 项		甲类储存物品第 1、2、5、6 项	
	≤5	>5	≤10	>10
高层民用建筑、重要公共建筑	50			

名　　称		甲类仓库（储量/t）			
		甲类储存物品第3、4项		甲类储存物品第1、2、5、6项	
		≤5	>5	≤10	>10
裙房、其他民用建筑、明火或散发火花地点		30	40	25	30
甲类仓库		20	20	20	20
厂房和乙、丙、丁、戊类仓库	一、二级	15	20	12	15
	三级	20	25	15	20
	四级	25	30	20	25
电力系统电压为35～500kV且每台变压器容量不小于10MV·A的室外变、配电站，工业企业的变压器总油量大于5t的室外降压变电站		30	40	25	30
厂外铁路线中心线		40			
厂内铁路线中心线		30			
厂外道路路边		20			
厂内道路路边	主要	10			
	次要	5			

注：甲类仓库之间的防火间距，当第3、4项物品储量不大于2t，第1、2、5、6项物品储量不大于5t时，不应小于12m，甲类仓库与高层仓库之间的防火间距不应小于13m。

Step02 除《建筑设计防火规范》（GB 50016—2014）另有规定者外，乙、丙、丁、戊类仓库之间及其与民用建筑之间的防火间距，不应小于表3-16的规定。

表3-16 乙、丙、丁、戊类仓库之间及其与民用建筑之间的防火间距

（单位：m）

名　　称			甲类厂房	乙类厂房（仓库）			丙、丁、戊类厂房（仓库）				民用建筑				
			单、多层	单、多层		高层	单、多层			高层	裙房，单、多层			高层	
			一、二级	一、二级	三级	一、二级	一、二级	三级	四级	一、二级	一、二级	三级	四级	一类	二类
甲类厂房	单、多层	一、二级	12	12	14	13	12	14	16	13	25			50	
乙类厂房	单、多层	一、二级	12	10	12	13	10	12	14	13	25			50	
		三级	14	12	14	15	12	14	16	15					
	高层	一、二级	13	13	15	13	13	15	17	13					
丙类厂房	单、多层	一、二级	12	10	12	13	10	12	14	13	10	12	14	20	15
		三级	14	12	14	15	12	14	16	15	12	14	16	25	20
		四级	16	14	16	17	14	16	18	17	14	16	18		
	高层	一、二级	13	13	15	13	13	15	17	13	13	15	17	20	15

名称			甲类厂房	乙类厂房（仓库）		丙、丁、戊类厂房（仓库）				民用建筑				
			单、多层	单、多层		单、多层			高层	裙房，单、多层			高层	
			一、二级	一、二级	三级	一、二级	三级	四级	一、二级	一、二级	三级	四级	一类	二类
丁、戊类厂房	单、多层	一、二级	12	10	12	13	10	12	14	13	10	12	14	15	13
		三级	14	12	14	15	12	14	16	15	12	14	16	18	15
		四级	16	14	16	17	14	16	18	17	14	16	18	18	15
	高层	一、二级	13	13	15	13	13	15	17	13	13	15	17	15	13
室外变、配电站	变压器总油量/t	≥5，≤10				12	15	20	12	15	20	25	20	20
		>10，≤50	25	25	25	15	20	25	15	20	25	30	25	25
		>50				20	25	30	20	25	30	35	30	30

注：1. 乙类厂房与重要公共建筑的防火间距不宜小于50m；与明火或散发火花地点，不宜小于30m。单、多层戊类厂房之间及与戊类仓库的防火间距可按本表的规定减少2m，与民用建筑的防火间距可将戊类厂房等同民用建筑按规范第5.2.2条的规定执行。为丙、丁、戊类厂房服务而单独设置的生活用房应按民用建筑确定，与所属厂房的防火间距不应小于6m。确需相邻布置时，应符合本表注2、3的规定。

2. 两座厂房相邻较高一面外墙为防火墙时，其防火间距不限，但甲类厂房之间不应小于4m。

两座丙、丁、戊类厂房相邻两面外墙均为不燃性墙体，当无外露的可燃性屋檐，每面外墙上的门、窗、洞口面积之和各不大于外墙面积的5%，且门、窗、洞口不正对开设时，其防火间距可按本表的规定减少25%。甲、乙类厂房（仓库）不应与规范第3.3.5条规定外的其他建筑贴邻。

3. 两座一、二级耐火等级的厂房，当相邻较低一面外墙为防火墙且较低一座厂房的屋顶无天窗，屋顶的耐火极限不低于1.00h，或相邻较高一面外墙的门、窗等开口部位设置甲级防火门、窗或防火分隔水幕或按规范第6.5.3条的规定设置防火卷帘时，甲、乙类厂房之间的防火间距不应小于6m；丙、丁、戊类厂房之间的防火间距不应小于4m。

4. 发电厂内的主变压器，其油量可按单台确定。

5. 耐火等级低于四级的既有厂房，其耐火等级可按四级确定。

6. 当丙、丁、戊类厂房与丙、丁、戊类仓库相邻时，应符合本表注2、3的规定。

Step03 当丁、戊类仓库与民用建筑的耐火等级均为一、二级时，其防火间距可按下列规定执行：

①当较高一面外墙为不开设门窗洞口的防火墙，或比相邻较低一座建筑屋面高15m及以下范围内的外墙为不开设门窗洞口的防火墙时，其防火间距可不限。

②相邻较低一面外墙为防火墙，且屋顶不设天窗，屋顶耐火极限不低于1.00h，或相邻较高一面外墙为防火墙，且墙上开口部位采取了防火保护措施时，其防火间距可适当减小，但不应小于4m。

Step04 粮食筒仓与其他建筑之间及粮食筒仓组与组之间的防火间距，不应小于表3-17的规定。

Step05 库区围墙与库区内建筑之间的间距不宜小于5m，且围墙两侧的建筑之间还应满足相应的防火间距要求。

表3-17　粮食筒仓与其他建筑之间及粮食筒仓组与组之间的防火间距

（单位：m）

名称	粮食总储量 /t	粮食立筒仓			粮食浅圆仓		其他建筑		
		$W \leqslant 40000$	$40000 < W \leqslant 50000$	$W > 50000$	$W \leqslant 50000$	$W > 50000$	一、二级	三级	四级
粮食立筒仓	$500 < W \leqslant 10000$	15	20	25	20	25	10	15	20
	$10000 < W \leqslant 40000$						15	20	25
	$40000 < W \leqslant 50000$	20					20	25	30
	$W > 50000$	25					25	30	—
粮食浅圆仓	$W \leqslant 50000$	20	20	25	20	25	20	25	—
	$W > 50000$	25					25	30	—

注：1. 当粮食立筒仓、粮食浅圆仓与工作塔、接收塔、发放站为一个完整工艺单元的组群时，组内各建筑之间的防火间距不受本表限制。

2. 粮食浅圆仓组内每个独立的储量不应大于10000t。

第五节　屋面及地下防水审查常见问题

一、屋面工程防水设计

1. 屋面防水问题

●选用做法达不到防水等级的要求。Ⅰ级防水屋面应保证有三道防水，Ⅱ级防水屋面应保证有两道防水，Ⅲ级防水屋面应保证有一道防水。具体做法详见《屋面工程技术规范》（GB 50345—2012）第3.0.1条规定。

●屋面防水层设计时确保工程质量的技术措施。屋面防水层设计应采取下列技术措施。

Step01 在坡度较大的屋面和垂直面上粘贴防水卷材时，宜采用机械固定和对固定点进行密封的方法。

Step02 卷材防水层易拉裂部位，宜选用空铺、点粘、条粘或机械固定等施工方法。

Step03 结构易发生较大变形、易渗漏和损坏的部位，应设置卷材或涂膜附加层。

Step04 在刚性保护层与卷材、涂膜防水层之间应设置隔离层。

Step05 卷材或涂膜防水层上应设置保护层。

●卷材、涂膜屋面防水等级和防水做法。卷材、涂膜屋面防水等级和防水做法应符合表3-18的规定。

表3-18　卷材、涂膜屋面防水等级和防水做法

防水等级	防水做法
Ⅰ级	卷材防水层和卷材防水层、卷材防水层和涂膜防水层、复合防水层
Ⅱ级	卷材防水层、涂膜防水层、复合防水层

注：在Ⅰ级层面防水做法中，防水层仅做单层卷材时，应符合有关单层防水卷材屋面技术的规定。

● 卷材防水材料选择应符合的施工要求。防水卷材的品种规格和层数，应根据地下工程防水等级、地下水位高低及水压力作用状况、结构构造形式和施工工艺等因素确定。

Step01 卷材防水层的卷材品种可按表3-19选用，并应符合下列规定。

① 卷材外观质量、品种规格应符合现行国家有关标准的规定。

② 卷材及其胶粘剂应具有良好的耐水性、耐久性、耐刺穿性、耐腐蚀性和耐菌性。

Step02 防水卷材的厚度应符合表 3-20 的规定。

Step03 聚乙烯丙纶复合防水卷材应采用聚合物水泥防水粘结材料，其物理性能应符合表 3-21 的规定。

表3-19　卷材防水层的卷材品种

类　　别	品 种 名 称
高聚物改性沥青类防水卷材	弹性体改性沥青防水卷材 改性沥青聚乙烯胎防水卷材 自粘聚合物改性沥青防水卷材
合成高分子类防水卷材	三元乙丙橡胶防水卷材 聚氯乙烯防水卷材 聚乙烯丙纶复合防水卷材 高分子自粘胶膜防水卷材

表3-20　不同品种卷材的厚度

卷材品种	高聚物改性沥青类防水卷材			合成高分子类防水卷材			
	弹性体改性沥青防水卷材、改性沥青聚乙烯胎防水卷材	自粘聚合物改性沥青防水卷材		三元乙丙橡胶防水卷材	聚氯乙烯防水卷材	乙烯丙纶复合防水卷材	高分子自粘胶膜防水卷材
		聚酯毡体	无胎体				
单层厚度/mm	≥4	≥3	≥1.5	≥1.5	≥1.5	卷材≥0.9 粘结料≥1.3 芯材厚度≥0.6	≥1.2
双层总厚度/mm	≥ (4+3)	≥ (3+3)	≥ (1.5+1.5)	≥ (1.2+1.2)	≥ (1.2+1.2)	卷材≥ (0.7+0.7) 粘结料≥(1.3+1.3) 芯材厚度≥0.5	—

表3-21　聚合物水泥防水粘结材料物理性能

项　　目		性 能 要 求
与水泥基面的粘结抗拉强度/MPa	常温 7d	≥0.6
	耐水性	≥0.4
	耐冻性	0.4
可操作时间/h		≥2
抗渗性/MPa，7d		≥1.0
剪切状态下的粘合性/Pa，常温	卷材与卷材	≥2.0 或卷材断裂
	卷材与基面	≥1.8 或卷材断裂

Step04高聚物改性沥青防水卷材主要物理性能应符合表 3-22 的规定。

Step05粘贴各类防水卷材应采用与卷材性相容的胶粘材料，其粘结质量应符合表 3-23 的要求。

Step06合成高分子防水卷材物理性能应符合表 3-24 的规定。

●瓦屋面防水等级和防水做法。瓦屋面防水等级和防水做法应符合表 3-25 的规定。

表 3-22 高聚物改性沥青防水卷材主要物理性能

项 目		性能要求				
		弹性体改性沥青防水卷材			自粘聚合物改性沥青防水卷材	
		聚酯毡胎体	玻纤毡胎体	聚乙烯膜胎体	聚酯毡胎体	无胎体
拉伸性能	拉力／（N/50mm）	≥800（纵横向）	≥500（纵向）	≥140（纵向） ≥120（横向）	≥120（横向）	≥180（纵横向）
	延伸率（%）	最大拉力时≥40（纵横向）	—	断裂时≥250（纵横向）	最大拉力时≥30（纵横向）	断裂时≥200（纵横向）
低温柔度		-25℃，无裂纹				
可溶物含量／（g/m³）		3mm 厚≥2100			3mm 厚≥2100	—
		4mm 厚≥2900				
热老化后低温柔度		-20℃，无裂缝			-22℃，无裂纹	
不透水性		压力 0.3MPa，保持时间 120min，不透水				

表 3-23 防水卷材粘结质量要求

项 目		自粘聚合物改性沥青防水卷材粘合面		三元乙丙橡胶和聚氯乙烯防水卷材胶粘剂	合成橡胶胶粘带	高分子自粘胶膜防水卷材粘合面
		聚酯毡胎体	无胎体			
剪切状态下的粘合性	标准试验条件/（N/10mm）≥	40 或卷材断裂	20 或卷材断裂	20 或卷材断裂	20 或卷材断裂	40 或卷材断裂
粘结剥离强度	标准试验条件/（N/10mm）≥	15 或卷材断裂		15 或卷材断裂	4 或卷材断裂	—
	浸水 168h 后保持率/% ≥	70		70	80	
与混凝土的粘结强度	标准试验条件/（N/10mm）≥	15 或卷材断裂		15 或卷材断裂	6 或卷材断裂	20 或卷材断裂

表 3-24 合成高分子防水卷材物理性能

项 目	性能要求			
	三元乙丙橡胶防水卷材	聚氯乙烯防水卷材	聚乙烯丙纶复合防水卷材	高分子自粘胶膜防水卷材
断裂抗拉强度	≥7.5MPa	≥12MPa	≥60N/10mm	≥100N/10mm
断裂伸长率(%)	≥450	≥250	≥300	≥400
低温弯折性	-40℃，无裂纹	-20℃，无裂纹	-20℃，无裂纹	-20℃，无裂纹
不透水性	压力 0.3MPa，保持时间 120min，不透水			
撕裂强度	≥25kN/m	≥40kN/m	≥20N/10mm	120N/10mm
复合强度（表层与芯层）	—	—	≥1.2N/mm	—

表 3-25 瓦屋面防水等级和防水做法

防 水 等 级	防 水 做 法
Ⅰ级	瓦 + 防水层
Ⅱ级	瓦 + 防水垫层

●金属板屋面防水等级和防水做法。金属板屋面是由金属面板与支承结构组成，金属板屋面的耐久年限与金属板的材质有密切的关系，按现行国家标准《冷弯薄壁型钢结构技术规范》（GB 50018—2002）的规定，屋面压型钢板厚度不宜小于 0.5mm。

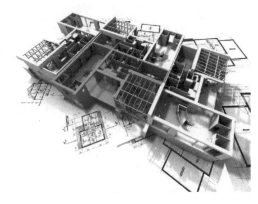

尽管金属板屋面所使用的金属板材料具有良好的防腐蚀性，但由于金属板的伸缩变形受板形连接构造、施工安装工艺和冬夏季温差等因素影响，使得金属板屋面渗漏水情况比较普遍。金属板屋面防水等级和防水做法应符合表 3-26 的规定。

表 3-26 金属板屋面防水等级和防水做法

防 水 等 级	防 水 做 法
Ⅰ级	压型金属板 + 防水垫层
Ⅱ级	压型金属板、金属面绝热夹芯板

注：1. 当防水等级为Ⅰ级时，压型铝合金板基板厚度不应小于 0.9mm；压型钢板基板厚度不应小于 0.6mm。

2. 当防水等级为Ⅰ级时，压型金属板应采用 360°咬口锁边连接方式。

3. 在Ⅰ级屋面防水做法中，仅做压型金属板时，应符合相关技术规范的规定。

●防水层厚度的确定。防水层的使用年限，主要取决于防水材料物理性能、防水层的厚度、环境因素和使用条件四个方面，而防水层厚度是影响防水层使用年限的主要因素之一。

Step01 每道卷材防水层的最小厚度应符合表 3-27 的规定。

Step02 复合防水层的最小厚度应符合表 3-28 的规定。

Step03 每道涂膜防水层的最小厚度应符合表 3-29 的规定。

表 3-27 每道卷材防水层的最小厚度 （单位：mm）

防水等级	合成高分子防水卷材	高聚物改性沥青防水卷材		
		聚酯胎、玻纤胎、聚乙烯胎	自粘聚酯胎	自粘无胎
Ⅰ级	1.2	3.0	2.0	1.5
Ⅱ级	1.5	4.0	3.0	2.0

表 3-28 复合防水层的最小厚度 （单位：mm）

防水等级	合成高分子防水卷材 + 合成高分子防水涂膜	自粘聚合物改性沥青防水卷材（无胎）+ 合成高分子防水涂膜	高聚物改性沥青防水卷材 + 高聚物改性沥青防水涂膜	聚乙烯丙纶卷材 + 聚合物水泥防水胶结材料
Ⅰ级	1.2 + 1.5	1.5 + 1.5	3.0 + 2.0	(0.7 + 1.3) ×2
Ⅱ级	1.0 + 1.0	1.2 + 1.0	3.0 + 1.2	0.7 + 1.3

表 3-29　每道涂膜防水层的最小厚度　　　　　　　　　　　　（单位：mm）

防水等级	合成高分子防水涂膜	聚合物水泥防水涂膜	高聚物改性沥青防水涂膜
Ⅰ级	1.5	1.5	2.0
Ⅱ级	2.0	2.0	3.0

● 保温层设计应符合的规定。

Step01 保温层宜选用吸水率低、密度和热导率小，并有一定强度的保温材料。

Step02 保温层的含水率，应相当于该材料在当地自然风干状态下的平衡含水率。

Step03 封闭式保温层或保温层干燥有困难的卷材屋面，宜采取排气构造措施。

Step04 屋面为停车场等高荷载情况时，应根据计算确定保温材料的强度。

Step05 保温层厚度应根据所在地区现行建筑节能设计标准，经计算确定。

Step06 纤维材料做保温层时，应采取防止压缩的措施。

Step07 屋面坡度较大时，保温层应采取防滑措施。

● 位移接缝密封防水设计应符合的规定。

Step01 背衬材料应选择与密封不粘结或粘结力弱的材料，并应能适应基层的伸缩变形，同时应具有施工时不变形、复原率高和耐久性好等性能。

Step02 接缝处的密封材料底部应设置背衬材料，背衬材料应大于接缝宽度的20%，嵌入深度应为密封材料的设计厚度。

Step03 接缝的相对位移量不应大于可供选择密封材料的位移能力。

Step04 密封材料的嵌填深度宜为接缝宽度的50%～70%。

Step05 接缝宽度应按屋面接缝位移量计算确定。

● 找平层的厚度和技术要求。

Step01 找平层是为防水层设置符合防水材料工艺要求且坚实而平整的基层，找平层应具有一定的厚度和强度。

Step02 根据调研结果，在装配式混凝土板或板状材料保温层上设水泥砂浆找平层时，找平层易发生开裂现象，因此，装配式混凝土板上应采用细石混凝土找平层。

Step03 整体现浇混凝土板做到随浇随用原浆找平和压光，表面平整度符合要求时，可以不再做找平层。

Step04 基层刚度较差时，宜在混凝土内加钢筋网片。同时，板状材料保温层上应采用细石混凝土找平层。

Step05 采用水泥砂浆还是细石混凝土做找平层，主要根据基层的刚度。

Step06 找平层厚度和技术要求应符合表3-30的规定。

表 3-30　找平层厚度和技术要求

找平层分类	适用的基层	厚度/mm	技术要求
水泥砂浆	整体现浇混凝土板	15～20	1∶2.5 水泥砂浆
	整体材料保温层	20～25	
细石混凝土	装配式混凝土板	30～35	C20 混凝土，宜加钢筋网片
	板装材料保温层		C20 混凝土

2. 屋面隔热层问题

● 蓄水隔热层设计应符合的规定。

Step01 蓄水隔热层应划分为若干蓄水区，每区的边长不宜大于10m，在变形缝的两侧应分成两个互不连通的蓄水区。长度超过40m的蓄水隔热层应分仓设置，分仓隔墙可采用现浇混凝土或砌体。

Step02 蓄水隔热层的蓄水池应采用强度等级不低于 C25、抗渗等级不低于 P6 的现浇混凝土，蓄水池内宜采用 20mm 厚的防水砂浆抹面。

Step03 蓄水隔热层不宜在寒冷地区、地震设防地区和振动较大的建筑物上采用。

Step04 蓄水池应设溢水口、排水管和给水管，排水管应与排水出口连通。

Step05 蓄水池溢水口距分仓墙顶面的高度不得小于 100mm。

Step06 蓄水隔热层的排水坡度不宜大于 0.5%。

Step07 蓄水池的蓄水深度宜为 150 ~ 200mm。

Step08 蓄水池应设置人行通道。

● 种植隔热层设计应符合的规定。

Step01 排水层材料应根据屋面功能及环境、经济条件等进行选择；过滤层宜采用 200 ~ 400g/m² 的土工布，过滤层应沿种植土周边向上铺设至种植土高度。

Step02 种植土应根据种植植物的要求选择综合性能良好的材料，种植土厚度应根据不同种植土和植物种类等确定。

Step03 种植隔热层宜根据植物种类及环境布局的需要进行分区布置，分区布置应设挡墙或挡板。

Step04 种植隔热层所用材料及植物等应与当地气候条件相适应，并应符合环境保护要求。

Step05 种植隔热层的屋面坡度大于 20% 时，其排水层、种植土应采取防滑措施。

Step06 种植隔热层的构造层次应包括植被层、种植土层、过滤层和排水层等。

Step07 种植土四周应设挡墙，挡墙下部应设泄水孔，并应与排水出口连通。

● 架空隔热层设计应符合的规定。

Step01 架空隔热层的进风口，宜设置在当地炎热季节最大频率风向的正压区，出风口宜设置在负压区。

Step02 架空隔热层的高度宜为 180 ~ 300mm，架空板与女儿墙的距离不应小于 250mm。

Step03 架空隔热层宜在屋顶有良好通风的建筑物上采用，不宜在寒冷地区采用。

Step04 架空隔热制品及其支座的质量应符合国家现行有关材料标准的规定。

Step05 当屋面宽度大于 10m 时，架空隔热层中部应设置通风屋脊。

Step06 当采用混凝土板架空隔热层时，屋面坡度不宜大于 5%。

3. 倒置式和材料选择问题

● 倒置式屋面问题（将憎水性保温材料设置在防水层上的屋面）。

Step01 倒置式屋面存在的技术问题。

①构造层次的不合理性。

a. 屋面倒置式做法不能简单理解为把保温层设置在柔性防水层上，而应做到其他的构造层次与之相匹配，并且充分体现屋面"以排为主、防排结合，多道设防、节点密封"的设防原则。

b. 构造层次方面主要存在的问题有三：一是防水层与保温层之间未设置滤水层，倒置屋面排水不畅，防水层、保温层长期浸在水中，缩短了防水层使用寿命，降低了保温效果，这是目前倒置式屋

面普遍存在的问题；二是找坡材料用松散轻质材料找坡，倒置式屋面应选择结构找坡或细石混凝土找坡；三是保温层上未设计压置面层。

②材料选择不当。

a. 保温材料。不能笼统地将倒置式屋面所用保温材料定义为"憎水性保温材料"，而应选择不吸水或吸水率低、耐

腐烂的保温材料。倒置式屋面常用的保温材料有挤塑聚苯乙烯泡沫塑料板、硬质聚氨酯泡沫塑料、泡沫玻璃。

b. 防水材料。防水材料应选择耐穿刺、耐霉烂、耐腐蚀性优的防水材料，如防水卷材宜选用高聚物改性沥青防水卷材、聚乙烯丙纶复合防水卷材和聚氯乙烯防水卷材；防水涂料宜选择聚氨酯类或丙烯酸酯防水涂料。

Step02 倒置式屋面坡度问题。

①坡度不准确。一是材料找坡坡度过小；二是结构找坡，但天沟、檐沟没有坡度，这是倒置式屋面中普遍存在的问题。

②防水层基层无坡度，即在结构层上用水泥砂浆找平，导致防水层长期积水。在审查工作中会偶遇这种情况。

③材料找坡时选材不合理。

a. 材料找坡应选择细石混凝土或沥青砂浆找坡；如屋面跨度过大，这类材料找坡困难，应采用结构找坡。

b. 如果只能用松散材料找坡，则屋面没有必要采用倒置式做法，其原因：一是松散材料找坡，屋面应设计为排气屋面，这样就给防水层施工带来不便，与正置式做法相比，体现不出倒置式屋面防水层易施工、质量可靠的优越性；二是屋面出现渗漏后渗漏点难以找到，修复非常困难。

Step03 防水层设计存在的问题。

①提倡"复合防水"设防原则，不宜采用单层卷材空铺法施工。

a. 因倒置式屋面防水层施工完毕后，后道工序比较多，防水层尤其是天沟、檐沟部位的防水（一般外露）容易破损，而单层卷材防水层一旦破损，屋面将会产生渗漏。

b. 如采用复合防水，可充分发挥卷材和涂膜防水两道防水的作用，即使某一点产生破损，屋面出现渗漏的概率也比较小。

②防水层附加层。

a. 附加层宜采用与防水层相容的防水涂料做涂膜防水，不宜采用卷材附加层。

b. 卷材附加层适应基层变形能力优，但与基层粘结性差，而倒置式屋面防水层基层温差变化小，其裂缝也小，附加层采用涂膜防水层可以起到事半功倍的效果。

Step04 种植屋面和倒置式屋面防水等级应不低于Ⅱ级。

Step05 倒置式屋面保温层设计应符合的规定。

①倒置式屋面的坡度宜为3%。

②保温层应采用吸水率低，且长期浸水不变质的保温材料。

③板状保温材料的下部纵向边缘应设排水凹缝。

④保温层与防水层所用材料应相容匹配。

⑤保温层上面宜采用块体材料或细石混凝土做保护层。

⑥檐沟、水落口部位应采用现浇混凝土堵头或砖砌堵头，并应做好保温层排水处理。

防水材料的选择。卷材、涂料、密封材料在各种不同类型的屋面、不同的工作条件、不同的使用环境中，由于气候温差的变化、阳光紫外线的辐射、酸雨的侵蚀、结构的变形、人为的破坏等，都会给防水材料带来一定程度的危害，因此在进行屋面工程设计时，应根据建筑物的建筑造型、使用功能、环境条件选择与其相适应的防水材料，以确保屋面工程的质量。

防水材料的选择应符合下列规定。

Step01 薄壳、装配式结构、钢结构及大跨度建筑屋面，应选用耐候性好、适应变形能力强的防水材料。

Step02 长期处于潮湿环境的屋面，应选用耐腐蚀、耐霉变、耐穿刺、耐长期水浸等性能的防水材料。

Step03 外露使用的防水层，应选用耐紫外线、耐老化、耐候性好的防水材料。

Step04 倒置式屋面应选用适应变形能力强、接缝密封保证率高的防水材料。

Step05 上人屋面，应选用耐霉变、抗拉强度高的防水材料。

4. 排水排气采光问题

●屋面排水方式的选择及分类。

Step01排水系统的设计，应根据屋顶形式、气候条件、使用功能等因素确定。

Step02对于排水方式的选择，一般屋面汇水面积较小，且檐口距地面较近，屋面雨水落差较小的低层建筑可采用无排水。

Step03对于屋面汇水面积较大的多跨建筑或高层建筑，因檐口距地面较高，屋面雨水的落差大，当刮大风、下大雨时，易使从檐口落下的雨水浸湿墙面，故应采用有组织排水。

Step04屋面排水方式可分为有组织排水和无组织排水。

①有组织排水就是屋面雨水有组织地流经天沟、檐沟、水落口、水落管等，系统地将屋面上的雨水排出。

在有组织排水中又可分为内排水和外排水或内外排水相结合的方式。

a. 内排水是指屋面雨水通过天沟由设置于建筑物内部的水落管排入地下雨水管网，如高层建筑、多跨及汇水面积较大的屋面等。

b. 外排水是指屋面雨水通过檐沟、水落口由设置于建筑物外部的水落管直接排到室外地面上，如一般的多层住宅、中高层住宅等。

②无组织排水就是屋面雨水通过檐口直接排到室外地面，如一般的低层住宅建筑等。

一般中、小型的低层建筑物或檐高不大于10m的屋面可采用无组织排水，其他情况下都应采取有组织排水。

●屋面排气构造设计应符合的规定。
屋面排气构造设计是对封闭式保温层或保温层干燥有困难的卷材屋面采取的技术措施。为了做到排气道及排气孔与大气连通，使水汽有排走的出路，同时力求构造简单合理，便于施工，并防止雨水进入保温层。

屋面排气构造设计应符合下列规定。

Step01排气道应纵横贯通，并应与大气连通的排气孔相通，排气孔可设在檐口下或纵横排气道的交叉处。

Step02排气道纵横间距宜为6m，屋面面积每36m² 宜设置一个排气孔，排气孔应做防水处理。

Step03找平层设置的分格缝可兼作排气道，排气道的宽度宜为40mm。

Step04在保温层下也可铺设带支点的塑料板。

●玻璃采光顶。

Step01玻璃采光顶的物理性能。

①玻璃采光顶的物理性能主要包括承载性能、气密性能、水密性能、热工性能、隔声性能和采光性能。

②性能要求的高低和建筑物的功能性质、重要性等有关，不同的建筑在很多性能上是有所不同的，玻璃采光顶的物理性能应根据建筑物的类别、高度、体型、功能以及建筑物所在的地震位置、气候和环境条件进行设计。

③在沿海或经常有台风的地区，要求玻璃采光顶的风压变形性能和雨水渗漏性能高些。

④在风沙较大地区，要求玻璃采光顶的风压变形性能和空气渗透性能高些。

⑤寒冷地区和炎热地区，要求采光顶的保温隔热性能良好。

⑥现行国家标准《建筑玻璃采光顶》（JG/T 231—2007）中有关玻璃采光顶的承载性能、气密性能、采光性能、水密性能、隔声性能、热工性能等分级指标，供设计人员选用。

a. 承载性能。玻璃采光顶承载性能分级指标 S 应符合表 3-31 的规定。

b. 气密性能。玻璃采光顶开启部位，采用压力差为 10Pa 时的开启缝长空气渗

透量 q_L 作为分级指标，分级指标应符合表 3-32 的规定；玻璃采光顶整体（含开启部位）采用压力差为 10Pa 时的单位面积空气渗透量 q_A 作为分级指标，分级指标应符合表 3-33 的规定。

c. 采光性能。玻璃采光顶的采光性能采用透光折减系数 T_r 作为分级指标，其分级指标应符合表 3-34 的规定。

d. 水密性能。当玻璃采光顶所受风压取正值时，水密性能分级指标 ΔP 应符合表 3-35 的规定。

e. 隔声性能。玻璃采光顶的空气隔声性能采用空气计权隔声量 R_w 进行分级，其分级指标应符合表 3-36 的规定。

f. 热工性能。玻璃采光顶的传热系数分级指标值应符合表 3-37 的规定；遮阳系数分级指标 SC 应符合表 3-38 的规定。

表 3-31　承载性能分级

分级代号	1	2	3	4	5	6	7	8	9
分级指标植 · S/kPa	$1.0 \leqslant S$ <1.5	$1.5 \leqslant S$ <2.0	$2.0 \leqslant S$ <2.5	$2.5 \leqslant S$ <3	$3.0 \leqslant S$ <3.5	$3.5 \leqslant S$ <4.0	$4.0 \leqslant S$ <4.5	$4.5 \leqslant S$ <5.0	$S \geqslant 5.0$

注：1. 9 级时需同时标注 S 的实测值。

　　2. S 值为最不利组合荷载标准值。

　　3. 分级指标值 S 为绝对值。

表 3-32　玻璃采光顶开启部位的气密性能分级

分级代号	1	2	3	4
分级指标值 q_L / $[m^3/(m \cdot h)]$	$4.0 \geqslant q_L > 2.5$	$2.5 \geqslant q_L > 1.5$	$1.5 \geqslant q_L > 0.5$	$q_L \leqslant 0.5$

表 3-33　玻璃采光顶的整体气密性能分级

分级代号	1	2	3	4
分级指标值 q_A / $[m^3/(m^2 \cdot h)]$	$4.0 \geqslant q_A > 2.0$	$2.0 \geqslant q_A > 1.2$	$1.2 \geqslant q_A > 0.5$	$q_A \leqslant 0.5$

表 3-34　玻璃采光顶的采光性能分级

分级代号	1	2	3	4	5
分级指标值 T_r	$0.2 \leqslant T_r < 0.3$	$0.3 \leqslant T_r < 0.4$	$0.4 \leqslant T_r < 0.5$	$0.5 \leqslant T_r < 0.6$	$T_r \geqslant 0.6$

注：1. T_r 为透射漫射光照度与漫射光照度之比。

　　2. 5 级时需同时标注 T_r 的实测值。

表 3-35　玻璃采光顶水密性能分级

分级代号		3	4	5
分级指标值 ΔP/kPa	固定部分	$1000 \leqslant \Delta P < 1500$	$1500 \leqslant \Delta P < 2000$	$\Delta P \geqslant 2000$
	可开启部分	$500 \leqslant \Delta P < 700$	$700 \leqslant \Delta P < 1000$	$\Delta P \geqslant 1000$

注：1. ΔP 为水密性能试验中，严重渗漏压力差的前一级压力差。

　　2. 5 级时需同时标注 ΔP 的实测值。

表 3-36　玻璃采光顶的空气隔声性能分级

分级代号	2	3	4
分级指标值 R_w/dB	$30 \leqslant R_w < 35$	$35 \leqslant R_w < 40$	$R_w \geqslant 40$

注：4 级时应同时标注 R_w 的实测值。

表3-37　玻璃采光顶的传热系数分级

分级代号	1	2	3	4	5
分级指标值 $k/[W/(m^2 \cdot K)]$	$k>4.0$	$4.0 \geqslant k>3.0$	$3.0 \geqslant k>2.0$	$2.0 \geqslant k>1.5$	$k \leqslant 1.5$

表3-38　玻璃采光顶的遮阳系数分级

分级代号	1	2	3	4	5	6
分级指标值 SC	$0.9 \geqslant SC>0.7$	$0.7 \geqslant SC>0.6$	$0.6 \geqslant SC>0.5$	$0.5 \geqslant SC>0.4$	$0.4 \geqslant SC>0.3$	$0.3 \geqslant SC>0.2$

Step02 玻璃采光顶的玻璃选择。

玻璃采光顶的玻璃面板应采用安全玻璃，安全玻璃主要包括夹层玻璃和中空夹层玻璃。中空玻璃设计时上层玻璃尚应考虑冰雹等的影响。

夹层玻璃是一种性能良好的安全玻璃，是用聚乙烯醇缩丁醛（PVB）胶片将两块玻璃粘结在一起，当受到外力冲击时，玻璃碎片粘在 PVB 胶片上，可以避免飞溅伤人。

钢化玻璃是将普通玻璃加热后急速冷却形成，当被打破时，玻璃碎片细小而无锐角，不会造成割伤。

①玻璃采光顶的玻璃应符合下列规定：

a. 玻璃采光顶应采用安全玻璃，宜采用夹层玻璃或夹层中空玻璃。

b. 玻璃原片应根据设计要求选用，且单片玻璃厚度不宜小于6mm。

c. 夹层玻璃的玻璃原片厚度不宜小于5mm。

d. 上人的玻璃采光顶应采用夹层玻璃。

e. 点支承玻璃采光顶应采用钢化夹层玻璃。

f. 所有采光顶的玻璃应进行磨边倒角处理。

②玻璃采光顶所采用夹层玻璃除应符合现行国家标准《建筑用安全玻璃第3部分：夹层玻璃》（GB 15763.3—2009）的有关规定外，尚应符合下列规定：

a. 夹层玻璃的胶片宜采用聚乙烯醇缩丁醛胶片，聚乙烯醇缩丁醛胶片的厚度不应小于0.76mm。

b. 夹层玻璃宜为干法加工合成，夹层玻璃的两片玻璃厚度相差不宜大于2mm。

c. 暴露在空气中的夹层玻璃边缘应进行密封处理。

③玻璃采光顶采用夹层中空玻璃除应符合②和现行国家标准《中空玻璃》（GB/T 11944—2012）的有关规定外，尚应符合下列规定：

a. 中空玻璃宜采用双道密封结构。隐框或半隐框中空玻璃的两道密封应采用硅酮结构密封胶。

b. 中空玻璃气体层的厚度不应小于12mm。

c. 中空玻璃的夹层面应在中空玻璃的下表面。

5. 屋面其他问题

●屋面天沟和檐沟的问题。

Step01 两个雨水管之间距离超长，沟底水落差超过200mm。

①按照《屋面工程技术规范》（GB 50345—2012）的要求，水落口距离分水线不得超过20m，即有外檐天沟两根水落

管距离不能超过 40m。

②两个雨水口的间距，一般不宜大于下列数值：有外檐天沟 24m，无外檐天沟、内排水 15m。

③由于各地水量差别较大，审图时建议咨询给水排水专业，计算出适合本地区水落管最合适的距离与管径。

Step02 纵向坡度取 0.5%，小于 1%。

Step03 天沟和檐沟的排水流经变形缝和防火墙。

● 密封材料的选择。

Step01 屋面接缝密封防水使防水层形成一个连续的整体，能在温差变化及振动、冲击、错动等条件下起到防水作用，这就要求密封材料必须经受得起长期的压缩拉伸、振动疲劳作用，还必须具备一定的弹塑性、粘结性、耐候性和位移能力。

Step02 我国地域广阔，气候变化幅度大，历年最高、最低气温差别很大，并且屋面构造特点和使用条件不同，接缝部位的密封材料存在着埋置和外露、水平和竖向之分，接缝部位应根据上述各种因素，选择耐热度、柔性相适应的密封材料，否则会引起密封材料高温流淌或低温龟裂。

Step03 接缝位移的特征。

①外力引起接缝位移，可以是短期的、恒定不变的。

②温度引起接缝周期性拉伸-压缩变化的位移，使密封材料产生疲劳破坏。

③因此应根据屋面接缝部位的大小和位移的特征，选择位移能力相适应的密封材料。一般情况下，除结构粘结外宜采用低模量密封材料。

④密封材料的选择应符合下列规定：

a. 应根据当地历年最高气温、最低气温、屋面构造特点和使用条件等因素，选择耐热度、低温柔性相适应的密封材料。

b. 应根据屋面接缝的暴露程度，选择耐高低温、耐紫外线、耐老化和耐潮湿等性能相适应的密封材料。

c. 应根据屋面接缝变形的大小以及接缝的宽度，选择位移能力相适应的密封材料。

d. 应根据屋面接缝粘结性要求，选择与基层材料相容的密封材料。

● 附加层设计应符合的规定。

Step01 附加层一般是设置在屋面易渗漏、防水层易破坏的部位，防水层基层后期产生裂缝或可预见变形的部位。

Step02 附加层的卷材与防水层的卷材相同，附加层空铺宽度应根据基层接缝部位变形量和卷材抗变形能力而定。

Step03 对于屋面防水层基层可预见变形的部位，如分格缝，构件与构件、构件与配件接缝部位，宜设置卷材空铺附加层，以保证基层变形时防水层有足够的变形区间，避免防水层被拉裂或疲劳破坏。

Step04 空铺附加层的做法可在附加层的两边条粘、单边粘贴、铺贴隔离纸、涂刷隔离剂等。

Step05 附加层设计应符合下列规定：

①檐沟、天沟与屋面交接处，屋面平面与立面交接处，以及水落口、伸出屋面管道根部等部位，应设置卷材或涂膜附加层。

②屋面找平层分格缝等部位，宜设置卷材空铺附加层，其空铺宽度不宜小于 100mm。

③附加层的最小厚度应符合表 3-39 的规定。

表 3-39 附加层的最小厚度 （单位：mm）

附加层材料	最小厚度
合同高分子防水卷材	1.2
高聚物改性沥青防水卷材（聚酯胎）	3.0

（续）

附加层材料	最小厚度
合成高分子防水涂料、聚合物水泥防水涂料	1.5
高聚物改性沥青防水涂料	2.0

注：涂膜附加层应夹铺胎体增强材料。

二、 地下工程防水设计

1. 防水设计问题

●防水等级确定有误。

Step01 依据《地下工程防水规范》（GB 50108—2008）第 3.2.1 条和第 3.2.2 条，注：变配电室防水等级应按一级设计，车库其他部分可按二级考虑。

Step02 对于一个大型工程，因工程内容各部分的用途不同，其防水等级可以有差别，设计时可根据《地下工程防水规范》（GB 50108—2008）表 3.2.1、表 3.2.2 中适用范围的原则分别予以确定，但设计时要防止防水等级低的部位渗漏水而影响防水等级高的部位的情况。

Step03 为确保地下工程防水设计的合理性，在防水设计前要根据工程的重要程度、地质条件和使用功能要求，合理确定防水等级，注明防水混凝土设计抗渗等级。

Step04《地下工程防水规范》（GB 50108—2008）中对不同等级的地下工程防水设防要求和允许渗漏水量都做出了明确的规定，设计人员在进行地下工程防水设计时要严格按此规定选用。

●水泥砂浆防水层的设计。

Step01 聚合物水泥防水砂浆厚度单层施工宜为 6~8mm，双层施工宜为 10~12mm；掺外加剂或掺和料的水泥防水砂浆厚度宜为 18~20mm。

Step02 水泥砂浆防水层可用于地下工程主体结构的迎水面或背水面，不应用于受持续振动或温度高于80℃的地下工程防水。

Step03 防水砂浆应包括聚合物水泥防水砂浆、掺外加剂或掺和料的防水砂浆，宜采用多层抹压法施工。

Step04 水泥砂浆防水层应在基础垫层、初期支护、围护结构及内衬结构验收合格后施工。

Step05 水泥砂浆防水层的基层混凝土强度或砌体用的砂浆强度均不应低于设计值的80%。

Step06 水泥砂浆的品种和配合比设计应根据防水工程要求确定。

●地下工程种植顶板防水的设计。

Step01 地下工程种植顶板的防水等级应为一级。

Step02 种植土与周边自然土体不相连，且高于周边地坪时，应按种植屋面要求设计。

Step03 地下工程种植顶板结构应符合下列规定：

①种植顶板应为现浇防水混凝土，结构找坡，坡度宜为 1%~2%。

②种植顶板厚度不应小于250mm，最大裂缝宽度不应大于0.2mm，并不得贯通。

③种植顶板的结构荷载设计应按现行国家标准《种植屋面工程技术规程》（JGJ 155—2013）的有关规定执行。

④地下室顶板面积较大时，应设计蓄水装置；寒冷地区的设计，冬秋季时宜将种植土中的积水排出。

⑤种植顶板防水设计应包括主体结构防水、管线、花池、排水沟、通风井和亭、台、架、柱等构配件的防排水、泛水设计。

⑥地下室顶板为车道或硬铺地面时，应根据工程所在地区现行建筑节能标准

进行绝热（保温）层的设计。

⑦少雨地区的地下工程顶板种植土宜与大于 1/2 周边的自然土体相连，若低于周边土体时，宜设置蓄排水层。

⑧种植土中的积水宜通过盲沟排至周边土体或建筑排水系统。

⑨地下工程种植顶板的防排水构造应符合下列要求：

a. 耐根穿刺防水层应铺设在普通防水层上面。

b. 耐根穿刺防水层表面应设置保护层，保护层与防水层之间应设置隔离层。

c. 排（蓄）水层应根据渗水性、储水量、稳定性、抗生物性和碳酸盐含量等因素进行设计；排（蓄）水层应设置在保护层上面，并应结合排水沟分区设置。

d. 排（蓄）水层上应设置过滤层，过滤层材料的搭接宽度不应小于 200mm。

e. 种植土层与植被层应符合现行国家标准《种植屋面工程技术规程》（JGJ 155—2013）的有关规定。

⑩地下工程种植顶板防水材料应符合下列要求：

a. 绝热（保温）层应选用密封小、压缩强度大、吸水率低的绝热材料，不得选用散状绝热材料。

b. 耐根穿刺层防水材料的选用应符合国家相关标准的规定或具有相关权威检测机构出具的材料性能检测报告。

c. 排（蓄）水层应选用抗压强度大且耐久性好的塑料排水板、网状交织排水板或轻质陶粒等轻质材料。

已建地下工程顶板的绿化改造应经结构验算，在安全允许的范围内进行。

种植顶板应根据原有结构体系合理布置绿化。

原有建筑不能满足绿化防水要求时，应进行防水改造。加设的绿化工程不得破坏原有防水层及其保护层。

防水层下不得埋设水平管线。垂直穿越的管线应预埋套管，套管超过种植土的高度应大于 150mm。

变形缝应作为种植分区边界，不得跨缝种植。

种植顶板的泛水部位应采用现浇钢筋混凝土，泛水处防水层高出种植土应大于 250mm。

泛水部位、水落口及穿顶板管道四周宜设置 200～300mm 宽的卵石隔离带。

● 认为地下水位低，不需要进行防水设计。依据《地下工程防水规范》（GB 50108—2008）第 3.1.1 条、第 3.1.3 条规定："地下工程必须进行防水设计，地下工程的防水设计，应考虑地表水、地下水、毛细管水等的作用，以及由于人为因素引起的附近水文地质改变的影响"，因此必须按《地下工程防水规范》（GB 50108—2008）要求进行防水设计。

● 盲沟排水设计要求。盲沟排水应符合下列要求。

Step 01 渗排水管应在转角处和直线段每隔一定距离设置检查井，井底距渗排水管底应留设 200～300mm 的沉淀部分，井盖应采取密封措施。

Step 02 盲沟反滤层的层次和粒径组成应符合表 3-40 的规定。

Step 03 盲沟与基础最小距离的设计应根据工程地质情况选定；盲沟设置应符合图 3-1 和图 3-2 的规定。

Step 04 宜将基坑开挖时的施工排水明沟与永久盲沟相结合。

Step 05 渗排水管宜采用无砂混凝土管。

表3-40　盲沟反滤层的层次和粒径组成

反滤层的层次	建筑物地区地层为砂性土时（塑性指数 $IP<3$）	建筑物地区为粘性土时（塑性指数 $IP<3$）
第一层（贴天然土）	用 1～3mm 粒径砂子组成	用 2～5mm 粒径砂子组成
第二层	用 3～10mm 粒径小卵石组成	用 5～10mm 粒径小卵石组成

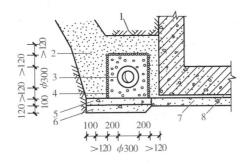

图 3-1 贴墙盲沟设置
1—素土夯实 2—中砂反滤层 3—集水管
4—卵石反滤层 5—水泥/砂/碎石层 6—碎石夯实层
7—混凝土垫层 8—主体结构

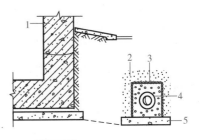

图 3-2 离墙盲沟设置
1—主体结构 2—中砂反滤层
3—卵石反滤层 4—集水管
5—水泥/砂/碎石层

● 地下连续墙用作主体结构时，应符合的规定。

Step01 浇筑导管埋入混凝土深度宜为 1.5 ~ 3m，在槽段端部的浇筑导管与端部的距离宜为 1 ~ 1.5m，混凝土浇筑应连续进行。

冬期施工时应采取保温措施，墙顶混凝土未达到设计强度的 50% 时，不得受冻。

Step02 支撑的预埋件应设置止水片或遇水膨胀止水条（胶），支撑部位及墙体的裂缝、孔洞等缺陷应采用防水砂浆及时修补。

墙体幅间接缝如有渗漏，应采用注浆、嵌填弹性密封材料等进行防水处理，并应采取引排措施。

Step03 墙体与工程顶板、底板、中楼板的连接处均应凿毛，并应清洗干净，同时应设置 1 ~ 2 道遇水膨胀止水条（胶），接驳器处宜喷涂水泥基渗透结晶型防水涂料或涂抹聚合物水泥防水砂浆。

Step04 单层地下连续墙不应直接用于防水等级为一级的地下工程墙体。单墙用于地下工程墙体时，应使用高分子聚合物泥浆护壁材料。

Step05 浇筑混凝土前应清槽、置换泥浆和清除沉渣，沉渣厚度不应大于 100mm，并应将接缝面的泥皮、杂物清理干净。

Step06 幅间接缝应采用工字钢或十字钢板接头，锁口管应能承受混凝土浇筑时的侧压力，浇筑混凝土时不得发生位移和混凝土绕管。

Step07 应根据地质条件选择护壁泥浆及配合比，遇有地下水含盐或受化学污染时，泥浆配合比应进行调整。

Step08 钢筋笼浸泡泥浆时间不应超过 10h，钢筋保护层厚度不应小于 70mm。

Step09 底板混凝土应达到设计强度后方可停止降水，并应将降水井封堵密实。

Step10 单元槽段整修后墙面平整度的允许偏差不宜大于 50mm。

墙的厚度宜大于 600mm。

● 细部构造的防水设计问题。

Step01 细部构造的防水是地下工程防水的薄弱环节，审查时要引起重视。地下室底板、墙身、屋顶防水材料应统一。

Step02 穿墙孔洞无论是预留还是后凿，埋设件无论是预埋还是后埋，对建筑结构的安全并无大碍，但孔洞后凿、埋设件后埋却对防水影响较大。

Step03 后凿与后埋会破坏已做好的防水层，使防水层成为不连续的整体。另外在凿洞、凿槽时的冲击、振动会使洞、槽周边的混凝土产生裂缝，形成渗漏水隐患。

Step04 穿过维护结构的孔洞、维护结构上的埋设件等在建筑结构施工时宜先预留和预埋，以保证防水层的连续性和维护结构混凝土的防水性能。

●地下工程防水等级的确定。

Step01 地下工程不同防水等级的适用范围，应根据工程重要性和使用中对防水的要求按表3-41选定。

Step02 地下工程防水设计应定级准确，而

熟悉、理解防水等级标准是准确定级的前提。

地下工程防水等级标准根据国内工程调查资料，参考国外有关规定数值，结合地下工程不同要求和我国地下工程实际，按不同渗漏水量的指标划分为四个等级。地下工程防水等级标准见表3-42。

表3-41 不同防水等级的适用范围

防水等级	适用范围
一级	人员长期停留的场所；因有少量湿渍会使物品变质、失效的储物场所及严重影响设备正常运转和危及工程安全运营的部位；极重要的战备工程、地铁车站
二级	人员经常活动的场所；在有少量湿渍的情况下不会使物品变质、失效的储物场所及基本不影响设备正常运转和工程安全运营的部位；重要的战备工程
三级	人员临时活动的场所；一般战备工程
四级	对渗漏水无严格要求的工程

表3-42 地下工程防水等级标准

防水等级	防水标准
一级	不允许渗水，结构表面无湿渍
二级	不允许漏水，结构表面可有少量湿渍 工业与民用建筑：总湿渍面积不应大于总防水面积（包括顶板、墙面、地面）的1/1000；任意100m²防水面积上的湿渍不超过2处，单个湿渍的最大面积不大于0.1m² 其他地下工程：总湿渍面积不应大于总防水面积的2/1000；任意100m²防水面积上的湿渍不超过3处，单个湿渍的最大面积不大于0.2m²；其中，隧道工程还要求平均渗水量不大于0.05L/（m²·d），任意100m²防水面积上的渗水量不大于0.15L/（m²·d）
三级	有少量漏水点，不得有线流和漏泥砂 任意100m²防水面积上的漏水或湿渍点数不超过7处，单个漏水点的最大漏水量不大于2.5L/d，单个湿渍的最大面积不大于0.3m²
四级	有漏水点，不得有线流和漏泥砂 整个工程平均漏水量不大于2L/（m²·d）；任意100m²防水面积上的平均漏水量不大于4L/（m²·d）

●地下工程防水设计图样应体现的内容。

地下工程防水设计应包括下列内容：

Step01 工程的防排水系统，地面挡水、截水系统及工程各种洞口的防倒灌措施。

Step02 工程细部构造的防水措施，选用的材料及其技术指标、质量保证措施。

Step03 防水混凝土的抗渗等级和其他技术指标、质量保证措施。

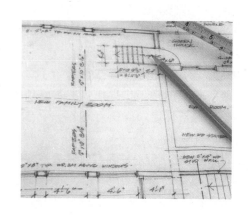

Step 04 其他防水层选用的材料及其技术指标、质量保证措施。

Step 05 防水等级和设防要求。

● 防水材料的选择有误。

Step 01 未按规范规定的性能指标确定选材。

Step 02 任何材料都有一定的局限性，地下工程防水设计时，要根据工程各部位所处环境的不同和使用功能的不同，选用适当的防水材料来保证防水功能。

Step 03 不同防水层连接部位的细部防水要满足相应要求，如胶粘剂性能指标、搭接宽度等。

Step 04 当连接部位的两种材料不相容时，应选择能与这两种材料均相容的防水材料做过渡层。

2. 其他地下防水问题

● 地下工程防水的设防要求。

Step 01 不同防水等级的地下工程防水方案，应遵循地下工程防水的普遍规律，根据个体工程的具体情况，对主体防水和细部构造（施工缝、后浇带、变形缝、诱导缝）防水两个部分统筹考虑，才能达到预期的防水效果。

Step 02 根据工程结构形式、使用功能、环境条件、材料特性和施工方法等因素，合理增设防水措施，即按多道设防、刚柔相济的原则设计，以确保地下工程的防水功能和使用寿命。

Step 03 处于侵蚀性介质中的工程，应采用耐侵蚀的防水混凝土、防水砂浆、防水卷材或防水涂料等防水材料。

Step 04 处于冻融侵蚀环境中的地下工程，其混凝土抗冻融循环不得少于300次。

Step 05 结构刚度较差或受振动作用的工程，宜采用延伸率较大的卷材、涂料等柔性防水材料。

Step 06 暗挖法施工的地下防水工程，应针对主体的不同衬砌，根据不同的防水等级，按表3-43采取相应的防水措施。

Step 07 明挖法施工的地下防水工程，应根据四个防水等级，按主体结构、施工缝、后浇带、变形缝和诱导缝等工程部位的功能要求，按表3-44采取2～3道防水措施。

表 3-43　暗挖法地下工程防水设防

工程部位		衬 砌 结 构						内衬砌施工缝						内衬砌变形缝（诱导缝）				
防水措施		防水混凝土	塑料防水板	防水砂浆	防水涂料	防水卷材	金属防水层	外贴式止水带	预埋注浆管	遇水膨胀止水条（胶）	防水密封材料	中埋式止水带	水泥基渗透结晶型防水涂料	中埋式止水带	外贴式止水带	可卸式止水带	防水密封材料	遇水膨胀止水条（胶）
防水等级	一级	必选	应选一至两种					应选一至两种						应选	应选一至两种			
	二级	应选	应选一至两种					应选一种						应选	应选一种			
	三级	宜选	宜选一至两种					宜选一种						应选	宜选一种			
	四级	宜选	宜选一至两种					宜选一种						应选	宜选一种			

表3-44 明挖法地下工程防水设防

工程部位	主体结构							施工缝							后浇带					变形缝（诱导缝）					
防水等级 / 防水措施	防水混凝土	防水卷材	防水涂料	塑料防水板	膨润土防水材料	防水砂浆	金属防水板	遇水膨胀止水条（胶）	外贴式止水带	中埋式止水带	外抹防水砂浆	外涂防水涂料	水泥基渗透结晶型防水涂料	预埋注浆管	补偿收缩混凝土	外贴式止水带	预埋注浆管	遇水膨胀止水条（胶）	防水密封材料	中埋式止水带	外贴式止水带	可卸式止水带	防水密封材料	外贴防水卷材	外涂防水涂料
一级	应选	应选一至两种						应选两种						应选	应选两种				应选	应选一至两种					
二级	应选	应选一种						应选一至两种						应选	应选一至两种				应选	应选一至两种					
三级	应选	宜选一种						宜选一至两种						应选	宜选一至两种				应选	宜选一至两种					
四级	宜选	—						宜选一种						应选	宜选一种				应选	宜选一种					

●后浇带防水的设计。

Step01 采用掺膨胀剂的补偿收缩混凝土，水中养护14d后的限制膨胀率不应小于0.015%，膨胀剂的掺量应根据不同部位的限制膨胀率设定值经试验确定。

Step02 后浇带应设在受力和变形较小的部位，其间距和位置应按结构设计要求确定，宽度宜为700~1000mm。

Step03 后浇带两侧可做成平直缝或阶梯缝，其防水构造形式宜按图3-3~图3-5采用。

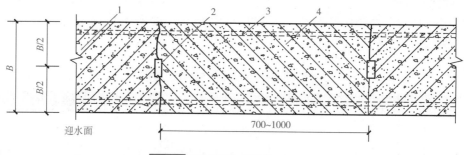

图3-3 后浇带防水构造（一）

1—先浇混凝土 2—遇水膨胀止水条（胶） 3—结构主筋 4—后浇补偿收缩混凝土

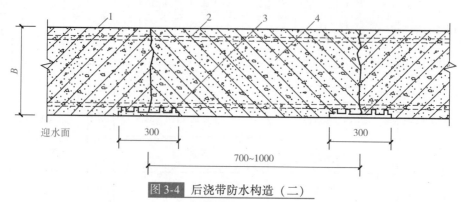

图3-4 后浇带防水构造（二）

1—先浇混凝土 2—结构主筋 3—外贴式止水带 4—后浇补偿收缩混凝土

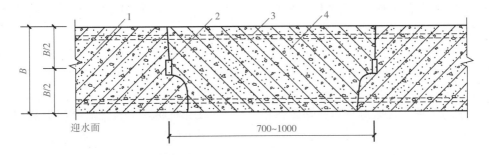

图 3-5　后浇带防水构造（三）

1—先浇混凝土　2—遇水膨胀止水条（胶）　3—结构主筋　4—后浇补偿收缩混凝土

●采用软保护层。地下建筑外防水层的传统保护方法是砖砌保护墙，这种方法存在很多缺陷。如砖墙的凸出棱角很容易将防水层顶破；保护砖墙与防水层之间也不能完全密贴，容易形成汇水区。因保护墙处理不好造成工程内部渗水的实例时有所闻。因此，地下工程外防水层应采取软保护措施，便于在回填土时保护防水层免遭破坏，即使主体结构产生不均匀沉降，防水层也不易被破坏。软保护层的材料有发泡聚苯板、高泡聚乙烯板、膨润土板等。

●渗排水法。渗排水法是将排水层渗出的水，通过集水管流入集水井内，然后采用专用水泵机械排水。集水管可采用无砂混凝土集水管或软塑盲管，根据工程的排水量大小、造价等因素进行选用。

地下工程采用渗排水法时应符合下列规定。

Step01 粗砂过滤层总厚度宜为 300mm，如较厚时应分层铺填，过滤层与基坑土层接触处，应采用厚度 100 ~ 150mm、粒径 5 ~ 10mm 的石子铺填；过滤层顶面与结构底面之间，宜干铺一层卷材或 30 ~ 50mm 厚的 1:3 水泥砂浆做隔浆层。

Step02 集水管应设置在粗砂过滤层下部，坡度不宜小于 1%，且不得有倒坡现象。集水管之间的距离宜为 5 ~ 10m。渗入集水管的地下水导入集水井后应用泵排走。

Step03 宜用于无自流排水条件、防水要求较高且有抗浮要求的地下工程。

Step04 渗排水层应设置在工程结构底板以下，并应由粗砂过滤层与集水管组成，如图 3-6 所示。

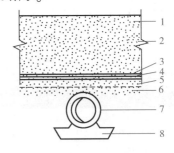

图 3-6　渗排水层构造

1—结构底板　2—细石混凝土　3—底板防水层
4—混凝土垫层　5—隔浆层　6—粗砂过滤层
7—集水管　8—集水管座

●变形缝的设计。

Step01 变形缝的防水措施可根据工程开挖方法、防水等级选用。

Step02 用于沉降的变形缝最大允许沉降差值不应大于 30mm。

Step03 变形缝的宽度宜为 20 ~ 30mm。

●结构改变而防水设计未变。地下工程防水是系统工程，进行防水设计时，在保证结构安全可靠的基础上，结构设计应充分考虑防水设计的要求，如遇结构变更时，防水设计也应进行相应的变更。

●地下防水材料应达到的防水设防要求。

Step01 地下工程的防水涂料品种繁多，性能各异，施工工艺及施工期气候条件对基层要求也不同。

Step02 防水涂料的选择主要根据防水层处

于迎水面还是背水面、基层条件、施工气候条件等因素综合考虑，以达到预期的防水设防要求。

Step03 防水涂料品种的选择应符合下列规定。

①潮湿基层宜选用与潮湿基面粘结力大的无机防水涂料或有机防水涂料，也可采用先涂无机防水涂料而后再涂有机防水涂料构成复合防水涂层。

②埋置深度较深的重要工程、有振动或有较大变形的工程，宜选用高弹性防水涂料。

③有腐蚀性的地下环境宜选用耐腐蚀性较好的有机防水涂料，还应做刚性保护层。

④聚合物水泥防水涂料应选用 II 型产品。

⑤冬期施工宜选用反应型涂料。

Step04 涂料防水层所选用的涂料应符合下列规定。

①无机防水涂料应具有良好的湿干粘结性和耐磨性，有机防水涂料应具有较好的延伸性和较大的适应基层变形的能力。

②应具有良好的耐水性、耐久性、耐腐蚀性和耐菌性。

③应无毒、难燃、低污染。

Step05 无机防水涂料的性能指标应符合表3-45的规定，有机防水涂料的性能指标应符合表3-46的规定。

表3-45　无机防水涂料的性能指标

涂料种类	抗折强度 /MPa	粘结强度 /MPa	一次抗渗性 /MPa	二次抗渗性 /MPa	冻融循环 /次
掺外加剂、掺料水泥基防水涂料	>4	>1.0	>0.8	—	>50
水泥基渗透结晶型防水涂料	≥4	≥1.0	>1.0	>0.8	>50

表3-46　有机防水涂料的性能指标

涂料类型	可操作时间/min	潮湿基面粘结强度/MPa	抗渗性/MPa			浸水168h后抗拉强度/MPa	渗水168h后断裂伸长率（%）	耐水性（%）	表干/h	实干/h
			涂膜/120min	砂浆迎水面	砂浆背水面					
反应型	≥20	≥0.5	≥0.3	≥0.8	≥0.3	≥1.7	≥400	≥80	≤12	≤24
水乳型	≥50	≥0.2	≥0.3	≥0.8	≥0.3	≥0.5	≥350	≥80	≥80	≤12
聚合物水泥	≥30	≥1.0	≥0.3	≥0.8	≥0.6	≥1.5	≥80	≥80	≤4	≤12

注：1. 浸水168h后的抗拉强度和断裂伸长率是在浸水取出后只经擦干即进行试验所得的值。

　　2. 耐水性指标是指材料浸水168h后取出擦干即进行试验，其粘结强度及抗渗性的保持率。

●地下室的防潮、防水构造。

Step01 地下室防潮构造。

①外墙面。

a. 抹20mm厚1:2.5水泥砂浆，且高出地面散水300mm，再刷冷底子油一道、热沥青两道至地面散水底部。

b. 地下室外墙四周500mm左右回填低渗透性土壤，如粘土、灰土（1:9或2:8）等，并逐层夯实，在地下室地坪结构层和地下室顶板下高出散水150mm左右处墙内设两道水平防潮层，如图3-7a所示。

②地坪。其防潮构造如图3-7b所示。

Step02 地下室防水构造。

①防水构造基本要求。

a. 地下室防水工程设计方案，应该遵循以防为主、以排为辅的基本原则，因地制宜，设计先进，防水可靠，经济合理，可按地下室防水工程设防的要求进行设计（见表3-41和表3-42）。

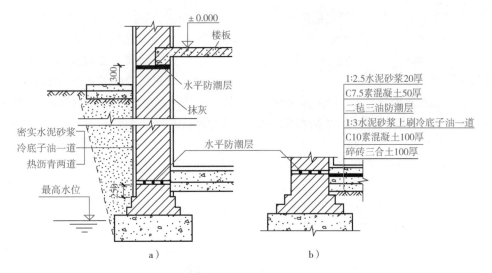

图 3-7 地下室的防潮处理

a) 防潮构造详图　b) 防潮构造局部详图

b. 地下室防水，根据实际情况，可采用柔性防水或刚性防水。必要时可以用刚柔结合防水方案。在特殊要求下，可以采用架空、夹壁墙等多道设防方案。

c. 一般地下室防水工程设计，外墙主要起抗水压或自防水作用，需做卷材外防水（即迎水面处理），卷材防水做法应遵照国家有关规定施工。

d. 地下室设防标高的确定，根据勘测资料提供的最高水位标高，再加上 500mm 为设防标高。上部可以做防潮处理，有地表水按全防水地下室设计。

e. 地下工程比较复杂，设计必须了解地下土质、水质及地下水位情况、设计时采取有效设防，保证防水质量。

f. 对于特殊部位，如变形缝、施工缝、穿墙管、埋件等薄弱环节要精心设计，按要求做细部处理。

g. 地下室最高水位高于地下室地面时，地下室设计应考虑采用整体钢筋混凝土结构，保证防水效果。

h. 地下室外防水无工作面时，可采用外防内贴法，有条件时改为外防外贴法施工。

i. 地下室外防水层的保护，可以采取软保护层，如聚苯板等。

②地下室防水构造做法——卷材防水（柔性防水）。

a. 利用胶结材料将卷材粘结在基层上，形成防水层。

b. 防水卷材有沥青防水油毡、改性沥青油毡、PVC 防水卷材、三元乙丙橡胶防水卷材等。

c. 沥青防水油毡韧性低、强度低、耐久性差，目前很少采用；改性沥青油毡如 SBS 改性沥青油毡，耐候性强，适应-20～80℃，延伸率较大，弹性较好，施工方便，得到广泛应用。

d. PVC 防水卷材，其耐耗性、耐化学腐蚀性、耐冲击力、延伸率等均较改性沥青油毡大大提高，且施工方便，防水性能强，在防水工程中得到广泛应用。

e. 三元乙丙橡胶防水卷材，适合冷作业，耐久性能极强，其拉伸强度为改性沥青油毡的 2～3 倍，能充分适应基层伸缩开裂变形。

f. 卷材防水做法一般分为外防水和内防水两种。

③地下室防水构造做法——卷材防水（刚性防水）。

a. 防水混凝土防水。

防水混凝土与普通混凝土配置是一

样的，不同之处在于优化骨料级配，合理提高混凝土中水泥砂浆含量，使之将骨料间的缝隙填实，堵塞混凝土中易出现的渗水通道。

同时加入适量外加剂，目前多采用以氯化铝、氯化铁等为主要成分的防水剂，提高混凝土的密实性，达到防水的作用。

目前，地下室已很少采用砖砌外墙，多采用钢筋混凝土墙。对极少数采用砖砌外墙的地下室，其防水应采用卷材外包防水处理，采用钢筋混凝土者宜采用综合防水处理。

b. 水泥砂浆防水。

水泥砂浆防水层包括普通水泥砂浆、聚合物水泥防水砂浆、掺外加剂或掺和料防水砂浆等，宜采用多层抹压法施工

水泥砂浆防水层可用于结构主体的迎水面或背水面。

水泥砂浆防水层应在基础垫层、初期支护、围护结构及内衬结构验收合格后方可施工。

水泥砂浆品种和配合比设计应根据防水工程要求确定。

聚合物水泥砂浆防水层厚度单层施工宜为 6 ~ 8mm，双层施工宜为 10 ~ 12mm，掺外加剂、掺合料等的水泥砂浆防水层厚度宜为 18 ~ 20mm。

水泥砂浆防水层基层，其混凝土强度等级不应小于 C15；砌体结构砌筑用的砂浆强度等级不应低于 M7.5。

④地下室防水构造做法——涂料防水。

a. 涂料防水层包括无机防水涂料和有机防水涂料。

b. 无机防水涂料可选用水泥基防水涂料、水泥基渗透结晶型涂料。

c. 有机涂料可选用反应型、水乳型、聚合物水泥防水涂料。

d. 无机防水涂料宜用于结构主体的背水面，有机防水涂料宜用于结构主体的迎水面。

e. 用迎水面的有机防水涂料应具有较高的抗渗性，且与基层有较强的粘结性。

f. 如果基面属于潮湿基层，宜选用与潮湿基面粘结力大的无机涂料或有机涂料，或采用涂水泥基类无机涂料而后涂有机涂料的复合涂层。

g. 冬期施工宜选用反应型涂料，如用水乳涂料，温度不得低于 5℃。

h. 埋置深度较深的重要工程、有振动或有较大变形的工程宜选用高弹性防水涂料。

i. 有腐蚀性的地下环境宜选用耐腐蚀性较好的反应型、水乳型、聚合物水泥涂料并做刚性保护层。

g. 采用有机防水涂料时，应在阴阳角及底板增加一层胎体增强材料，并增涂 2 ~ 4 遍防水涂料。

k. 防水涂料可采用外防外涂、外防内涂两种做法。

l. 水泥基防水涂料的厚度宜为 1.5 ~ 3.0mm；水泥基渗透结晶型防水涂料的厚度不应小于 0.8mm；有机防水涂料根据材料的性能，厚度宜为 1.2 ~ 2.0mm。

⑤地下室防水构造做法——辅助防水措施。

对地下建筑除以上所述直接防水措施以外，还应采用间接防水措施。

人工降水、排水措施，消除或限制地下水对地下建筑物的影响程度，又可分为外降排水法和内降排水法。

a. 外降排水法。在地下建筑物四周，低于地下室地坪标高处设置降排水措施——盲沟排水，迫使地下水透入盲管内排至城市或区域中的排水系统。

b. 内降排水法。主要用于二次防水系统。

在地下室室内设置自流排水沟和集水井，将渗入地下室内的水采用人工方法用抽水泵排除。

为减少或限制因渗水造成对室内的影响，往往设置架空层。

第六节　建筑节能设计审查要领及常见问题

一、建筑节能设计审查要领

1. 文件内容

- 居住建筑节能设计规定性指标。
- 公共建筑节能设计规定性指标。
- 规定性指标要求。
- 设计说明中的节能专篇深度。

2. 审查内容

- 居住建筑节能设计规定性指标。

Step 01 建筑各朝向的窗墙面积比。

Step 02 天窗面积及其传热系数、本身的遮阳系数。

Step 03 屋面、外墙、不采暖楼梯间隔墙、接触室外空气的地板、不采暖地下室上部地板、周边地面与非周边地面的传热系数 K。

Step 04 外门窗的传热系数 K 和综合遮阳系数 S_w。

Step 05 外门窗的可开启面积。

Step 06 外门窗的气密性。

- 规定性指标不满足要求，应进行性能化评价（居住建筑对比评定法、公共建筑权衡判断）。

- 公共建筑节能设计规定性指标。

Step 01 屋面、外墙（加权平均）、底面接触室外空气的架空楼板或外挑楼板的传热系数 K。

Step 02 外门窗、屋顶透明部分的传热系数 K、遮阳系数 S_c。

Step 03 地面、地下室外墙热阻 R。

Step 04 建筑各朝向的窗墙面积比，当窗墙面积比小于 0.4 时玻璃的可见光透射比。

Step 05 屋顶透明部分占屋顶总面积比。

Step 06 外门窗的可开启面积。

Step 07 外门窗、玻璃幕墙的气密性。

- 设计说明中的节能专篇深度是否符合规定，并且应与节能计算书、节能备案表相一致。

二、建筑节能设计常见问题

1. 住宅建筑节能设计问题

- 指标确定。

Step 01 节能报审表（居住建筑）中审定意见栏中，某一栏中有众多分项指标，如其中部分不符合标准要求，又无权衡判断，此时"是""否"如何确定。

Step 02 施工图审查是否通过应以节能标准和相关规范为依据，凡不符合标准和规范要求的部分应整改到位。

- 建筑热工设计与地区气候相适应。

Step 01 根据我国的气候特点，一般划分为 5 个建筑热工分区：严寒地区、寒冷地区、夏热冬冷地区、夏热冬暖地区、温和地区。

Step 02 建筑热工设计应与地区气候相适应。

Step 03 建筑热工分区及设计要求应符合表 3-47 规定。

表3-47　建筑热工设计分区及设计要求

分区名称	分区指标		设计要求
	主要指标	辅助指标	
严寒地区	最冷月平均温度 ≤-10℃	日平均温度 ≤5℃ 的天数 ≥145d	必须充分满足冬季保温要求，一般可不考虑夏季防热
寒冷地区	最冷月平均温度 0～-10℃	日平均温度 ≤5℃ 的天数为 90～145d	应满足冬季保温要求，部分地区兼顾夏季防热
夏热冬冷地区	最冷月平均温度 0～10℃，最热月平均温度 25～30℃	日平均温度 ≤5℃ 的天数为 0～90d，日平均温度 ≥25℃ 的天数为 40～110d	必须满足夏季防热要求，适当兼顾冬季保温
夏热冬暖地区	最冷月平均温度 >10℃，最热月平均温度 25～29℃	日平均温度 ≥25℃ 的天数为 100～200d	必须充分满足夏季防热要求，一般可不考虑冬季保温
温和地区	最冷月平均温度 0～13℃，最热月平均温度 18～25℃	日平均温度 ≤5℃ 的天数为 0～90d	部分地区应考虑冬季保温，一般可不考虑夏季防热

Step04 全国建筑热工设计分区应按《民用建筑热工设计规范》（GB 50176—1993）采用。

　●居住建筑各朝向的窗墙面积比。

Step01 窗墙面积比是指窗户洞口面积与房间立面单元面积，即房间层高与开间定位线围成的面积的比值。

Step02 不同朝向的窗户应有不同的窗墙面积比，以便使不同朝向的房间的热损失达到大体相同的水平。

Step03 居住建筑各朝向的窗墙面积比应符合下列规定。

　①当外墙传热阻达到按下式计算确定的最小传热阻时，北向窗墙面积比，不应大于0.20；东、西向，不应大于0.25（单层窗）或0.30（双层窗）；南向，不应大于0.35。

$$R_{o \cdot min} = \frac{(t_i - t_e)n}{[\triangle t]}R_i$$

式中　$R_{o \cdot min}$——围护结构的最小传热阻（$m^2 \cdot K/W$）；

　　　t_i——冬季室内计算温度（℃）；

　　　t_e——围护结构冬季室外计算温度（℃）；

　　　n——温差修正系数；

　　　$\triangle t$——冬季室内计算温度与围护结构内表面温度的允许温差（℃）；

　　　R_i——围护结构内表面换热阻（$m^2 \cdot ℃/W$）。

　②当建筑设计上需要增大窗墙面积比或实际采用的外墙传热阻大于按上式计算确定的最小传热阻时，所采用的窗墙面积比和外墙传热阻应符合表3-48和表3-49的规定。

　●区别理解遮阳系数。

Step01 遮阳系数和遮阳率是似是而非的两个不同的概念，怎样从物理定义上加以区别理解遮阳系数。

表 3-48 单层钢窗和单层木窗

地区	外墙类型	朝向	窗墙面积比			
			0.20	0.25	0.30	0.35
北京	I	S	最小传热阻			
		W、E				0.53
		N		0.56	0.66	
	II	S	最小传热阻			
		W、E				0.62
		N		0.63	0.77	
	III	S	最小传热阻			
		W、E				0.69
		N		0.69	0.86	
	IV	S	最小传热阻			
		W、E			0.64	0.75
		N	0.75	0.96		

表 3-49 双层钢窗和双层木窗

地区	外墙类型	朝向	窗墙面积比			
			0.20	0.25	0.30	0.35
沈阳、呼和浩特	I	S	最小传热阻			
		W、E				0.70
		N		0.70	0.73	
	II	S	最小传热阻			
		W、E				0.74
		N		0.74	0.78	
	III	S	最小传热阻			
		W、E			0.76	0.79
		N		0.78	0.83	
	IV	S	最小传热阻			
		W、E			0.80	0.85
		N		0.83	0.88	
哈尔滨	I	S	最小传热阻			
		W、E				0.87
		N		0.83	0.94	
	II	S	最小传热阻			
		W、E			0.80	0.96
		N		0.93	1.03	
	III	S	最小传热阻			
		W、E			0.93	1.02
		N		0.98	1.09	
	IV	S	最小传热阻			
		W、E			0.97	1.07
		N	1.02	1.15		

Step02 遮阳率是指夏至日窗洞洞口直射阳光总辐射能的遮挡系数（阳光必须遮挡在窗玻璃以外）。

Step03 遮阳系数的定义是：在法向入射条件下，对透过玻璃构件（包括窗的透明部分和不透明部分）的太阳辐射得热率，与相同入射条件下的标准窗玻璃（3mm厚）的太阳辐射得热率之比，也可以认为是太阳辐射能透过指数。

● 建筑围护结构传热系数的确定。根据建筑物所处城市的气候分区区属不同：

Step01 建筑围护结构的传热系数不应大于表 3-50～表 3-55 规定的限值。

Step02 周边地面和地下室外墙的保温材料层热阻不应小于表 3-50～表 3-55 规定的限值。

Step03 寒冷地区（B区）外窗综合遮阳系数不应大于表 3-55 中规定的限值。

Step04 当建筑围护结构的热工性能参数不满足上述规定时，必须按照《严寒和寒冷地区居住建筑节能设计标准》（JGJ 26—2010）第 4.3 节的规定进行围护结构热工性能的权衡判断。

表3-50　严寒地区（A区）围护结构热工性能参数限值

围护结构部位		传热系数 K/ $[W/(m^2 \cdot K)]$		
		≤3 层的建筑	4～8 层的建筑	≥9 层的建筑
屋面		0.20	0.25	0.25
外墙		0.25	0.40	0.50
架空或外挑楼板		0.30	0.40	0.40
非采暖地下室顶板		0.35	0.45	0.45
分隔采暖与非采暖空间的隔墙		1.2	1.2	1.2
分隔采暖与非采暖空间的户门		1.5	1.5	1.5
阳台门下部门芯板		1.2	1.2	1.2
外窗	窗墙面积比≤0.2	2.0	2.5	2.5
	0.2＜窗墙面积比≤0.3	1.8	2.0	2.2
	0.3＜窗墙面积比≤0.4	1.6	1.8	2.0
	0.4＜窗墙面积比≤0.45	1.5	1.6	1.8
围护结构部位		保温材料层热阻 R/ $[(m^2 \cdot K)/W]$		
周边地面		1.70	1.40	1.10
地下室外墙（与土壤接触的外墙）		1.80	1.50	1.20

表3-51　严寒地区（B区）围护结构热工性能参数限值

围护结构部位	传热系数 K/ $[W/(m^2 \cdot K)]$		
	≤3 层的建筑	4～8 层的建筑	≥9 层的建筑
屋面	0.25	0.30	0.30
外墙	0.30	0.45	0.55
架空或外挑楼板	0.30	0.45	0.45
非采暖地下室顶板	0.35	0.50	0.50
分隔采暖与非采暖空间的隔墙	1.2	1.2	1.2
分隔采暖与非采暖空间的户门	1.5	1.5	1.5
阳台门下部门芯板	1.2	1.2	1.2

(续)

围护结构部位		传热系数 K/ [W/ ($m^2 \cdot K$)]		
		≤3层的建筑	4~8层的建筑	≥9层的建筑
外窗	窗墙面积比≤0.2	2.0	2.5	2.5
	0.2＜窗墙面积比≤0.3	1.8	2.2	2.2
	0.3＜窗墙面积比≤0.4	1.6	1.9	2.0
	0.4＜窗墙面积比≤0.45	1.5	1.7	1.8
围护结构部位		保温材料层热阻 R/ [($m^2 \cdot K$) /W]		
周边地面		1.40	1.10	0.83
地下室外墙（与土壤接触的外墙）		1.50	1.20	0.91

表 3-52 严寒地区（C区）围护结构热工性能参数限值

围护结构部位		传热系数 K/ [W/ ($m^2 \cdot K$)]		
		≤3层的建筑	4~8层的建筑	≥9层的建筑
屋面		0.30	0.40	0.40
外墙		0.35	0.50	0.60
架空或外挑楼板		0.35	0.50	0.50
非采暖地下室顶板		0.50	0.60	0.60
分隔采暖与非采暖空间的隔墙		1.5	1.5	1.5
分隔采暖与非采暖空间的户门		1.5	1.5	1.5
阳台门下部门芯板		1.2	1.2	1.2
外窗	窗墙面积比≤0.2	2.0	2.5	2.5
	0.2＜窗墙面积比≤0.3	1.58	2.2	2.2
	0.3＜窗墙面积比≤0.4	1.6	2.0	2.0
	0.4＜窗墙面积比≤0.45	1.5	1.8	1.8
围护结构部位		保温材料层热阻 R/ [($m^2 \cdot K$) /W]		
周边地面		1.10	0.83	0.56
地下室外墙（与土壤接触的外墙）		1.20	0.91	0.61

表 3-53 寒冷地区（A区）围护结构热工性能参数限值

围护结构部位	传热系数 K/ [W/ ($m^2 \cdot K$)]		
	≤3层的建筑	4~8层的建筑	≥9层的建筑
屋面	0.35	0.45	0.45
外墙	0.45	0.60	0.70
架空或外挑楼板	0.45	0.60	0.60
非采暖地下室顶板	0.50	0.65	0.65
分隔采暖与非采暖空间的隔墙	1.35	1.5	1.5
分隔采暖与非采暖空间的户门	2.0	2.0	2.0
阳台门下部门芯板	1.7	1.7	1.7

围护结构部位		传热系数 K／[W／(m²·K)]		
		≤3 层的建筑	4～8 层的建筑	≥9 层的建筑
外窗	窗墙面积比≤0.2	2.8	3.1	3.1
	0.2＜窗墙面积比≤0.3	2.5	2.8	2.8
	0.3＜窗墙面积比≤0.4	2.0	2.5	2.5
	0.4＜窗墙面积比≤0.45	1.8	2.0	2.3
围护结构部位		保温材料层热阻 R／[(m²·K)／W]		
周边地面		0.83	0.56	—
地下室外墙（与土壤接触的外墙）		0.91	0.61	—

表3-54 寒冷地区（B区）围护结构热工性能参数限值

围护结构部位		传热系数 K／[W／(m²·K)]		
		≤3 层的建筑	4～8 层的建筑	≥9 层的建筑
屋面		0.35	0.45	0.45
外墙		0.45	0.60	0.70
架空或外挑楼板		0.45	0.60	0.60
非采暖地下室顶板		0.50	0.65	0.65
分隔采暖与非采暖空间的隔墙		1.5	1.5	1.5
分隔采暖与非采暖空间的户门		2.0	2.0	2.0
阳台门下部门芯板		1.7	1.7	1.7
外窗	窗墙面积比≤0.2	2.8	3.1	3.1
	0.2＜窗墙面积比≤0.3	2.5	2.8	2.8
	0.3＜窗墙面积比≤0.4	2.0	2.5	2.5
	0.4＜窗墙面积比≤0.45	1.8	2.0	2.3
围护结构部位		保温材料层热阻 R／[(m²·K)／W]		
周边地面		0.83	0.56	—
地下室外墙（与土壤接触的外墙）		0.91	0.61	—

表3-55 寒冷地区（B区）外窗综合遮阳系数限值

围护结构部位		遮阳系数 SC（东、西向／南、北向）		
		≤3 层的建筑	4～8 层的建筑	≥9 层的建筑
外窗	窗墙面积比≤0.2	—／—	—／—	—／—
	0.2＜窗墙面积比≤0.3	—／—	—／—	—／—
	0.3＜窗墙面积比≤0.4	0.45／—	0.45／—	0.45／—
	0.4＜窗墙面积比≤0.45	0.35／—	0.35／—	0.35／—

● 中空玻璃。

Step01 建筑节能设计规范应尽快提供各种型材中空玻璃的 K 值，已发生不同厂房相同构成的中空玻璃，但 K 值不同，如何处理。

Step02 不同厂家出厂的相同构造的中空玻璃 K 值不同是完全可能的（由于工艺、材质、技术等条件不完全相同）。

Step03 设计只要根据节能标准，提出设计 K 值，及相对应的窗型和玻璃品种，由甲

方选定符合设计 K 值的产品即可。

●门窗气密性。

Step① 门窗气密性，夏热冬冷地区和寒冷、严寒地区的气密性等级要求相同；多层居住建筑气密性等级，多层不大于 $1.5\sim2.5m^3/(m\cdot h)$，高层不大于 $0.5\sim1.5m^3/(m\cdot h)$。

Step② 按规范、标准选择符合要求的产品，只要产品满足相关指标的要求即可。

●居住建筑集中供热热源形式的选择。
居住建筑集中供热热源形式的选择应符合以下原则：

Step① 集中锅炉房的供热规模应根据燃料确定，采用燃气时，供热规模不宜过大，采用燃煤时供热规模不宜过小。

Step② 以热电厂和区域锅炉房为主要热源；在城市集中供热范围内时，应优先采用城市热网提供的热源。

Step③ 技术、经济合理的情况下，宜采用冷、热、电联供系统。

Step④ 在工厂区附近时，应优先利用工业余热和废热。

Step⑤ 有条件时应积极利用可再生能源。

●外墙内保温建筑构造。

Step① 高层居住建筑，外墙为砖石材料，因面砖石材贴在保温材料外，保温施工有困难，据说有些城市有改为外墙内保温做法，又采用内墙浆体材料内保温。

Step② 外墙内保温有国家标准图集《外墙内保温建筑构造》（03J122）。但要注意所选用的材料在火灾时不能产生有害气体。

●建筑围护结构各部分的传热系数和热惰性指标。

Step① 建筑围护结构各部分的传热系数和热惰性指标不应大于表 3-56 规定的限值。

Step② 当设计建筑围护结构中的屋面、外墙、架空或外挑楼板、外窗不符合表 3-56 的规定时，必须按照《夏热冬冷地区居住建筑节能设计标准》（JGJ 134—2010）第 5 章的规定进行建筑围护结构热工性能的综合判断。

Step③ 不同朝向外窗的窗墙面积比限值见表 3-57。

Step④ 不同朝向、不同窗墙面积比的外窗传热系数和综合遮阳系数限值见表 3-58。

表3-56 建筑围护结构各部分的传热系数 K 和热惰性指标 D 的限值

围护结构部位		传热系数 K/ $[W/(m^2\cdot K)]$	
		热惰性指标 $D\leqslant2.5$	热惰性指标 $D>2.5$
体形系数 $\leqslant0.40$	屋面	0.8	1.0
	外墙	1.0	1.5
	底面接触室外空气的架空或外挑楼板	1.5	
	分户墙、楼板、楼梯间隔墙、外走廊隔墙	2.0	
	户门	3.0（通往封闭空间） 2.0（通往非封闭空间或户外）	
	外窗（含阳台门透明部分）	应符合表3-57、表3-58的规定	
体形系数 >0.40	屋面	0.5	0.6
	外墙	0.8	1.0
	底面接触室外空气的架空或外挑楼板	1.0	
	分户墙、楼板、楼梯间隔墙、外走廊隔墙	2.0	
	户门	3.0（通往封闭空间） 2.0（通往非封闭空间或户外）	
	外窗（含阳台门透明部分）	应符合表3-57、表3-58的规定	

表3-57 不同朝向外窗的窗墙面积比限值

朝　向	窗墙面积比
北	0.40
东、西	0.35
南	0.45
每套房间允许一个房间（不分朝向）	0.60

表3-58 不同朝向、不同窗墙面积比的外窗传热系数和综合遮阳系数限值

建筑	窗墙面积比	传热系数 $K/$ [$W/$ ($m^2 \cdot K$)]	外窗综合遮阳系数 SC_w (东、西向/南向)
体形系数≤0.40	窗墙面积比≤0.20	4.7	—／—
	0.20＜窗墙面积比≤0.30	4.0	—／—
	0.30＜窗墙面积比≤0.40	3.2	夏季≤0.40/夏季≤0.45
	0.40＜窗墙面积比≤0.45	2.8	夏季≤0.35/夏季≤0.40
	0.45＜窗墙面积比≤0.60	2.5	东、西、南向设置外遮阳 夏季≤0.25/冬季≥0.60
体形系数＞0.40	窗墙面积比≤0.20	4.0	—／—
	0.20＜窗墙面积比≤0.30	3.2	—／—
	0.30＜窗墙面积比≤0.40	2.8	夏季≤0.40/夏季≤0.45
	0.40＜窗墙面积比≤0.45	2.5	夏季≤0.35/夏季≤0.40
	0.45＜窗墙面积比≤0.60	2.3	东、西、南向设置外遮阳 夏季≤0.25/冬季≥0.60

●保温层。

Step01 住宅建筑中，如阁楼层为储藏室或卧室，节能设计时，屋面是否要区别对待。阁楼为储藏室时，屋面不需做保温层，阁楼层为卧室时，屋面须做保温层，是否可行。

Step02 住宅建筑中的阁楼空间屋面，即使做储存空间也应该做与平屋面一样的保温隔热处理，如做居住空间，则更应做考究的保温、隔热构造以满足舒适性的要求。

●建筑遮阳。

Step01 强制性条文之中，有"建筑遮阳"一条。但在具体执行中有困难，如在设计说明中注明"采用活动遮阳百叶，甲方自理"，是否可以通过。

Step02 有关建筑遮阳设计应在设计图中有明确的造型、材料、构造和大样的要求，也可以采用活动遮阳产品，要具体指出形式和使用部位，不能交甲方自理。

2. 公共建筑节能设计问题

●如何报审。

Step01 公共建筑节能要求指标（如屋面墙体、外窗气密度等）比居住建筑要求要高，但厂房附设的管理办公用房、商业连家店等接近于厂房、住宅，是否仍按公共建筑节能报审。

Step02 原则上按建筑使用性质要求进行节能设计，在正常使用条件下，按规范和标准有空调和采暖要求的空间，围护结构皆应做保温隔热节能设计。

Step03 有不同使用性质的空间，能分开的考虑分开计算，不能分开的部分按高指标靠。

●公共建筑主要空间设计新风量的控制。

Step01 稀释室内有害物质的浓度，满足人员的卫生要求，指的是指示性物质是

CO_2，使其日平均值保持在0.1%以内。

Step 02 补充室内排风和保持室内正压，通常根据风平衡计算确定。

公共建筑主要空间的设计新风量，应符合表3-59的规定。

● 公共建筑物透明屋顶部分面积的控制。

Step 01 公共建筑形式的多样化和建筑功能的需要，许多公共建筑设计有室内中庭，希望在建筑的内区有一个通透明亮、具有良好微气候及人工生态环境的公共空间。

Step 02 目前已经建成的工程，大量建筑中庭的热环境不理想且能耗很大，主要原因是中庭透明材料的热工性能较差，传热损失和太阳辐射的热过大。

Step 03 夏季屋顶水平面太阳辐射强度最大，屋顶的透明面积越大，相应建筑的能耗

也越大，因此对屋顶透明部分的面积和热工性能应予以严格的限制。

Step 04 屋顶透明部分的面积不应大于屋顶总面积的20%，当不能满足本规定时，必须按《公共建筑节能设计标准》（GB 50189—2005）第4.3节的规定进行权衡判断。

● 面积计算确定。

Step 01 《公共建筑节能报审表》中，外窗可开启面积标示"计算值"一栏，不当。因大多以实际面积填写不能直接判定其是否大于30%（因一些计算不一定直接标示全部窗面积而无法计算确定），如何处理。

Step 02 应按《公共建筑节能设计标准》（GB 50189—2005）第4.2.8条规定，即按百分比表示。

表3-59 公共建筑主要空间的设计新风量

建筑类型与房间名称			新风量/［m³/（h·p）］
旅游旅馆	客房	5星级	50
		4星级	40
		3星级	30
	餐厅、宴会厅、多功能厅	5星级	30
		4星级	25
		3星级	20
		2星级	15
	大堂、四季厅	4~5星级	10
	商业、服务厅	4~5星级	20
		2~3星级	10
	美容、理发、康乐设施厅		30
旅店	客房	1~3级	30
		4级	20
文化娱乐	影剧院、音乐厅、录像厅		20
	游艺厅、舞厅（包括卡拉OK歌厅）		30
	酒吧、茶座、咖啡厅		10
	体育馆		20
	商场（店）、书店		20
	饭馆（餐厅）		20
	办公室		30
学校	教室	小学	11
		初中	14
		高中	17

●公共建筑地面和地下室外墙热阻的确定。

Step01 夏热冬冷、夏热冬暖地区。由于空气湿度大，墙面和地面容易返潮。在地面和地下室外墙做保温层增加地面和地下室外墙的热阻，提高这些部位内表面的温度，可减少地表面和地下室外墙内表面温度与室内空气温度间的温差，有利于控制和防止地面和墙面的返潮。

Step02 北方严寒和寒冷地区。如果建筑物地下室外墙的热阻过小，墙的传热量会很大，内表面尤其是墙角部位容易结露；同样，如果与土壤接触的地面热阻过小，地面的传热量也会很大，地表面也容易结露或产生冻结现象。因此，从节能和卫生的角度出发，要求这些部位必须达到防止结露或产生冻结的热阻值。

地面和地下室外墙热阻限值见表3-60 的规定。

●公共建筑室内计算温度的采用。

Step01 目前，业主、设计人员往往在取用室内设计参数时选用过高的标准。

Step02 温湿度取值的高低，与能耗多少有密切关系。

①在加热工况下，室内计算温度每降低1℃，能耗可减少5%～10%。

②在冷却工况下，室内计算温度每升高1℃，能耗可减少8%～10%。

Step03 为了节省能源，应避免冬季采用过高的室内温度，夏季采用过低的室内温度。

集中采暖系统室内计算温度宜符合表3-61的规定；空气调节系统室内计算参数宜符合表3-62的规定。

表3-60　不同气候区地面和地下室外墙热阻限值

气候分区	围护结构部位	热阻 R / [（m^2·K）/W]
严寒地区（A区）	地面：周边地面	≥2.0
	非周边地面	≥1.8
	采暖地下室外墙（与土壤接触的墙）	≥2.0
严寒地区（B区）	地面：周边地面	≥2.0
	非周边地面	≥1.8
	采暖地下室外墙（与土壤接触的墙）	≥1.8
寒冷地区	地面：周边地面	≥1.5
	非周边地面	
	采暖地下室外墙（与土壤接触的墙）	≥1.5
夏热冬冷地区	地面	≥1.2
	地下室外墙（与土壤接触的墙）	≥1.2
夏热冬暖地区	地面	≥1.0
	地下室外墙（与土壤接触的墙）	≥1.0

注：周边地面是指距外墙内表面2m以内的地面。地面热阻是指建筑基础持力层以上各层材料的热阻之和。地下室外墙热阻是指土壤以内各层材料的热阻之和。

表3-61　集中采暖系统室内计算温度

建筑类型及房间名称		室内温度/℃
办公楼	门厅、楼（电）梯间	16
	办公室	20
	会议室、接待室、多功能厅	18
	走道、洗手间、公共食堂	16
	车库	5

（续）

建筑类型及房间名称		室内温度/℃
餐饮	餐厅、饮食、小吃、办公间	18
	洗碗间	16
	制作间、洗手间、配餐间	16
	厨房、热加工间	10
	干菜、饮料库	8
影剧院	门厅、走道	14
	观众厅、放映室、洗手间	16
	休息厅、吸烟室	18
	化妆间	20
交通	民航候机厅、办公室	20
	候车厅、售票厅	16
	公共洗手间	16
银行	营业大厅	18
	走道、洗手间	16
	办公室	20
	楼（电）梯	14
体育	比赛厅（不含体操）、练习厅	16
	休息厅	18
	运动员、教练员更衣室、休息厅	20
	游泳馆	26
商业	营业厅（百货、书籍）	18
	鱼肉、蔬菜营业厅	14
	副食店（油、盐、杂货）、洗手间	16
	办公室	20
	米面储藏间	5
	百货仓库	10
旅馆	大厅、接待室	16
	客房、办公室	20
	餐厅、会议室	18
	走道、楼（电）梯间	16
	公共浴室	25
	公共洗手间	16
图书馆	大厅	16
	洗手间	16
	办公室、阅览室	20
	报告厅、会议室	18
	特藏、胶卷、书库	14

表3-62　空气调节系统室内计算参数

参　数		冬　季	夏　季
温度/℃	一般房间	20	25
	大堂、过厅	18	室内外温差≤10
风速 v/（m/s）		$0.10 \leq v \leq 0.20$	$0.15 \leq v \leq 0.30$
相对湿度（%）		30～60	40～65

●节能设计。

Step01《公共建筑节能设计标准》（GB 50189—2005）第1.0.2条的条文说明中所列举的各类公共建筑是清楚的，但在实际工作中往往碰到如传达室，工厂的综合楼（底层仓库上部办公或一至三层是生产车间，四至五层是办公），底层是商店上部是住宅，面积不大的社区和物业管理用房贴邻住宅等，对这类局部的公共建筑要不要做节能设计。

Step02原则上按建筑使用性质要求进行节能设计，在正常使用条件下，按规范和标准有空调和采暖要求的空间，围护结构皆应作保温隔热节能设计。

Step03有不同使用性质的空间，能分开的考虑分开计算，不能分开的部分按高指标靠。

●公共建筑体形系数的确定。

Step01建筑体形系数越大，单位建筑面积对应的外表面面积越大，传热损失就越大。

Step02体形系数的确定还与建筑造型、平面布局、采光通风等条件相关。

Step03体形系数限值规定过小，将制约建筑师的创造性，可能使建筑造型呆板，平面布局困难，甚至损害建筑功能。

Step04如何合理地确定建筑形状，必须考虑本地区气候条件，冬、夏季太阳辐射强度、风环境、围护结构构造形式等各方面的因素。

Step05应权衡利弊，兼顾不同类型的建筑造型，尽可能地减少房间的外围护面积，使体形不要太复杂，凹凸面不要过多，以达到节能的目的。

Step06严寒和寒冷地区建筑体形的变化直接影响建筑采暖能耗的大小。

Step07严寒、寒冷地区建筑的体形系数应小于或等于0.40。

Step08当不能满足本规定时，必须按《公共建筑节能设计标准》（GB 50189—2005）第4.3节的规定进行权衡判断。

Step09在夏热冬冷和夏热冬暖地区，建筑体形系数对空调和采暖能耗也有一定的影响，但由于室内外的温差远不如严寒和寒冷地区大，尤其是对部分内部发热量很大的商场类建筑，还有夜间散热的问题，所以不对体形系数提出具体的要求。

●公共建筑设计时，锅炉的额定热效率取值。

Step01选择锅炉时应注意额定热效率，以便能在满足全年变化的热负荷前提下，达到高效节能的要求。

Step02当前，我国多数燃煤锅炉运行效率低、热损失大。

Step03在设计中要选用机械化、自动化程度高的锅炉设备，配套优质高效的辅机，减少未完全燃烧和排烟系统热损失，杜绝热力管网中的"跑、冒、滴、漏"，使锅炉在额定工况下产生最大热量且平稳运行。

Step04利用锅炉余热的途径有：在炉尾烟道设置省煤器或空气预热器，充分利用排烟余热；尽量使用锅炉连续排污器，利用"二次气"再生热量。

Step05重视分汽缸凝结水回收余压气热量，接至给水箱以提高锅炉给水温度。

Step06燃气燃油锅炉由于技术新和智能化管理，效率较高，余热利用相对减少。

Step07锅炉的额定热效率，应符合表3-63的规定。

表 3-63　锅炉额定热效率

锅 炉 类 型	热效率（%）
燃煤（Ⅱ类烟煤）蒸汽、热水锅炉	78
燃油、燃气蒸汽、热水锅炉	89

● 指标错误。

Step 01 公建节能报审表中，大部分都符合规范，但有个别指标错，如地坪热阻不符合或外窗有个别指标不对，是否违反强制性条文，判为不合格。

Step 02 如果这些差错属于强制性条文部分，是必须整改的，就只能判为违反"强制性条文"。

● 空调建筑热工设计要求。

Step 01 空调房间应集中布置、上下对齐。温湿度要求相近的空调房间宜相邻布置。

Step 02 空调房间应避免布置在顶层；当必须布置在顶层时，屋顶应有良好的隔热措施。

Step 03 空调建筑或空调房间应尽量避免东、西朝向和东、西向窗户。

Step 04 空调房间应避免布置在有两面相邻外墙的转角处和有伸缩缝处。

Step 05 在满足使用要求的前提下，空调房间的净高宜降低。

Step 06 空调建筑的外表面面积宜减少，且宜采用浅色饰面。

Step 07 建筑物外部窗户的气密性等级不应低于现行国家标准《建筑外门窗气密、水密、抗风压性能分级及检测方法》（GB/T 7106—2008）规定的Ⅲ级水平。

Step 08 建筑物外部窗户当采用单层窗时，窗墙面积比不宜超过 0.30；当采用双层窗或单框双层玻璃窗时，窗墙面积比不宜超过 0.40。

Step 09 向阳面，特别是东、西向窗户，应采取热反射玻璃、反射阳光涂膜、各种固定式和活动式遮阳等有效的遮阳措施。

Step 10 间歇使用的空调建筑，其外围护结构内侧和内围护结构宜采用轻质材料。连续使用的空调建筑，其外围护结构内侧和内围护结构宜采用重质材料。围护结构的构造设计应考虑防潮要求。

建筑物外部窗户的部分窗扇应能开启。当有频繁开启的外门时，应设置门斗或空气幕等防渗透措施。

围护结构的传热系数应符合现行国家标准《民用建筑供暖通风与空气调节设计规范》（GB 50736—2012）规定的要求。

● 单元式机组能效比的取值。

Step 01 名义制冷量大于 7100W、采用电动机驱动压缩机的单元式空气调节机、风管送风式和屋顶式空气调节机组时，在名义制冷工况和规定条件下，其能效比（EER）不应低于表 3-64 中的规定。

Step 02 表 3-64 中名义制冷量时能效比（EER）值，相当于国家标准《单元式空气调节机能效限定值及能源效率等级》（GB 19576—2004）中"能源效率等级指标"的第 4 级（见表 3-65）。

Step 03 按照国家标准《单元式空气调节机能效限定值及能源效率等级》（GB 19576—2004）所定义的机组范围，此表暂不适用多联式空调（热泵）机组和变频空调机。

表 3-64　单元式机组能效比

类　　型		能效比/（W/W）
风冷式	不接风管	2.60
	接风管	2.30
水冷式	不接风管	3.00
	接风管	2.70

表3-65 能源效率等级指标

类　　型		能效等级 EER/（W/W）				
		1	2	3	4	5
风冷式	不接风管	3.20	3.00	2.80	2.60	2.40
	接风管	2.90	2.70	2.50	2.30	2.10
水冷式	不接风管	3.60	3.40	3.20	3.00	2.80
	接风管	3.30	3.10	2.90	2.70	2.50

● 做节能设计。

Step01 工程项目是厂房，紧邻厂房的办公楼是厂房的附房，是不是一定要做节能设计。

Step02 公建节能设计标准适用公建，对附属厂房的办公似乎没有明确规定，建设单位和设计单位常不做节能设计。

Step03 原则上按建筑使用性质要求进行节能设计，在正常使用条件下，按规范和标准有空调和采暖要求的空间，围护结构皆应做保温隔热节能设计。

Step04 有不同使用性质的空间，能分开的考虑分开计算，不能分开的部分按高指标靠。

● 遮阳措施。

Step01 各地区气候条件的不同，南方地区夏季太阳辐射强度大，严重地影响建筑室内热环境，增加建筑空调能耗。

Step02 建筑能耗的损失主要原因：

① 窗的热工性能太差所造成的夏季空调、冬季采暖室内外温差的热量损失增加。

② 窗因受太阳辐射影响而造成的建筑室内空调采暖能耗的增减。

③ 从冬季来看，通过窗口进入室内的太阳辐射有利于建筑的节能。

④ 减少窗的温差传热是建筑节能中减少窗口热损失的主要因素。

⑤ 夏季的能耗损失中，太阳辐射是其主要因素，应采取适当的遮阳措施，以防止直射阳光的不利影响。

Step03 遮阳的措施主要分类：

① 利用绿化的遮阳。

② 结合建筑构件处理的遮阳。

③ 专门设置的窗户遮阳。

Step04 在总体规划和建筑方案设计时，在平面布置和立面处理上，应考虑到炎热季节避免直射阳光照射到房间内，还要充分利用绿化遮阳及建筑构件遮阳。

Step05 建筑物采取遮阳措施后，往往对室内的通风、采光产生不利的影响。

Step06 在遮阳设计时，应根据建筑本身的要求和建筑条件，适当注意通风、采光和防雨等问题的处理。

Step07 不遮挡从窗口向外眺望的视野以及其与建筑立面造型之间的协调，并且力求遮阳系统构造简单、经济耐用。

3. 建筑节能共性及其他问题

● 水力平衡阀的设置和选择。水力平衡阀的设置和选择，应符合下列规定。

Step01 定流量水系统的各热力入口，可按照下列规定设置静态水力平衡阀，或自力式流量控制阀。

① 当采暖系统采用变流量水系统时，循环水泵宜采用变速调节方式；水泵台数宜采用2台（一用一备）。当系统较大时，可通过技术经济分析后合理增加台数。

② 建筑物的每个热力入口，应设计安装水过滤器，并应根据室外管网的水力平衡要求和建筑物内供暖系统所采用的调节方式，决定是否还要设置自力式流量控

制阀、自力式压差控制阀或其他装置。

Step 02 热力站出口总管上，不应串联设置自力式流量控制阀；当有多个分环路时，各分环路总管上可根据水力平衡的要求设置静态水力平衡阀。

Step 03 变流量水系统的各热力入口，应根据水力平衡的要求和系统总体控制设置的情况，设置压差控制阀，但不应设置自力式定流量阀。

Step 04 当采用静态水力平衡阀时，应根据阀门流通能力及两端压差，选择确定平衡阀的直径与开度。

Step 05 当选择自力式流量控制阀、自力式压差控制阀、电动平衡两通阀或动态平衡电动调节阀时，应保持阀权度 $S = 0.3 \sim 0.5$。

Step 06 当采用自力式压差控制阀时，应根据所需控制压差选择与管路同尺寸的阀门；同时应确保其流量不小于设计最大值。

Step 07 当采用自力式流量控制阀时，应根据设计流量进行选型。

Step 08 阀门两端的压差范围，应符合其产品标准的要求。

● 门窗节能设计。

Step 01 门窗节能设计是建筑节能的一个薄弱环节。

Step 02 有些设计人员在选用窗框材料和玻璃时很随意，而且经常出现节能登记表中窗框材料和玻璃与建筑门窗表中不一致的现象。

Step 03 图样中门窗采用双层玻璃而不是中空玻璃。

● 围护结构的隔热措施。围护结构的隔热可采用下列措施。

Step 01 设置通风间层，如通风屋顶、通风墙等。

①通风屋顶的风道长度不宜大于 10m。

②间层高度以 20cm 左右为宜。

③基层上面应有 6cm 左右的隔热层。

④夏季多风地区，檐口处宜采用兜风构造。

Step 02 设置带铝箔的封闭空气间层。当为单面铝箔空气间层时，铝箔宜设在温度较高的一侧。

Step 03 蓄水屋顶。水面宜有水浮莲等浮生植物或白色漂浮物。水深宜为 $15 \sim 20cm$。

Step 04 复合墙体的内侧宜采用厚度为 10cm 左右的砖或混凝土等重质材料。

Step 05 采用双排或三排孔混凝土或轻骨料混凝土空心砌块墙体。

Step 06 外表面做浅色饰面，如浅色粉刷、涂层和面砖等。

Step 07 采用有土和无土植被屋顶，以及墙面垂直绿化等。

● 窗墙比与要求不符。

Step 01 近年来住宅建筑窗户面积越来越大，特别是一些框架结构。有的除了梁、柱外，都是窗户了。

Step 02 有的起居室为落地窗，洞口宽 $3.0 \sim 3.6m$，使得窗墙面积比很大，南向达到 0.53，超过标准限值 0.5，特别是北向超 0.3，而未采取措施或进行指标判定及对比判定，这些都是不符合标准要求的，达不到节能的效果。

Step 03 窗墙面积比既影响建筑耗能、又影响日照、采光和自然通风。

● 建筑内部房间功能的划分对动态能耗计算结果的影响。

Step 01 夏热地区的建筑节能标准是以空调采暖的耗电量作为最终的判断标准的，空调区域面积占总建筑面积的比例对最终能耗计算结果的影响非常大。

Step 02 用户在操作软件的过程中，如果少标记了空调房间，或者房间有不封闭的情况，都会造成最后的建筑能耗偏小或偏大的影响。

Step 03 动态能耗计算还要求用户进行分户墙的标记，如果错把外墙标记成分户墙，或者将户内的普通内墙标记了分户墙，也会造成能耗计算结果偏小的情况。

Step 04 有些建筑由于体形系数比较小，空调区域的百分比比较小，最终保温做的比较差，或者不做保温就可以使动态能耗计算通过的情况，这就需要节能审查部门对这种情况做出正确的指导和节能设计修改意见。

●围护结构冬季室外计算温度的确定。

Step01 基本原则。

①根据围护结构的热惰性指标 D 值不同，取不同的室外计算温度，以保证不同 D 值的围护结构。

②在室内温度保持稳定，室外温度从各自的计算温度降至当地最低一个日平均温度条件下，在围护结构内表面上引起的温降都不超过1℃，内表面最低温度都不低于露点温度。

Step02 具体方法。根据围护结构 D 值不同，将围护结构分成四种类型，然后按表3-66 的规定取不同的室外计算温度。

表3-66　围护结构冬季室外计算温度 t_e　　（单位：℃）

类　型	热惰性指标 D 值	t_e 的取值
I	>6.0	$t_e = t_w$
II	4.1 ~ 6.0	$t_e = 0.6t_w + 0.4t_{p \cdot min}$
III	1.6 ~ 4.0	$t_e = 0.3t_w + 0.7t_{p \cdot min}$
IV	≤1.5	$t_e = t_{p \cdot min}$

注：1. t_w 为供暖室外计算温度；$t_{p \cdot min}$ 为累年最低日平均温度。

　　2. $D \leq 4.0$ 的实心砖墙，计算温度 t_w 应按 II 型围护结构取值。

●建筑概况中的要点。

Step01 建筑概况中包括了建筑位置、体形、楼层结构、朝向等信息。

Step02 审查人员在审查的时候应该注意相关信息的正确性。

Step03 建筑的地点、计算城市、建筑朝向、建筑所在城市的气象数据都非常重要，同样建筑的建筑模型在不同气象数据的计算条件下，能耗计算会有非常大的差异。

Step04 建筑的体形包括了建筑的建筑面积、体积和建筑表面积，由于用于节能计算的模型和实际建筑并不完全一致，有些部位如开敞庭院、不封闭阳台、顶层楼梯间等，都不建入模型，并且节能计算模型可能对实际的建筑做了一定的简化，因此建筑概况中的数据跟实际情况会略有差异，审查人员可以根据具体情况进行判断，只要没有过大的误差即可认为是正确的。

Step05 建筑的朝向是非常重要的节能计算参数。同样的建筑仅仅由于朝向的不同可能会造成10%甚至更多的能耗差异

（根据各个朝向，窗墙比的差异有所不同）。

Step06 用户在进行节能计算的时候，可能忽略了这个问题，按照软件的默认值南向来进行计算，会有可能造成能耗偏小的问题。

Step07 审查人员应该具体查看指北针的输入情况，帮助用户纠正此类问题。

●房间功能划分的审查。

Step01 在审查文件的"图形"选项卡里有显示楼层和每个房间的功能显示。

Step02 审查人员应该仔细核对是否有少标记空调房间，建筑体形是否正确，楼层是否组装正确的情况。

Step03 房间的功能标记，如果用户少标记了空调房间，对最后的能耗计算结果会有最直接的影响。

●采暖建筑地面应符合的热工要求。

Step01 采暖建筑地面热工性能直接影响在其中生活和工作的人们的健康与舒适。

Step02 地面的热工性能用其吸热指数 B 值来反映。

Step03 B 值大的地面，表明其从人体脚部

吸走的热量较多，脚部感觉较冷；反之亦然。

Step04保证地面必要的热工性能，减少地面从人体脚部吸热，是当前严寒和寒冷地区采暖建筑中亟待解决的问题。

Step05采暖建筑地面的热工性能，应根据地面的吸热指数 B 值，按表3-67的规定，划分成三个类别。

Step06不同类型采暖建筑对地面热工性能的要求，应符合表3-68的规定。

Step07严寒地区采暖建筑的底层地面，当建筑物周边无采暖管沟时，在外墙内侧 0.5～1.0m 范围内应铺设保温层，其热阻不应小于外墙的热阻。

表3-67　采暖建筑地面热工性能类别

地面热工性能类别	B 值/ $[W/ (m^2 \cdot h^{-1/2} \cdot K)]$
I	<17
II	17～23
III	>23

表3-68　不同类型采暖建筑对地面热工性能的要求

采暖建筑类型	对地面热工性能的要求
高级居住建筑、幼儿园、托儿所、疗养院等	宜采用 I 类地面
一般居住建筑、办公楼、学校等	可采用 III 类地面
临时逗留用房及室温高于23℃的采暖房间	可采用 III 类地面

● 屋面节能设计。

Step01架空隔热屋面。

①这种屋面在夏热冬冷和夏热冬暖地区是经常采用的一种屋面节能技术，这类地区一味加厚保温层的厚度在投入与产出方面不是成比例增长的，绘出的线形不是一根直线而是一根抛物线，是不经济的节能方案。

②采用架空板与保温屋面组合的屋面节能技术能达到事半功倍的效果，通过架空板形成通风的架空层，把屋面的辐射热量大部分带走了，大大降低了屋面的表面温度，这样就减少了保温层的厚度。

③此类屋面在建筑节能计算时可采用简化计算，使架空的空气层作为静态来计算，可以按其空气层的高度查到相应的热阻，再求出其他各层材料的热阻，这样就能求出架空隔热屋面的总热阻。

④实际使用中节能效果会好于计算数值，因为计算中空气层的流动形成的对流换热这一有利因素没有考虑进去，就可以作为储备因素保留。

Step02正置或倒置保温屋面。

①工程中使用最多的一种屋面节能技术，究竟采用正置还是倒置应按选用的保温材料来决定。

②只有当保温材料吸水率很小（≤4%），基本不吸水并且具有一定的压缩强度，才可以采用倒置保温屋面。

③目前一般大部分采用挤塑板（XPS）做保温层，该保温材料就适宜采用倒置保温屋面，把保温层设在防水层的上方，既保护了防水层，又保温了整个屋面，能取得较好的效果。

④屋面面层的处理从建筑节能来考虑应采用浅色屋面，其" ρ "值较小，使得屋面总热阻值也会要求小些，可减少保温层的厚度。

⑤结合工程实践如采用正置法保温屋面，上人屋面的面层应采用浅色的地砖或钢筋混凝土刚性防水面层，不上人屋面

应选用贴有铝箔保护层的各类防水卷材。

Step03热导率 λ 和蓄热系数 s 的修正系数。

①考虑到建筑节能构造中保温材料的工作状态与实验室测得数据时的工作状态是不同的，必须要考虑热导率 λ 和蓄热系数 s 的修正系数。

②如在屋面构造中保温材料因施工荷载等因素会使其受力，产生压缩变形，密度增加，厚度减少，自然保温效果要打折扣，所以一定要乘以"修正系数"才能较正确地反映其实际的保温效果。

Step04屋面反射系数的取值。

①屋面节能构造的面层，其粗糙度、色彩的深浅，对太阳光直射或漫射时的吸收和反射能力都会直接影响屋面节能构造的效果，所以要采用屋面反射系数"ρ"的取值来对其进行调整。

②各省出台的地方标准规定中不同的"ρ"值有相对应的屋面传热阻。

●冬季保温设计要求。

Step01居住建筑，在严寒地区不应设开敞式楼梯间和开敞式外廊；在寒冷地区不宜设开敞式楼梯间和开敞式外廊。公共建筑，在严寒地区出入口处应设门斗或热风幕等避风设施，在寒冷地区出入口处宜设门斗或热风幕等避风设施。

Step02外墙、屋顶、直接接触室外空气的楼板和不采暖楼梯间的隔墙等围护结构，应进行保温验算，其传热阻应大于或等于建筑物所在地区要求的最小传热阻。

Step03当有散热器、管道、壁龛等嵌入外墙时，该处外墙的传热阻应大于或等于建筑物所在地区要求的最小传热阻。

Step04建筑物外部窗户面积不宜过大，应减少窗户缝隙长度，并采取密闭措施。

Step05严寒地区居住建筑的底层地面，在其周边一定范围内应采取保温措施。

Step06建筑物的体形设计宜减少外表面积，其平、立面的凹凸面不宜过多。

Step07围护结构中的热桥部位应进行保温验算，并采取保温措施。

Step08围护结构的构造设计应考虑防潮要求。

Step09建筑物宜设在避风和向阳的地段。

●建筑物体形系数计算不准。

Step01建筑物体形系数与其层数、体量、形状等因素有关。

Step02在条件相同情况下，建筑物体形系数越大，外围护墙面积越大，传热耗热量就越大。

Step03在满足建筑诸多功能因素的条件下，应尽量减少建筑体形的凹凸或错落，降低建筑物体形系数。

Step04近年来，要求住宅建筑多样化，明厅、明厨、明卫和采用凸（飘）窗等，使得建筑物的体形变得越来越复杂。

Step05设计人员从初步设计阶段开始，在符合造型的前提下，尽量把体形系数控制在合理的范围内。

●区域供热锅炉房设计采用自动监测与控制的运行方式时，应满足规定。

锅炉房采用计算机自动监测与控制不仅可以提高系统的安全性，确保系统能够正常运行，而且，还可以取得以下效果。

Step01对燃烧过程和热水循环过程能有效地进行控制调节，使锅炉高效率运行，大幅度地节省运行能耗，并减少大气污染。

Step02能根据室外气候条件和用户需求变化及时改变供热量，提高并保证供暖质量，降低供暖能耗和运行成本。

Step03全面监测并记录各运行参数，降低运行人员工作量，提高管理水平。

在锅炉房设计时，除采用小型固定炉排的燃烧锅炉外，还应采用计算机自动监测与控制。当区域供热锅炉房设计采用自动监测与控制的运行方式时，应满足下列规定。

①应随时测量室外的温度和整个热网的需求，按照预先设定的程序，通过调节投入燃料量实现锅炉供热量调节，满足整个热网的热量需求，保证供暖质量。

②应建立各种信息数据库，对运行过程中的各种信息数据进行分析，并应能够根据需要打印各类运行记录，储存历史数据。

③应通过锅炉系统热特性识别和工况优化分析程序，根据前几天的运行参数、室外温度，预测该时段的最佳工况。

④应通过计算机自动监测系统，全面、及时地了解锅炉的运行状况。

⑤锅炉房、热力站的动力用电、水泵用电和照明用电应分别计量。

⑥应通过对锅炉运行参数的分析，做出及时判断。

● 夏季防热设计要求。

Step01 建筑物的向阳面，特别是东、西向窗户，应采取有效的遮阳措施。在建筑设计中，宜结合外廊、阳台、挑檐等处理方法达到遮阳的目的。

Step02 为防止潮霉季节湿空气在地面冷凝泛潮，居室、托幼等场所的地面下部宜采用保温措施或架空做法，地面面层宜采用微孔吸湿材料。

Step03 建筑物的总体布置，单体的平、剖面设计和门窗的设置，应有利于自然通风，并尽量避免主要房间受东、西向的日晒。

Step04 建筑物的夏季防热应采取自然通风、窗户遮阳、围护结构隔热和环境绿化等综合性措施。

Step05 屋顶和东、西向外墙的内表面温度，应满足隔热设计标准的要求。

● 图样中节能设计登记表中采用的材料和计算书中不一致。

Step01 厚度不一致，例如节能设计登记表中屋面为 50mm 厚的 EPS 聚苯板，计算书中为 60mm 厚，设计登记表中墙面为 40mm 厚的 EPS 聚苯板，计算书中为 50mm 厚，等等。

Step02 材料的不一致，例如节能设计登记表中屋面采用 EPS 聚苯板，而计算书中却变为挤塑聚苯板。

Step03 出现以上两种错误的主要原因是为

了计算满足直接判定法的要求。

Step04 审查时要求屋面和外墙等保温做法选用地方标准图集。

● 围护结构热工计算的审核。

Step01 审查系统中围护结构的所有材料参数都可以查到，审查人员应该重点审查外墙、屋顶围护结构的保温层材料的参数，看是否正确输入了修正系数，是否有修改了材料的热物性参数等情况。

Step02 审查软件中提供了快速计算传热系数和围护结构内表面最高温度的计算器，审查人员在审查围护结构热工计算的时候，可以配合使用。

Step03 审核外窗的时候，应该查看用户计算的外窗传热系数是否跟选择的外窗类型相匹配，同时各个朝向的窗墙比也是检查的重点。

● 围护结构夏季室外计算温度的确定。

Step01 围护结构夏季室外计算温度用于计算确定围护结构的隔热厚度。

Step02 这一隔热厚度应能满足在夏季较热的天气条件下，其内表面温度不致过高，内表面与人体之间的辐射换热不致过量，并能被大多数人所接受。

Step03 夏季室外计算温度平均值按历年最热一天的日平均温度的平均值确定。

Step04 夏季室外计算温度最高值按历年最热一天的最高温度的平均值确定。

Step05 夏季室外计算温度波幅值按室外计算温度最高值与室外计算温度平均值的差值确定。

Step06 围护结构夏季室外计算温度平均值 t_e，应按历年最热一天的日平均温度的平均值确定。

Step07 围护结构夏季室外计算温度最高值 $t_{e.max}$，应按历年最热一天的最高温度的平均值确定。

Step08 围护结构夏季室外计算温度波幅值 A_{te}，应按室外计算温度最高值 $t_{e.max}$ 与室外计算温度平均值 t_e 的差值确定。

●应对措施。

Step01建筑节能设计是一个综合的过程，它受体形系数、围护结构传热系数、窗墙面积比、窗户遮阳系数、楼梯间开敞与否、朝向、建筑物入口等多种因素的影响。

Step02在方案阶段只要考虑得比较周全，其体形系数一般都小于0.3。

Step03单元式多层住宅，重点是对围护结构的节能设计，只要采用高效保温隔热材料，加强围护结构的保温隔热性能，注意热桥处理，就可以采用直接判定法判定为节能建筑，对一些造型特殊的建筑，当体形系数或指标超过限值时，就应该严格按照标准，采用指标判定法或对比判定法进行计算，直到符合节能要求为止。

Step04设计人员在做节能设计之前把体形系数尽量控制在0.35以下。

Step05应选用质量好，热导率较小，便于施工维修的节能材料。

Step06在窗户的选取上要使其符合节能标准的要求，尽量选用低辐射中空玻璃窗。

Step07不采暖楼梯间应设能自动关闭的单元门，隔墙应采取保温措施，使其传热系数符合节能标准的要求。

Step08户门、阳台门下部不透明部分、不采暖地下室上部的底板必须采取保温措施，使其传热系数符合节能标准的要求，户门选取夹板木门时，还需内填聚苯乙烯或矿棉等保温材料。

Chapter 4

第四章

建筑工程施工图
设计文件送审材料

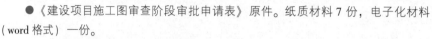

1. 共性资料

● 《建设项目施工图审查阶段审批申请表》原件。纸质材料 7 份，电子化材料（word 格式）一份。

● 建设单位营业执照（或组织机构代码证）复印件及《授权委托书》原件；委托人、代理人身份证复印件。纸质材料 7 份，电子化材料（PDF、JPG 格式）一份。

2. 各类工程施工图设计文件

● 工程勘察。

1）立项批复文件、项目备案或核准文件（复印件一份，盖建设单位公章）及其电子化材料（PDF、JPG 格式）。

2）用地红线批文文本文件和图形文件（复印件一份，盖建设单位公章）及其电子化材料（PDF、JPG 格式）。

3）用地规划许可文本文件和图形文件（复印件一份，盖建设单位公章）及其电子化材料（PDF、JPG 格式）。

4）《岩土工程勘察现场作业事前备案表》（复印件一份，盖勘察单位公章）及其电子化材料（PDF、JPG 格式）。

5）勘察单位资质证书（复印件一份，盖勘察单位公章和资质章）及其电子化材料（PDF、JPG 格式）。

6）建设工程项目的勘察设计人员信息一览表（原件一份，盖勘察单位公章）及其电子化材料（PDF、JPG 格式）。

7）《报审委托书》（原件一份，盖建设、勘察单位公章）及其电子化材料（Word 格式）。

8）工程勘察报告书（原件一式四份，盖勘察单位公章和资质章）及其电子化材料（PDF、JPG 格式）。

9）勘察纲要、计算书、工程勘察有关数据、图表和原始记录、室内土工试验成果报告等（原件或复印件一份，盖勘察单位公章和注册章）及其电子化材料（PDF、JPG 格式）。

10）对于工程勘察分级标准大型以上工程的各工作环节质量控制记录（原件或复印件一份，盖勘察单位公章和注册章）及其电子化材料（PDF、JPG 格式）。

● 房屋建筑工程施工图设计。

1）立项批复文件、项目备案或核准文件（复印件一份，盖建设单位公章）及其电子化材料（PDF、JPG 格式）。

2）用地红线批文文本文件和图形文件（复印件一份，盖建设单位公章）及其电子化材料（PDF、JPG 格式）。

3）用地规划许可文本文件和图形文件（复印件一份，盖建设单位公章）及其电子化材料（PDF、JPG 格式）。

4）工程规划许可文本文件和图形文件（彩色原件一份）及其电子化材料（PDF、JPG 格式）。

5）房产测绘单位出具的《房产预算成果》（复印件一份，盖建设单位公章）及其电子化材料（PDF、JPG 格式）。

6）政府职能部门批复：绿色建筑、消防、市政园林、气象、超限抗震、安防（复印件一份，盖建设单位公章）及其电子化材料（PDF、JPG 格式）。

7）保障性住房优化论证意见（原件一份，盖建设、设计单位公章）及其电子化材料（PDF、JPG 格式）。

8）建筑工程施工图符合规划许可承诺书（格式文件原件一份）及其电子化材料（Word 格式）。

9）设计单位资质证书（复印件一份，盖设计单位公章和资质章）及其电子化材料（PDF、JPG 格式）。

10）建设工程项目的勘察设计人员信息一览表（原件一份，盖设计单位公章）及其电子化材料（PDF、JPG 格式）。

11）工程勘察《审查报告书、合格书》（复印件，盖建设单位公章）及其电子化材料一份（PDF、JPG 格式）。

12）《报审委托书》（原件一份，盖建设、设计单位公章）及其电子化材料（PDF、JPG 格式）。

13）工程概（预）算书汇总（复印件一份，盖建设单位公章）及其电子化材料（PDF、JPG 格式）。

14）各专业计算书和电算资料（原件一份，盖设计单位资质章和分专业注册章）及其电子化材料（PDF、JPG 格式）。

15）全套施工图（原件一式四份，图样均应盖单位资质章、项目负责人注册章，分专业负责人注册章，均应在蓝图上盖章）及其电子化材料（CAD 格式）。

16）建筑、电气、暖通节能审查备案表（原件一式六份，盖建设、设计单位公章）及其电子化材料（PDF、JPG 格式）。

17）已审查通过的《工程地质勘察报告》（原件一份）及其电子化材料（PDF、JPG 格式）。

●市政基础设施工程施工图设计。

1）立项批复文件、项目备案或核准文件（复印件一份，盖建设单位公章）及其电子化材料（PDF、JPG 格式）。

2）用地红线批文文本文件和图形文件（复印件一份，盖建设单位公章）及其电子化材料（PDF、JPG 格式）。

3）用地规划许可文本文件和图形文件（复印件一份，盖建设单位公章）及其电子化材料（PDF、JPG 格式）。

4）工程规划许可文本文件和图形文件（复印件一份，盖建设单位公章）及其电子化材料（PDF、JPG 格式）。

5）初步设计批复（复印件一份，盖建设单位公章）及其电子化材料（PDF、JPG 格式）。

6）设计单位资质证书（复印件一份，盖设计单位公章和资质章）及其电子化材料（PDF、JPG 格式）。

7）建设工程项目的勘察设计人员信息一览表（原件一份，盖设计单位公章）及其电子化材料（PDF、JPG格式）。

8）工程勘察《审查报告书、合格书》（复印件一份，盖建设单位公章）及其电子化材料（PDF、JPG格式）。

9）《报审委托书》（原件一份，盖建设、设计单位公章）及其电子材料（Word格式）。

10）工程概（预）算书汇总（复印件一份，盖建设单位公章）及其电子化材料（PDF、JPG格式）。

11）相关政府职能部门批复：市政、消防、环评（复印件一份，盖建设单位公章）及其电子化材料（PDF、JPG格式）。

12）各专业计算书和电算资料（原件一份，盖设计单位资质章和分专业注册章）及其电子化材料（PDF、JPG格式）。

13）全套施工图（原件一式四份，图样均应盖单位资质章、项目负责人注册章；分专业负责人注册章，均应在蓝图上盖章）及其电子材料（CAD格式）。

14）已审查通过的《工程地质勘察报告》（原件一份）及其电子化材料（PDF、JPG格式）。

●基坑与边坡支护施工图设计。

1）设计单位资质证书（复印件一份，盖设计单位公章和资质章）及其电子化材料（PDF、JPG格式）。

2）深基坑支护结构超出用地红线的，应有被占用地块的主管部门或业主的书面同意文件（复印件一份，加盖建设单位公章）及其电子化材料（PDF、JPG格式）。

3）建设工程项目的勘察设计人员信息一览表（原件一份，盖设计单位公章）及其电子化材料（PDF、JPG格式）。

4）工程勘察《审查报告书、合格书》（复印件一份，盖建设单位公章）及其电子化材料（PDF、JPG格式）。

5）《报审委托书》（原件一份，盖建设、设计单位公章）及其电子材料（Word格式）。

6）工程概（预）算书汇总（复印件一份，加盖建设单位公章）及其电子化材料（PDF、JPG格式）。

7）专业计算书和电算资料（原件一份，盖设计单位资质和专业注册章）及其电子化材料（PDF、JPG格式）。

8）全套施工图（原件一式四份，图样均应盖单位资质章、项目和专业负责人注册章；均应在蓝图上盖章；封面应有原主体设计单位意见并盖章）及其电子材料（CAD格式）。

9）已审查通过的《工程地质勘察报告》（原件一份）及其电子化材料（PDF、JPG格式）。

10）原主体设计单位对基坑和边坡支护工程设计的《基坑和边坡支护工程技术复核表》（原件一份）及其电子材料（Word格式）。

11）《专家论证意见》（复印件一份，盖建设单位公章）及其电子化材料（PDF、JPG格式）。

●幕墙和装饰钢结构工程施工图设计。

1）《报审委托书》（原件一份，加盖建设、设计单位公章）及其电子材料（Word 格式）。

2）建设工程项目的勘察设计人员信息一览表（原件一份，盖设计单位公章）及其电子化材料（PDF、JPG 格式）。

3）《幕墙和装饰钢结构工程技术复核表》（原件一份，盖建设单位公章）及其电子化材料（PDF、JPG 格式）。

4）设计单位资质证书（复印件一份，盖设计单位公章和资质章）及其电子化材料（PDF、JPG 格式）。

5）工程概（预）算书汇总（原件一份，盖建设单位公章）及其电子化材料（PDF、JPG 格式）。

6）专业计算书和电算资料（原件一份，盖设计单位资质章和专业注册章）及其电子化材料（PDF、JPG 格式）。

7）全套施工图（原件一式四份，图样均应加盖单位资质章、项目和专业负责人注册章；均应在蓝图上盖章；封面应有原主体设计单位意见并盖章）及其电子材料（CAD 格式）。

●旧工业建筑功能转变改造工程施工图设计。

1）功能、外观、面积改变的，附规划许可文件（彩色原件一份）及其电子化材料（PDF、JPG 格式）。

2）房产测绘单位出具的《房产预算成果》（复印件一份，盖建设单位公章）及其电子化材料（PDF、JPG 格式）。

3）建筑工程施工图符合规划许可承诺书（格式文件原件一份）及其电子材料（Word 格式）。

4）政府职能部门批复：消防、民防、市政园林、气象、绿色建筑（复印件一份，盖建设单位公章）及其电子化材料（PDF、JPG 格式）。

5）设计单位资质证书（复印件一份，盖设计单位公章和资质章）及其电子化材料（PDF、JPG 格式）。

6）建设工程项目的勘察设计人员信息一览表（原件一份，盖设计单位公章）及其电子化材料（PDF、JPG 格式）。

7）《报审委托书》（原件一份，盖建设、设计单位公章）及其电子材料（Word 格式）。

8）工程概（预）算书汇总（复印件一份，盖建设单位公章）及其电子化材料（PDF、JPG 格式）。

9）设计单位非原主体设计单位的，应按建设行政主管部门的规定出具设计责任归属文件（原件一份，盖相应单位公章）及其电子化材料（PDF、JPG 格式）。

10）各专业计算书和电算资料（原件一份，盖单位资质章和分专业注册章）及其电子化材料（PDF、JPG 格式）。

11）全套施工图（原件一式四份，各专业图样均应盖单位资质章、项目负责人注册章，分专业盖专业负责人注册章；均应在蓝图上盖章）及其电子材料（CAD 格式）。

12）原工程地质勘察报告（原件一份，如补勘应先送审查）。

●既有建筑改扩建与加固工程施工图设计。

1）功能、外观、面积改变的，附规划许可文件（彩色原件一份）及其电子化材料（PDF、JPG 格式）。

2）房产测绘单位出具的《房产预算成果》（复印件一份，盖建设单位公章）及其电子化材料（PDF、JPG 格式）。

3）建筑工程施工图符合规划许可承诺书（格式文件原件一份）及其电子材料（Word 格式）。

4）政府职能部门批复：消防、民防、市政园林、气象、绿色建筑（复印件一份，盖建设单位公章）及其电子化材料（PDF、JPG 格式）。

5）设计单位资质证书（复印件一份，盖设计单位公章和资质章）及其电子化材料（PDF、JPG 格式）。

6）建设工程项目的勘察设计人员信息一览表（原件一份，盖设计单位公章）及其电子化材料（PDF、JPG 格式）。

7）《报审委托书》(原件一份，盖建设、设计单位公章)及其电子材料（CAD 格式）。

8）工程概（预）算书汇总（复印件一份，盖建设单位公章）及其电子化材料（PDF、JPG 格式）。

9）设计单位非原主体设计单位的，应按建设行政主管部门的规定出具设计责任归属文件（原件一份，盖相应单位公章）及其电子化材料（PDF、JPG 格式）。

10）各专业计算书和电算资料（盖单位资质章和分专业注册章）及其电子化材料一份（PDF、JPG 格式）。

11）全套施工图（原件一式四份，各专业图样均应盖单位资质章、项目负责人注册章，分专业盖专业负责人注册章；均应在蓝图上盖章）及其电子材料（CAD 格式）。

12）原工程地质勘察报告（原件一份，如补勘应先送审查）及其电子化材料（PDF、JPG 格式）。

13）全套竣工图（原件一份）及其电子材料（CAD 格式）。

14）由相应资质单位出具的检测报告、结构抗震鉴定报告（原件一份）及其电子化材料（PDF、JPG 格式）。

15）建筑、电气、暖通节能审查备案表（原件一式六份，盖建设、设计单位公章）及其电子材料（CAD 格式）。

3. 不必报送施工图审查机构审查的设计内容

●非房屋建筑和市政基础设施工程。
●工业工程中的工艺、构筑物。
●绿化工程、建筑智能化专项工程。
●未涉及主体承重结构变动、使用功能变化以及未超过原设计荷载的装修改造、立面改造工程。
●未涉及住建部第 13 号令第十一条规定内容的一般性设计变更。
●施工过程中临时技术措施设计等。
●抢险救灾的临时性房屋建筑和市政工程。

Chapter 5

第五章

建筑施工图
设计案例

第一节　商业建筑设计案例

1. 图样目录（表5-1）

表5-1　图样目录

设计单位：××××建筑设计有限责任公司××区××分公司

建设单位：××××房地产开发有限公司

工程名称：××××项目一期 A6#楼

设计编号：

总经理：

总工程师：

项目负责人：

出图日期：　　年　　月　　日

注册建筑师专用章	注册结构师专用章	出图专用章

图样目录

序号	图号	图样名称
建筑		
1	建施 24-1	建筑设计说明
2	建施-2	材料做法表门窗统计表室内装修做法表
3	建施-3	一层平面图
4	建施-4	二层平面图
5	建施-5	三层平面图
6	建施-6	四层平面图
7	建施-7	五～二十四层平面图
8	建施-8	二十五层平面图
9	建施-9	二十六层平面图
10	建施-10	机房层平面图
11	建施-11	屋顶排水平面图
12	建施-12	①轴～⑰轴立面图
13	建施-13	⑰轴～①轴立面图
14	建施-14	Ⓐ-Ⓚ、Ⓚ-Ⓐ轴立面图
15	建施-15	1-1 剖面图、2-2 剖面图
16	建施-16	3-3 剖面图、4-4 剖面图
17	建施-17	5-5 剖面图
18	建施-18	1#、2#、3#、4#楼梯详图
19	建施-19	5#、6#楼梯详图
20	建施-20	7#、8#楼梯详图

（续）

序号	图号	图样名称
21	建施-21	电梯详图
22	建施-22	节点详图（一）
23	建施-23	节点详图（二）
24	建施-24	门窗立面图
图集编号		
吉 J2005-440		住宅楼梯
吉 J2006-004		住宅厨房卫生间防火型变压式排气道图集
吉 J2008-115		外墙外保温建筑构造
吉 J2007-250		自粘防水卷材建筑构造
吉 J2011-255		CNE 改性沥青防水卷材屋面建筑构造
国标 02J401		钢梯

2. 建筑设计说明

（1）设计依据。

1）经批准的本工程初步设计文件，建设方的意见；工程设计委托书及设计合同。

2）现行的国家有关建筑设计规范、规程：

《民用建筑设计通则》（GB 50352—2005）

《民用建筑设计防火统一技术措施》（DB22/T 1888—2013）

《建筑灭火器配置设计规范》（GB 50140—2005）

《建筑内部装修设计防火规范》（GB 50222—1995）

《公共建筑节能设计标准》（DB22/T436—2007）

《民用建筑外保温工程防火技术规程》（DB22/T 496—2012）

《无障碍设计规范》（GB 50763—2012）

《屋面工程技术规范》（GB 50345—2012）

> **要 点 解 析**
>
> 设计依据是建筑设计的根本，是约束设计人员的在合理范围内发挥最大的想象的规定性文件。建筑类型繁多，每种建筑类型都有自己常用的建筑规范。此外还要根据不同地域的不同要求制订合理的设计方案。

（2）工程概况。

1）工程名称：×××项目一期。

2）建设单位：×××房地产开发有限公司。

3）建设位置：远大大街与乙一路交汇处，详见总平面图。

4）主要技术指标见表5-2。

表5-2 主要技术指标

总用地面积	768.42m²	层数		建筑高度	建筑类别	耐火等级		停车数量	
		地上	地下			地上	地下	地上	地下
总建筑面积	15061.84m²			79.35m	一类				
地上建筑面积	15061.84m²	26				一级			

建筑分类	商务综合楼	结构形式	结构安全等级	基础形式	抗震设防烈度	合理使用年限
使用功能	一至三层小型商铺 四至二十六层办公	剪力墙	二级	筏型基础	7度	50年

要点解析

工程概况是对一个项目项目名称、地理位置、建设单位、结构形式、建筑类别、建筑防火等级、抗震设防烈度、经济技术指标及所建建筑周边的陈述。是对项目规划设计和项目了解的主要条件。

（3）设计标高。

1）室内地面设计标高±0.00相当于测量标高194.65。室外地面设计标高-0.15相当于测量标高194.50。

2）各层标注标高为完成面标高（建筑面标高），屋面标高为结构面标高。

3）本工程标高以米为单位，总平面以米为单位，其他以毫米为单位。

要点解析

标高表示建筑物各部分的高度。标高分为相对标高和绝对标高。相对标高是把室内首层地面高度定为相对标高的零点，用于建筑物施工图的标高标注。绝对标高，我国是把黄海平均海平面定为绝对标高的零点，其他各地标高以此为基准，常用在总图上。建筑物图样上的标高以细实线绘制的三角形加引出线表示；总图上的标高以涂黑的三角形表示。标高符号的尖端指至被注高度，箭头可向上、向下。标高数字以m为单位，注写到小数点后第三位。"正负零"（建筑图中用±0.000表示）是指建筑物上的一个标高（可以理解为"高度"），它仅指楼房在一层地面的那个"高度"。建筑施工到±0.000就表示已经把基础结构施工完了。通常说已经"出地面"了。

（4）垂直交通见表5-3。

表5-3　**垂直交通**

楼梯形式	数量	疏散宽度	电梯种类	数量	载重量	速度	备注
防烟楼梯（商业）	6	1.4m/部	消防电梯	1	1050t	2.0m/s	DT1
防烟楼梯（主楼）	2	1.4m/部	可用电梯	2	1050t	2.0m/s	DT2、DT3

要点解析

垂直交通主要是对建筑中楼梯电梯的介绍，主要包括楼梯的形式、数量、疏散宽度、电梯的种类、数量、载重量、速度以及楼梯电梯的编号等。

（5）墙体工程。

1）墙体的基础部分详见结施图；承重钢筋混凝土墙体详见结施图。

2）非承重外墙采用200厚B06型加气混凝土砌块，用WB-Y型干粉保温抹面砂浆砌筑。80 厚 TPS 防火保温板，用锚栓与基层锚固，各梁、柱、窗口等。热桥部位的保温构造详见吉 J2008—115— $\frac{1}{34}$ $\frac{3}{35}$。

3）内墙采用 200（或 100）厚 B06 型加气混凝土砌块，用 WB-N 型干粉保温抹面砂浆砌。

4）需做基础的隔墙除另有要求者外，均随混凝土垫层做盆基础，上宽 500，下宽 300。

5）加气混凝土砌块应按《砌体工程施工质量验收规范》进行施工和验收，并应按构造要求在相应部位设置构造柱、拉结筋扩圈梁。构造柱应与建筑留洞配合施工。构造柱、圈梁、窗过梁配筋详见结施图。

6）室内外高差大于 0.60m 时，外墙应做钢筋混凝土挡土墙，挡土墙内侧应抹 20 厚防砂浆防潮层。

7）变形缝满填聚氨酯硬泡，密度 ≥30kg/m³。

8）用砌块砌筑的各种井道、风道的内壁，均用 20 厚 1:2 水泥砂浆随砌随抹平。

9）墙体防潮：在室内地坪下 0.060，−0.100 外做 25 厚 1:2 水泥砂浆内加 5% 防水剂。

在此标高处为钢筋混凝土构件时可不做。当室内地坪低于室外地坪时，水平防潮层应在不同高度重叠布置，并在高低差埋土一侧墙身做 20 厚 1:2 水泥砂浆防潮层，如在室外一侧埋土，应另刷聚氨酯防水涂料。

10）墙体留洞：钢筋混凝土墙上的留洞见结施和设备图；混凝土墙（板）留洞的封堵见结施。砌筑墙体预留洞见建施和设备图；砌筑墙体预留洞过梁见结施说明。砌筑墙体预留洞待管道设备安装完后，用墙体同样材料或 C20 细石混凝土填实；变形缝双墙留洞的封堵，应在双墙分别设套管，套管与穿墙管之间用矿棉嵌堵。

要 点 解 析

墙体工程是对项目内墙外墙的陈述，外墙的厚度要依据工程所在区域来定，有些有变形缝还要对变形缝做介绍，同时还有墙体防潮和墙体留洞等。如东北地区，为了冬季防寒外墙一般较厚。外墙一般常用 200mm 厚轻骨料混凝土砌块，200mm 厚加气混凝土砌块（由于加气混凝土砌块荷载比较小通常会用轻骨料混凝土砌块）。在选择墙体时要注意选材的耐火极限、保温、隔声性能，在两种材料交接处要注意材料收缩产生的裂缝处理。

（6）消防措施。

1）防火分区的划分：每层为一个防火分区。

2）防火卷帘采用以背火面温升为判定条件的、其耐火极限不小于 3.0h 的特级防火卷帘。

3）防火卷帘与上方梁板之间的空隙应采用耐火极限不小于 3.0h 的防火材料封堵。

4）设在疏散走道上的防火卷帘具有停滞功能，可电动及手动开启。

5）防火墙上预留洞待管道安装完后，用耐火极限不低于 3h 的防火堵料封堵。

6）楼板预留洞待设备和管道安装完后，用 C20 细石混凝土封堵。管道竖井每层进行封堵。

7）玻璃幕墙和跨楼层竖向通窗与每层楼板、隔墙处的缝隙采用矿棉填实。

8）防火墙和公共走道上疏散用的平开防火门应设闭门器和顺序器，常开防火门须安装信号控制关门和反馈装置。

9）图中 ◢◣ 表示一组磷酸铵盐干粉灭火器，每组两具（型号 MF/ABC4）。

10）公共建筑幕墙式建筑外墙外保温工程防火构造要求见表5-4。

表5-4 公共建筑幕墙式建筑外墙外保温工程防火构造要求

外墙外保温系统类型	保温材料燃烧性能级别	防火构造措施				建筑高度
		防火隔离带	防火分仓	空腔形态	防火保护层厚度	
粘贴保温板系统	A级			有	6/3	75.35m

注：与A级保温材料防火性能等效的复合材料应经国家相关检验部门检验确认。

要 点 解 析

防火工程是建筑工程中的重中之重。

1）确定建筑物的耐火等级。

2）总平面设计要满足《建筑设计防火规范》（GB 50016—2014）的要求。

3）防火分区的划分要符合《建筑设计防火规范》（GB 50016—2014）中对防火分区的最大允许面积的规定。

4）安全疏散的疏散宽度要根据人数计算，具体计算详见《建筑设计防火规范》（GB 50016—2014），疏散距离要根据建筑物的类型以及建筑物的功能确定，《建筑设计防火规范》（GB 50016—2014）中也有明确的规定

5）内部装修除应符合《建筑内部装修设计防火规范》（GB 50222—1995）的规定外还应符合《建筑设计防火规范》（GB 50016—2014）的有关规定。

6）建筑构造中如有玻璃幕墙要经幕墙设计单位专项申报。

（7）建筑节能见表5-5。

表5-5 建筑节能

体形系数	0.25	朝向	窗墙面积比	外窗传热系数	窗框材料	玻璃种类	玻璃厚度及构造
外墙传热系数	0.35W/（m²·K）	南	0.309	2.2W/（m²·K）	塑钢	白玻+空气	4+9A+4+9A+4（空气暖边密封）
屋面传热系数	0.36W/（m²·K）	东	0.004	2.2W/（m²·K）	塑钢	白玻+空气	4+9A+4+9A+4（空气暖边密封）
周边地面热阻		西	0.004	2.2W/（m²·K）	塑钢	白玻+空气	4+9A+4+9A+4（空气暖边密封）
天窗屋面面积		北		2.2W/（m²·K）	塑钢	白玻+空气	4+9A+4+9A+4（空气暖边密封）

要点解析

建筑节能设计应依据我国已颁布的建筑节能标准及某些地区的施工图节能审查要点，针对我国不同地域的气候环境和建筑特点，并注重国际上先进的节能设计理念。

（8）屋面工程见表5-6。

表5-6 屋面工程

防水等级	设防要求	屋面排水方式	保温层材料	密度	厚度	放水材料	隔气层材料
1级	两道	有组织内、外排水	B1级EPS保温板	>30kg/m³	140mm	自粘聚合物改性沥青防水卷材	聚氨酯涂膜

注：1. 屋面防水做法见建施24-2屋面-1屋面-2。

2. 屋面雨水口布置见建施24-11，雨水管选用UPVC管φ160，详见吉J2011-255（CNE改性沥青防水卷材屋面建筑构造）。

要点解析

屋面工程是对屋面的防水等级、设防要求、保温材料、密度、厚度、防水材料、隔气层材料等的介绍，还要指出屋面防水的做法、雨水管口的布置以及雨水管的选用等。

（9）其他防水工程。

1）凡用水房间楼地面均比同层地面低20mm，设地漏的房间均以1%坡度坡向地漏。

2）凡用水房间楼地面防水层采用聚氨酯防水涂膜，防水层均上卷300。

3）凡用水房间墙面采用防水砂浆防水层（2000mm高范围内）。

4）凡用水房间墙体自楼面200mm高范围内做C15素混凝土，宽度同墙厚。

要点解析

防水工程是一项系统工程，它涉及施工技术、防水材料等，具体施工做法参见图集。

防水工程包括屋面防水、地下室防水、卫生间防水、外墙防水。防水是为了保证建筑物不受水侵蚀，内部空间不受危害。常用的规范有《地下工程防水技术规范》（GB 50108—2008）、《屋面工程技术规范》（GB 50345—2012）等。

屋面防水做法中要列出防水等级、防水材料、防水使用年限，以及屋面排水方式、雨水管做法、管径及材质等。

（10）门窗工程。

1）外门窗性能等级见表5-7。

表5-7 外门窗性能等级

抗风压性能分级	气密性能分级	水密性能分级	保温性能分级	水密性能分级
$2.0 \leqslant P_3 < 2.5$	6级（$1.5 \geqslant q_1 > 1.0$）（$4.5 \geqslant q_2 < 3.0$）	3级（$250 \leqslant \triangle p < 350$）	6级（$2.5 > k \geqslant 2.0$）	3级（$30 \leqslant R_w < 35$）

2）图中门窗的尺寸均为洞口尺寸，门窗加工尺寸应按照装修面的厚度由生产厂家进行调整。

3）门窗玻璃的选用应按照《建筑玻璃应用技术规程》（JGJ 113—2015）和《建筑安全玻璃管理规定》发改运行［2003］2116及地方主管部门的有关规定。

4）外门窗立樘详见墙身节点详图，内门窗立樘除图中另有注明外，双向平开门立樘位置为墙中心，单向平开门立樘与开启方向墙面平齐。管道竖井门门槛高300mm。

5）门窗选料、颜色、玻璃见门窗附注。门窗五金件要求为：合页、执手、撑挡、传动锁闭器的使用寿命为3万次，防腐达到96h 8级。

6）外门窗框与墙体相连处用发泡聚氨酯灌缝，外抹密封膏。

7）采光天窗应选用夹胶玻璃组成的中空玻璃，天窗构造应确保在冬季不产生冷凝水现象。

要 点 解 析

门窗工程是对建筑施工门窗的介绍，包括外门窗的性能等级，门窗的选用等。

（11）装饰工程。

1）本工程设计室内做法仅适用于一般标准，需做高级装修的部位均需另行设计。

2）外装修选用的各项材料其材质、规格、颜色等，均由施工单位提供样板，经建设单位和设计单位确认后进行封样，并据此验收。

3）采光天窗应选用夹胶玻璃组成的中空玻璃，天窗构造应确保在冬季不产生冷凝水现象。

要 点 解 析

装修工程包括内装修和外装修。

内装修中要注意本工程是一次装修到位还是粗装修。所选用的装修材料必须符合《建筑内部装修设计防火规范》（GB 50222—1995）。具体做法参考图集中的常用做法。所有设备的预留洞、设备基础待设备到货后核实无误方可施工，如有误差应与设计人员联系及时修改。所有房间装修做法参照材料做法表。

（12）无障碍设计说明。

1）无障碍设计满足《无障碍设计规范》的要求。

2）无障碍设计范围：建筑入口、楼梯，电梯轿厢。

要 点 解 析

无障碍设计是关注、重视残疾人、老年人的特殊需求。

无障碍工程要仔细阅读无障碍规范，明确需做无障碍设计的建筑部位、无障碍坡道的坡度及栏杆扶手的做法和要求、无障碍卫生间的具体尺寸及要求。有的工程没有设置电梯，则要根据无障碍设计规范设置无障碍楼梯。

---

3. 材料做法表（表5-8）、门窗统计表（表5-9）、室内装修表（表5-10）

表5-8 材料做法表

屋面－1	上人平屋面（防水等级Ⅰ级）	屋面－2	非上人平屋面（防水等级Ⅰ级）
构造做法	1）50厚C20细石混凝土保护层内掺（7% TS95硅质防水剂）ϕ6@200双向钢筋网，3000×3000分缝，缝宽10用TS95专用胶填实 2）10厚M1.0白灰砂浆隔离层 3）两遍3厚自粘聚合物改性沥青防水卷材（聚酯毡胎体）四周遇墙上翻 4）20厚1:2.5水泥砂浆找平层 5）1:10水泥珍珠岩找坡最薄处30厚 6）140厚阻燃型聚苯乙烯保温板（燃烧性能B1级，密度20kg/m³） 7）1.2厚300#聚乙烯丙纶隔气层，侧面卷起150 8）1:2.5水泥砂浆找平层 9）现浇钢筋混凝土楼板，原浆收平	构造做法	1）40厚C20细石混凝土保护层内掺（7% TS95硅质防水剂）3000×3000分缝，缝宽10用TS95专用胶填实 2）10厚M1.0白灰砂浆隔离层 3）两遍3厚自粘聚合物改性沥青防水卷材（聚酯毡胎体）四周遇墙上翻500 4）20厚1:2.5水泥砂浆找平层 5）1:10水泥珍珠岩找坡最薄处30厚 6）140厚阻燃型聚苯乙烯保温板（燃烧性能B1级，密度20kg/m³） 7）1.2厚300#聚乙烯丙纶隔气层，侧面卷起150 8）1:2.5水泥砂浆找平层 9）现浇钢筋混凝土楼板，原浆收平
选用部位	平屋面	选用部位	平屋面
楼面－1	水泥砂浆楼面	楼面－2	地砖，石材楼面
构造做法	1）30厚装饰面层（业主自理） 2）20厚1:2.5水泥砂浆找平层 3）素水泥浆一道（内掺建筑胶） 4）现浇钢筋混凝土楼板	构造做法	1）10厚贴地砖，石材防滑条，同色勾缝剂勾缝 2）40厚1:3干硬性水泥砂浆结合层 3）素水泥浆一道表面撒素灰粘接层 4）现浇钢筋混凝土楼板
选用部位	办公室、小型商业、商业	选用部位	门厅、前室及二层楼梯间
楼面－3	细石混凝土楼面	楼面－4	水泥砂浆楼面
构造做法	1）50厚C20细石混凝土压光，楼梯踏步钢筋护角 2）素水泥浆一道（内掺建筑胶） 3）现浇钢筋混凝土楼板	构造做法	1）30厚装饰面层（业主自理） 2）20厚1:3水泥砂浆保护层，找坡1%（累计）坡向地漏 3）素水泥浆一道（内掺建筑胶） 4）2厚单组分聚氨酯防水涂膜（四周遇墙上翻300，覆盖墙面刚性防水层）；淋浴处加高至1800，浴盆处加高至1000 5）现浇钢筋混凝土楼板，原浆收平

选用部位	二层以上楼梯间、电梯机房	选用部位	卫生间
地面-1	防滑地面砖地面	地面-2	防滑地面砖地面
构造做法	1）150 高黑色磨光花岗石板踢脚 2）10 防滑地面砖铺平拍实，素水泥浆擦缝 3）30 厚 1:3 干硬性水泥砂浆结合层，表面撒水泥粉 4）60 厚 C20 细石混凝土垫层 5）水泥砂浆一道（内掺建筑胶） 6）沿外墙 2000 宽范围内 50 厚 XPS 保温板（密度 35～36kg/m³） 7）100 厚碎石灌 2.5 水泥砂浆 8）素土夯实（压实系数应≥0.93）	构造做法	1）150 高黑色磨光花岗石板踢脚 2）10 防滑地面砖铺平拍实，素水泥浆擦缝 3）30 厚 1:3 干硬性水泥砂浆结合层，表面撒水泥粉 4）10 厚 1:3 水泥砂浆找平层 5）2 厚聚氨酯防水涂膜，内侧墙 300 高，门口铺出 200 宽 6）30 水泥砂浆找坡层（四角抹小八字脚），最薄处 20 厚 1% 坡，坡向地漏 7）60 厚 C20 细石混凝土 8）水泥砂浆一道（内掺建筑胶） 9）沿外墙 2000 宽范围内 50 厚 XPS 保温板（密度 35～36kg/m³） 10）100 厚碎石灌 2.5 水泥砂浆 11）素土夯实（压实系数应≥0.93）
选用部位	一层商铺、楼梯间地面	选用部位	卫生间
外墙 – 1	涂料外墙饰面	外墙 – 2	涂料外墙饰面
构造做法	1）涂料外墙饰面两遍 2）6 厚抗裂聚合物水泥砂浆耐碱网格布（一布二涂）（首层二布三涂 6 厚） 3）80 厚阻燃型聚苯乙烯保温板，用锚栓与基层锚固，锚栓不少于 4 个/m²（燃烧性能 B1 级，密度 20kg/m³） 4）5 厚粘板胶粘结层 5）15 厚 1:2.5 水泥砂浆找平层 6）加气混凝土砌块或钢筋混凝土柱（柱与墙交接处钉 330 宽钢丝网）	构造做法	1）涂料外墙饰面两遍 2）6 厚抗裂聚合物水泥砂浆耐碱网格布（一布二涂） 3）80 厚 TPS 防火保温板，用锚栓与基层锚固，锚栓不少于 4 个/m²（燃烧性能 A2 级，密度 40kg/m³） 4）5 厚粘板胶粘结层 5）15 厚 1:2.5 水泥砂浆找平层 6）加气混凝土砌块或钢筋混凝土柱（柱与墙交接处钉 330 宽钢丝网）
选用部位	外墙面	选用部位	外墙防火隔离带
外墙 – 3	面砖外墙饰面	散水 – 1	回填土暗散水
构造做法	1）面砖粘结砂浆外墙面砖（颜色见外立面） 2）5 厚抗裂砂浆热镀锌电焊网（用锚栓与基层锚固双向@600 锚固）（首层二布三涂 6 厚） 3）80 厚阻燃型聚苯乙烯保温板，用锚栓与基层锚固，锚栓不少于 4 个/m²（燃烧性能 B1 级，密度 20kg/m³） 4）5 厚粘板胶粘结层 5）15 厚 1:2.5 水泥砂浆找平层 6）加气混凝土砌块或钢筋混凝土柱（柱与墙交接处钉 330 宽钢丝网）	构造做法	1）300 厚回填土（回填土接触的墙体做外墙防潮层及保护） 2）60 厚 C20 细石混凝土，撒 1:1 水泥砂子压实赶光 3）150 厚 5～32 卵石灌 M2.5 混合砂浆，宽出面层 100 4）500 厚废砂垫层 5）素土夯实

选用部位	一、二（三层局部）面砖外墙	选用部位	室外散水
挑台－1	防滑地面砖地面	内墙－1	混合砂浆内墙
构造做法	1）最薄处20厚1:3水泥砂浆保护层兼向地漏找2%坡 2）1.5厚单组分聚氨酯防水涂膜四周遇墙上翻500 3）20厚1:2.5水泥砂浆找平层 4）30厚阻燃型聚苯乙烯保温板（燃烧性能B1级，密度20kg/m²） 5）20厚1:2.5水泥砂浆找平层 6）钢筋混凝土板 7）15厚1:2.5水泥砂浆找平层 8）5厚聚合物水泥砂浆粘结层 9）30厚阻燃型聚苯乙烯保温板，用锚栓与基层锚固，锚栓不少于4个/m²（燃烧性能B1级，密度20kg/m³） 10）5厚抗裂聚合物水泥砂浆耐碱网格布（一布二涂）（首层二布三涂6厚） 11）外墙涂料饰面	构造做法	1）装饰面层（业主自理） 2）8厚1:0.3:2.5水泥石灰膏砂浆罩面压光 3）10厚1:0.3:3水泥石灰膏砂浆打底扫毛 4）素水泥浆一道（内掺建筑胶） 5）加气混凝土空心砌块或钢筋混凝土柱（柱与墙交接处钉330宽钢丝网）
选用部位	客厅、餐厅、卧室	选用部位	卫生间
内墙－2	防水内墙	内墙－3	水泥砂浆搓毛内墙
构造做法	1）装饰面层（业主自理） 2）2厚单组分聚氨酯防水涂膜（四周遇墙上翻300，覆盖墙面刚性防水层），淋浴处加高至1800，浴盆处加高至1000 3）10厚1:2水泥砂浆抹平 4）素水泥浆一道（内掺建筑胶） 5）加气混凝土空心砌块或钢筋混凝土柱（柱与墙交接处钉330宽钢丝网）	构造做法	1）装饰面层（业主自理） 2）20厚1:2水泥砂浆搓毛 3）素水泥浆一道（内掺建筑胶） 4）加气混凝土空心砌块或钢筋混凝土柱（柱与墙交接处钉330宽钢丝网）
选用部位	卫生间	选用部位	厨房
内墙－4	混合砂浆刮大白内墙	内墙－5	玻璃幕
构造做法	1）刮大白两遍 2）8厚1:0.3:2.5水泥石灰膏砂浆罩面压光 3）10厚1:0.3:3水泥石灰膏砂浆打底扫毛 4）素水泥浆一道（内掺建筑胶） 5）加气混凝土空心砌块或钢筋混凝土柱（柱与墙交接处钉330宽钢丝网）	构造做法	二次装修
选用部位	一、二（三层局部）面砖外墙	选用部位	门厅

(续)

踢脚 – 1	水泥砂浆踢脚	顶棚 – 1	清水混凝土刮大白顶棚
构造做法	1）装饰面层（业主自理） 2）8 厚 1:2 水泥砂浆罩面压实赶光与墙面一平 3）12 厚 1:3 水泥砂浆打底扫毛或画出纹道 4）素水泥浆一道（内掺建筑胶） 5）加气混凝土空心砌块或钢筋混凝土柱	构造做法	1）钢筋混凝土楼板（表面处理平整） 2）素水泥胶刮平 3）刮大白两道
选用部位	二层及以上前室、二层及以上楼梯间、电梯机房	选用部位	前室、楼梯间、电梯机房
顶棚 – 2	素水泥胶刮平顶棚	顶棚 – 3	轻钢龙骨吊顶顶棚
构造做法	1）钢筋混凝土楼板（表面处理平整） 2）素水泥胶刮平	构造做法	1）钢筋混凝土楼板（表面处理平整） 2）轻钢龙骨吊顶（二次装修做）
选用部位	室内所有顶棚	选用部位	室内所有顶棚
踢脚 – 2	瓷砖踢脚	台阶 – 1	花岗石台阶
构造做法	1）150 高 10 厚瓷砖踢脚（板材满涂防污剂），稀水泥擦缝 2）10 厚 1:2 水泥砂浆粘结层（内掺建筑胶） 3）素水泥浆一道甩毛（内掺建筑胶） 4）加气混凝土空心砌块或钢筋混凝土柱	构造做法	1）30 厚防滑花岗石铺面，正面及四周边满涂防污剂，拼缝灌稀水泥浆擦缝 2）撒素水泥面（洒适量清水） 3）30 厚 1:3 干硬性水泥砂浆粘结层 4）素水泥浆一道（内掺建筑胶） 5）80 厚 C15 混凝土（内配 $\phi6@200$ 双向配筋方格网） 6）100 厚碎石灌 M2.5 水泥砂浆 7）500 厚废砂垫层 8）素土夯实
选用部位	卫生间	选用部位	室外台阶、残疾人坡道
女儿墙 – 1	涂料外墙饰面	女儿墙 – 2	涂料外墙饰面
构造做法	1）涂料外墙饰面两遍 2）5 厚抗裂聚合物水泥砂浆耐碱网格布（一布二涂） 3）80 厚阻燃型聚苯乙烯保温板，用锚栓与基层锚固，锚栓不少于 4 个/m²（燃烧性能 B1 级，密度 20kg/m²） 4）5 厚粘板胶粘结层 5）15 厚 1:2.5 水泥砂浆找平层 6）钢筋混凝立板 7）15 厚 1:2.5 水泥砂浆找平层 8）5 厚粘板胶粘结层 9）30 厚阻燃型聚苯乙烯保温板，用锚栓与基层锚固，锚栓不少于 4 个/m²（燃烧性能 B1 级，密度 20kg/m³） 10）5 厚聚合物砂浆耐碱网格布（一布二涂） 11）卷材同屋面防水 12）20 厚 1:2.5 水泥砂浆抹平	构造做法	1）涂料外墙饰面两遍 2）5 厚抗裂聚合物水泥砂浆耐碱网格布（一布二涂） 3）80 厚阻燃型聚苯乙烯保温板，用锚栓与基层锚固，锚栓不少于 4 个/m²（燃烧性能 B1 级，密度 20kg/m²） 4）5 厚粘板胶粘结层 5）15 厚 1:2.5 水泥砂浆找平层 6）钢筋混凝立板 7）15 厚 1:2.5 水泥砂浆找平层 8）5 厚粘板胶粘结层 9）30 厚阻燃型聚苯乙烯保温板，用锚栓与基层锚固，锚栓不少于 4 个/m²（燃烧性能 B1 级，密度 20kg/m³） 10）5 厚聚合物砂浆耐碱网格布（一布二涂） 11）涂料外墙饰面
选用部位	泛水范围内女儿墙	选用部位	泛水上部内女儿墙防火隔离带

表 5-9 门窗统计表

类型	设计编号	洞口尺寸 /mm	数量									备注
			一层	二层	三层	四层	五~二十四层	二十五层	二十六层	机房层	合计	
甲级防火门	FM 甲 1521	1500×2100		2	1					2	3	甲级防火门
	FM 甲 0821	800×2100								2	2	甲级防火门
	FM 甲 1021	1000×2100	1								1	甲级防火门
乙级防火门	FM 乙 2542	2500×4200	1								1	乙级防火门
	FM 乙 1521	1500×2700	10	10	6	4	4×20	4	4		117	乙级防火门
	FM 乙 1527	1500×2100	3								3	乙级防火门
	FM 乙-1	900×1500	4	3	4	4	4×20	4	4	1	114	乙级防火门
	FM 乙-2	1200×1500	1	1							2	乙级防火门
保温门	BM1021	1000×2100								4	4	保温门
	BM1521	1500×2100	1								1	保温门
	BM1527	1500×2700	3								3	保温门
	BM1842	1800×4200	2								2	保温门
木门	M0821	800×2100	4	4	4	1					13	木门
	M1527	1500×2700	1								4	木门
	M1021	1000×2100				12	12×20	12	12		276	木门
组合门	ML2327	2300×2700	1								1	单框三玻塑钢组合门
	MLC1842	1800×4200	2								2	单框三玻塑钢组合门
	MLC2383	2300×2700	2								2	单框三玻塑钢组合门
	MLC2527	2500×2700	1								1	单框三玻塑钢组合门
	MLC2542	2500×4200	3								3	单框三玻塑钢组合门

类型	设计编号	洞口尺寸/mm	数量									备注
			一层	二层	三层	四层	五~二十四层	二十五层	二十六层	机房层	合计	
窗	C1527	1500×2700	7								7	单框三玻塑钢窗
	C1842	1800×4200	2								2	单框三玻塑钢窗
	C2527	2500×2700	2								2	单框三玻塑钢窗
	C2542	2500×4200	3								3	单框三玻塑钢窗
	C0821	800×2100		22	26						48	单框三玻塑钢窗
	C1521	1500×2100		3	4						7	单框三玻塑钢窗
	C1821	1800×2100		4	4						8	单框三玻塑钢窗
	C2521	2500×2100		7	7						14	单框三玻塑钢窗
	C0614	600×1400				2	2×20	2	2		46	单框三玻塑钢窗
	C1017	1000×1700				1	1×20	1	1		43	单框三玻塑钢窗
	C1214	1200×1400				2	2×20	2	2		46	单框三玻塑钢窗
	C1217	1200×1700				2	2×20	2	2	4	50	单框三玻塑钢窗
	C1517	1500×1700				4	6×20	6	6	2	138	单框三玻塑钢窗

类型	设计编号	洞口尺寸/mm	数量									备注
			一层	二层	三层	四层	五~二十四层	二十五层	二十六层	机房层	合计	
窗	C1817	1800×1700				3	3×20	3	3		69	单框三玻塑钢窗
	C2117	2100×1700					3×20	2	2		44	单框三玻塑钢窗
	C2517	2500×1700				6	3×20	2	2		70	单框三玻塑钢窗
	C7517	750×1700						2			2	单框三玻塑钢窗
	C9517	950×1700						2			2	单框三玻塑钢窗
	C1417d	1400×1700								2	2	单框双玻塑钢窗
	C2117d	2100×1700								4	4	单框双玻塑钢窗

注：1. 所有门窗洞口尺寸需现场核实无误后方可订购安装。

2. 外窗保温要求：东、西、南、北向均为单框三玻。

3. 本图中门窗仅提供洞口尺寸及立面，开启扇形式由门窗厂家提供设计图样，经设计人确认无误后方可订货、生产、安装。

4. 客厅窗台高低于900时窗固定亮子在下端．开扇在上，加设1100高栏杆。

5. 地上一层设安全防盗防护栏杆，由用户自理。

6. 封闭阳台窗为单框三玻塑钢窗，按实际洞口尺寸及数量加工。

表5-10　室内装修表

房间名称	楼（地）面	踢脚（墙裙）	墙面	顶棚	备注
商铺、办公室	抹20厚1:2水泥砂浆赶平压光	120高1:2水泥砂浆暗踢脚	水泥石灰膏砂浆，罩面压光	钢筋混凝土楼板，原棚面	1:2水泥砂浆压光
卫生间	抹20厚1:2水泥砂浆赶平压光		1:2.5水泥砂浆，抹压搓毛	钢筋混凝土楼板，原棚面	1:2水泥砂浆，搓细麻面
门厅、电梯前室	防滑地面砖	120高成品踢脚砖	墙面砖（二次装修确定）	素水泥胶刮平，刮大白两遍	成品理石窗台板，窗台
楼梯间	50厚C20细石混凝土压光	120高1:2水泥砂浆明踢脚	20厚混合砂浆，刮大白两遍	素水泥胶刮平，刮大白两遍	1:2水泥砂浆压光
配电间、电梯房楼面楼梯间	抹20厚1:2水泥砂浆赶平压光	120高1:2水泥砂浆明踢脚	20厚混合砂浆，刮大白两遍	素水泥胶刮平，刮大白两遍	1:2水泥砂浆压光

详见书后插页（图5-1～图5-25）。

第二节　托幼建筑设计案例

篇幅有限，施工图样内容见附赠电子文件。

第三节　医院建筑设计案例

篇幅有限，施工图样内容见附赠电子文件。

第四节　住宅建筑设计案例

篇幅有限，施工图样内容见附赠电子文件。

Chapter 6

第六章

建筑设计常用规范和标准目录

《建筑设计防火规范》（GB 50016—2014）

《锅炉房设计规范》（GB 50041—2008）

《汽车库、修车库、停车场设计防火规范》（GB 50067—2014）

《民用建筑设计通则》（GB 50352—2005）

《电影院建筑设计规范》（JGJ 58—2008）

《商店建筑设计规范》（JGJ 48—2014）

《体育建筑设计规范》（JGJ 31—2003）

《剧场建筑设计规范》（JGJ 57—2016）

《人民防空地下室设计规范》（GB 50038—2005）

《公共建筑节能设计标准》（GB 50189—2015）

《建筑工程抗震设防分类标准》（GB 50223—2008）

《图书馆建筑设计规范》（JGJ 38—2015）

《托儿所、幼儿园建筑设计规范》（JGJ 39—2016）

《档案馆建筑设计规范》（JGJ 25—2010）

《人民防空工程设计防火规范》（GB 50098—2009）

《全国民用建筑工程设计技术措施 规划·建筑·景观》（2009 JSCS—1）

《城乡建设用地竖向规划规范》（CJJ 83—2016）

《城市居住区规划设计规范（2016 年版）》（GB 50180—1993）

《城市道路工程设计规范（2016 年版）》（CJJ 37—2012）

《城市道路交通规划设计规范》（GB 50220—1995）

《城市道路公共交通站、场、厂工程设计规范》（CJJ/T 15—2011）

《工业企业总平面设计规范》（GB 50187—2012）

《建筑地基基础设计规范》（GB 50007—2011）

《综合医院建筑设计规范》（GB 51039—2014）

《汽车加油加气站设计与施工规范（2014 年版）》（GB 50156—2012）

《城镇燃气设计规范》（GB 50028—2006）

《民用建筑电气设计规范》（JGJ 16—2008）

《住宅设计规范》（GB 50096—2011）

《办公建筑设计规范》（JG 67—2006）

《无障碍设计规范》（GB 50763—2012）

《交通客运站建筑设计规范》（JGJ/T 60—2012）

《住宅建筑设计规范》（GB 50386—2005）

《宿舍建筑设计规范》（JGJ 36—2016）

《住宅建筑规范》（GB 50368—2005）

《托儿所、幼儿园建筑设计规范》（JGJ 39—2016）

《中小学校设计规范》（GB 50099—2011）

《铁路旅客车站建筑设计规范（2011 年版）》（GB 50226—2007）

《老年人建筑设计规范》（JGJ 122—1999）

《疗养院建筑设计规范》（JGJ 40—1987）

《旅馆建筑设计规范》（JGJ 62—2014）

《20kV 及以下变电所设计规范》（GB 50053—2013）

《城市公共厕所设计标准》（CJJ 14—2016）

《地下工程防水技术规范》（GB 50108—2008）

《屋面工程技术规范》（GB 50345—2012）

《建筑外墙防水工程技术规程》（JGJ/T 235—2011）

《玻璃幕墙工程技术规范》（JGJ 102—2003）

《建筑幕墙》（GB/T 21086—2007）

《金属与石材幕墙工程技术规范》（JGJ 133—2001）

《建筑抗震设计规范》（GB 50011—2010）

《混凝土结构设计规范》（GB 50010—2010）

《砌体结构设计规范》（GB 50003—2011）

《节能建筑评价标准》（GB/T 50668—2011）

《夏热冬冷地区居住建筑节能设计标准》（JGJ 134—2010）

《民用建筑绿色设计规范》（JGJ/T 229—2010）

《绿色建筑评价标准》（GB/T 50378—2014）

参 考 文 献

[1] 吴孟红. 建筑施工图图例 [M]. 天津：天津大学出版社，2012.
[2] 徐锡权. 建筑施工图设计 [M]. 北京：中国水利水电出版社，2011.
[3] 何利民. 怎样阅读电气施工图 [M]. 北京：中国建筑工业出版社，2014.
[4] 王侠. 快速识读建筑施工图 [M]. 北京：中国电力出版社，2014.
[5] 褚振文. 建筑施工图实例导读 [M]. 北京：人民交通出版社，2013.
[6] 李亚峰. 建筑给水排水施工图识读 [M]. 北京：化学工业出版社，2016.
[7] 郭爱云. 建筑电气工程施工图 [M]. 武汉：华中科技大学出版社，2013.
[8] 朱栋华. 建筑电气工程图识读方法与实例 [M]. 北京：中国水利水电出版社，2005.
[9] 张树臣. 轻松看懂建筑弱电施工图 [M]. 北京：中国电力出版社，2016.
[10] 高霞. 建筑给水排水施工图识读技法 [M]. 合肥：安徽科学技术出版社，2011.

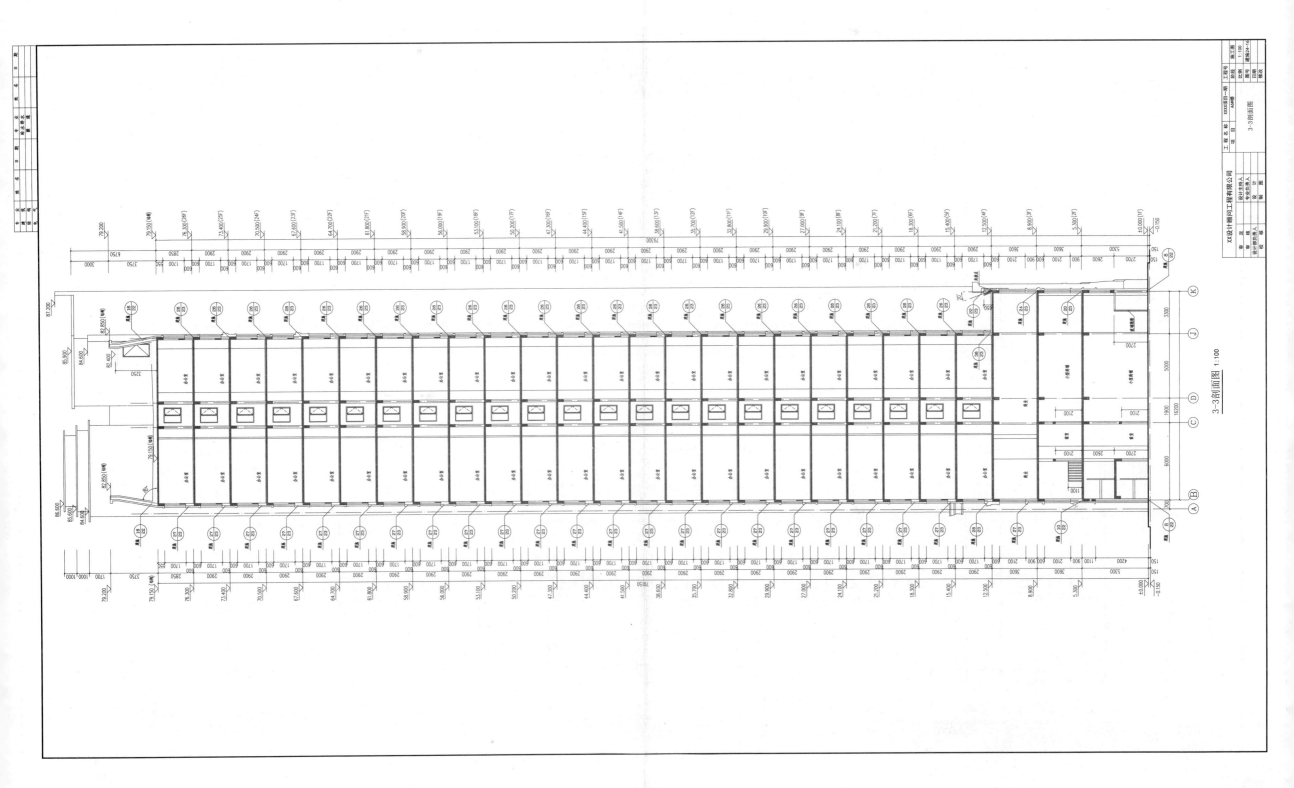

图5-18

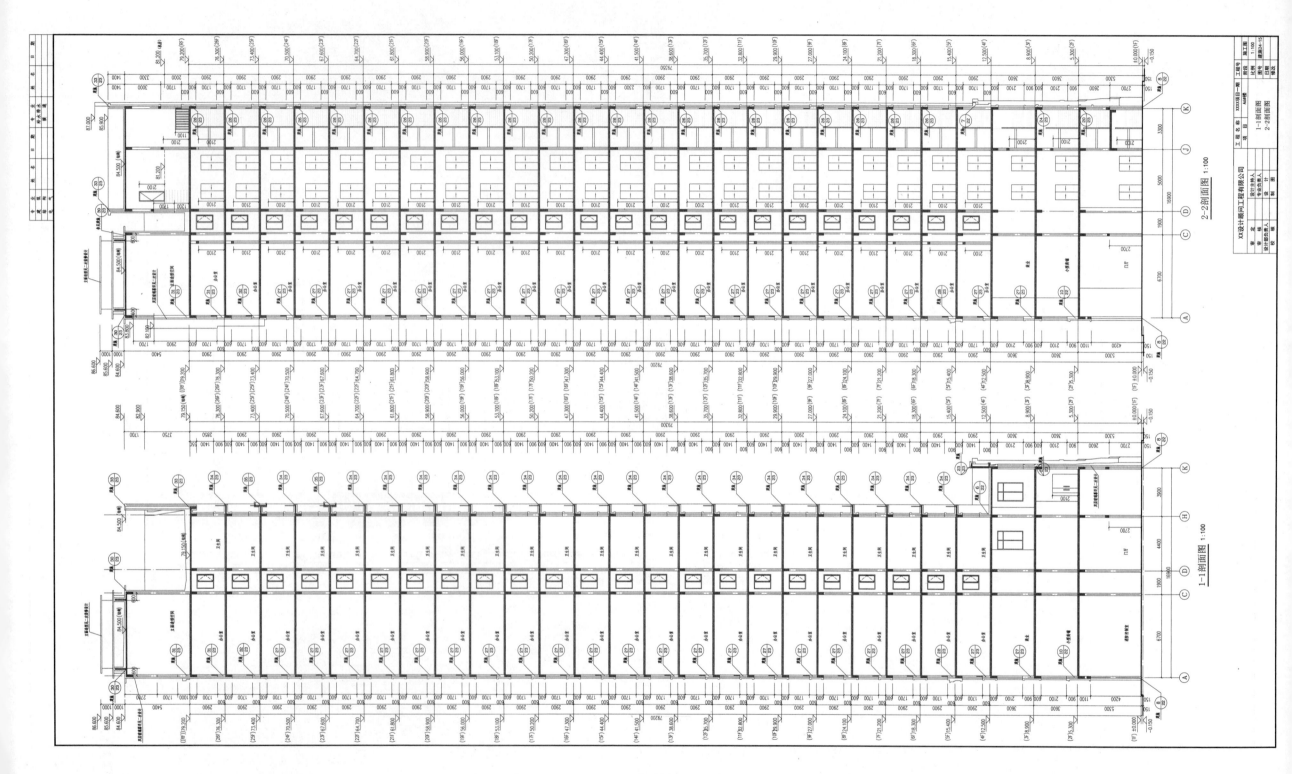

图5-17

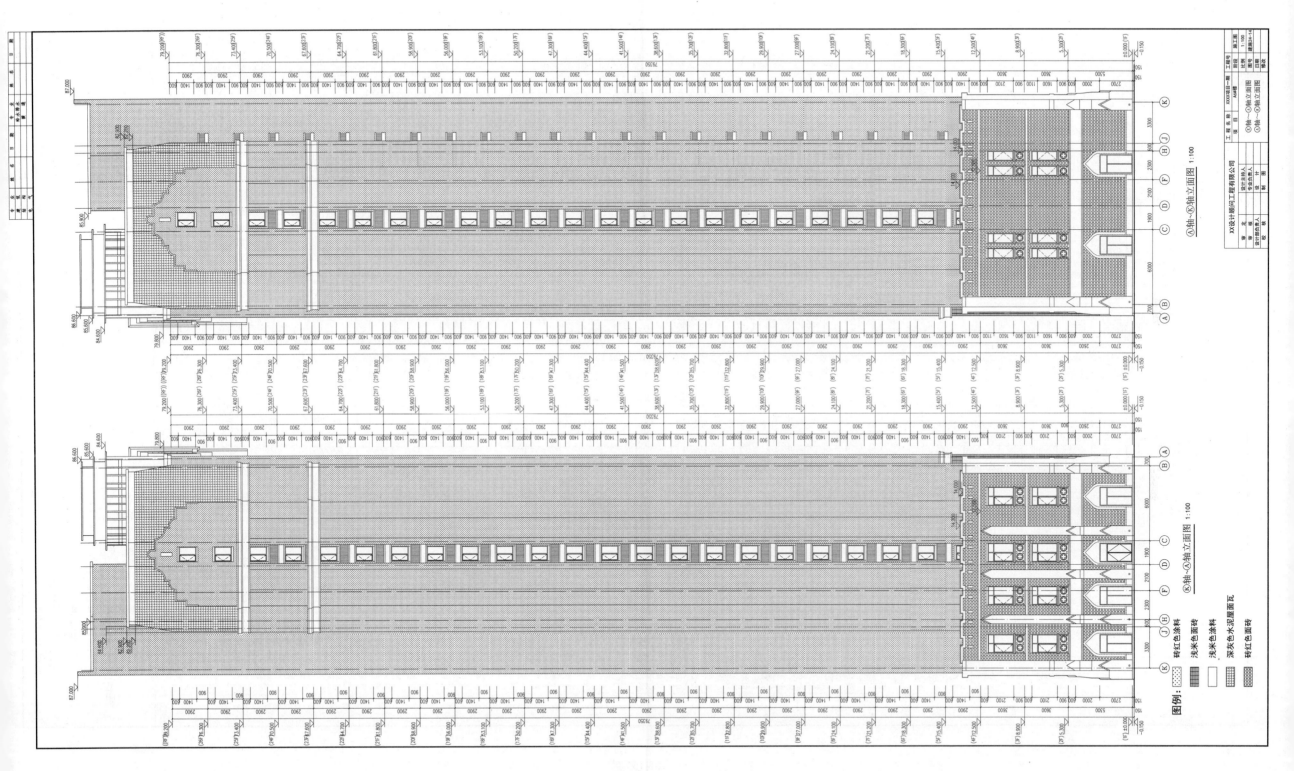

图5-16

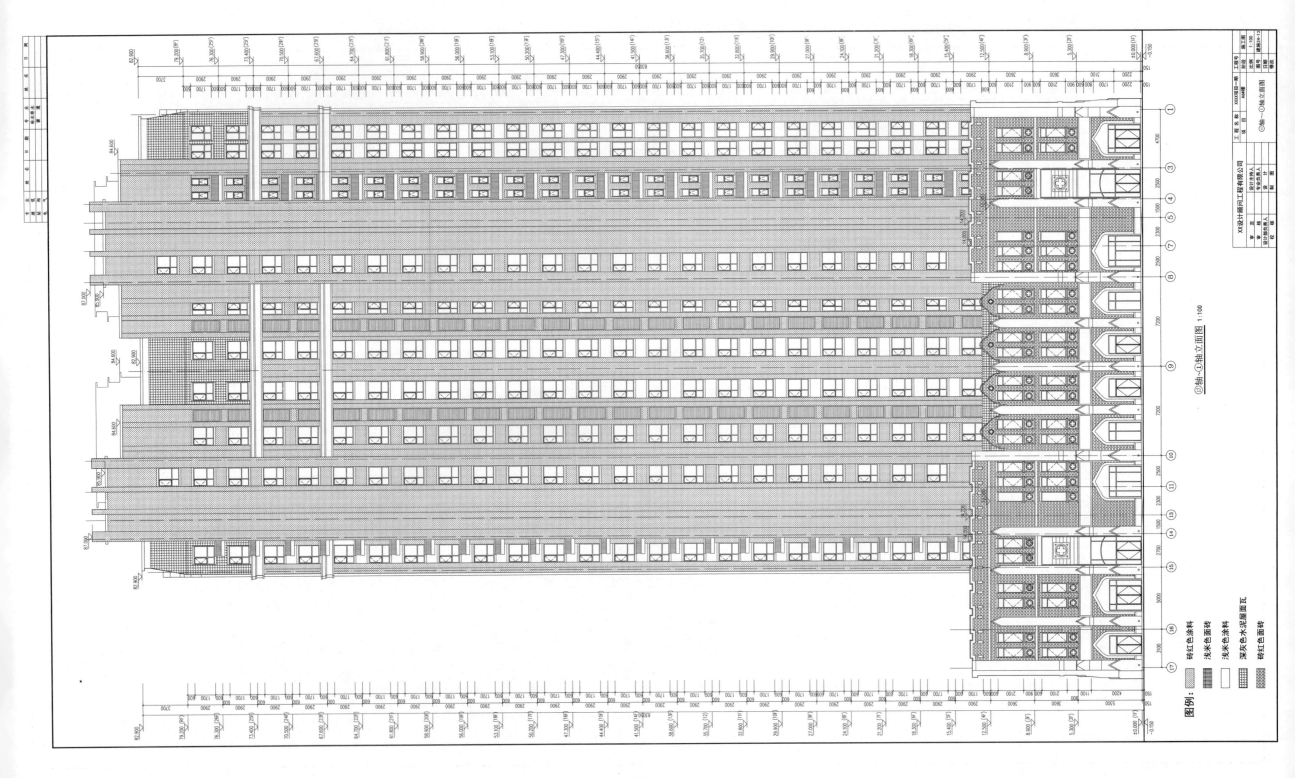

①轴~①轴立面图 1:100

图5-15

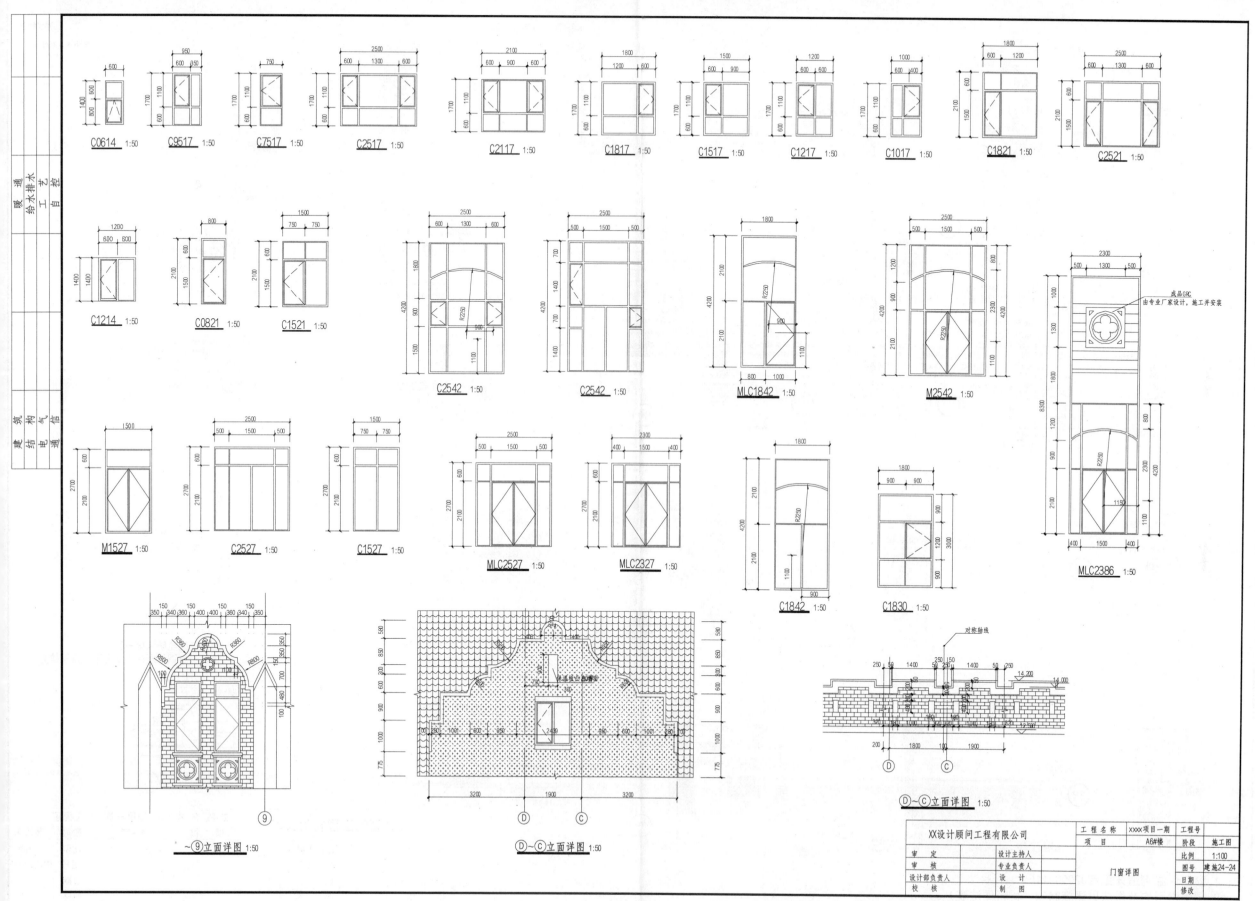

C0614 1:50 C9517 1:50 C7517 1:50 C2517 1:50 C2117 1:50 C1817 1:50 C1517 1:50 C1217 1:50 C1017 1:50 C1821 1:50 C2521 1:50

C1214 1:50 C0821 1:50 C1521 1:50 C2542 1:50 C2542 1:50 MLC1842 1:50 M2542 1:50 MLC2386 1:50

成品GRC
由专业厂家设计，施工并安装

M1527 1:50 C2527 1:50 C1527 1:50 MLC2527 1:50 MLC2327 1:50 C1842 1:50 C1830 1:50

⑨立面详图 1:50   ⑩~ⓒ立面详图 1:50   ⑩~ⓒ立面详图 1:50

对称轴线

XX设计顾问工程有限公司		工程名称	XXXX项目一期	工程号	
		项目	A6#楼	阶段	施工图
审定	设计主持人			比例	1:100
审核	专业负责人		门窗详图	图号	建施24-24
设计部负责人	设计			日期	
校核	制图			修改	

图5-25

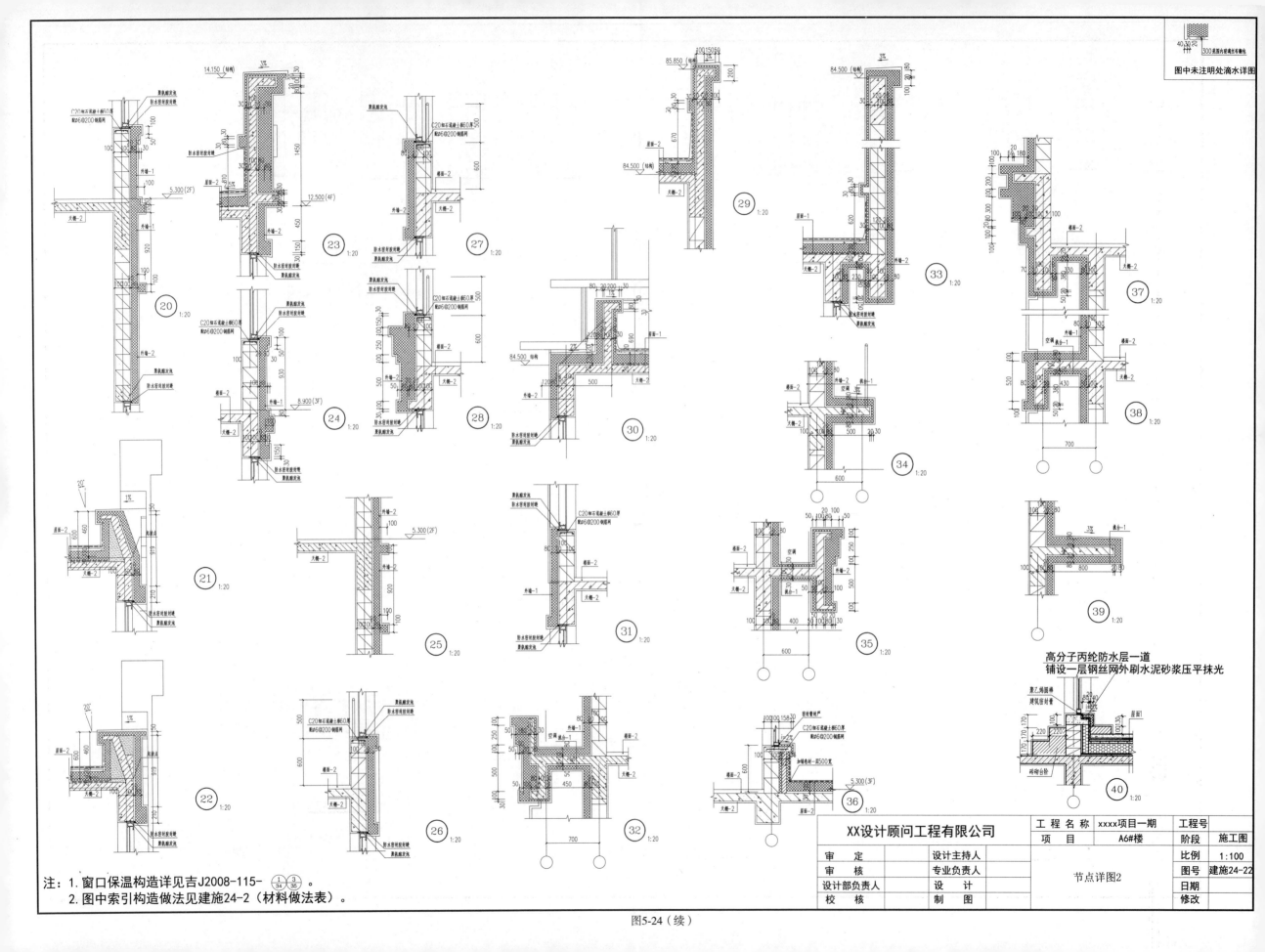

注：1.窗口保温构造详见吉J2008-115- ①③ 。
　　2.图中索引构造做法见建施24-2（材料做法表）。

图5-24（续）

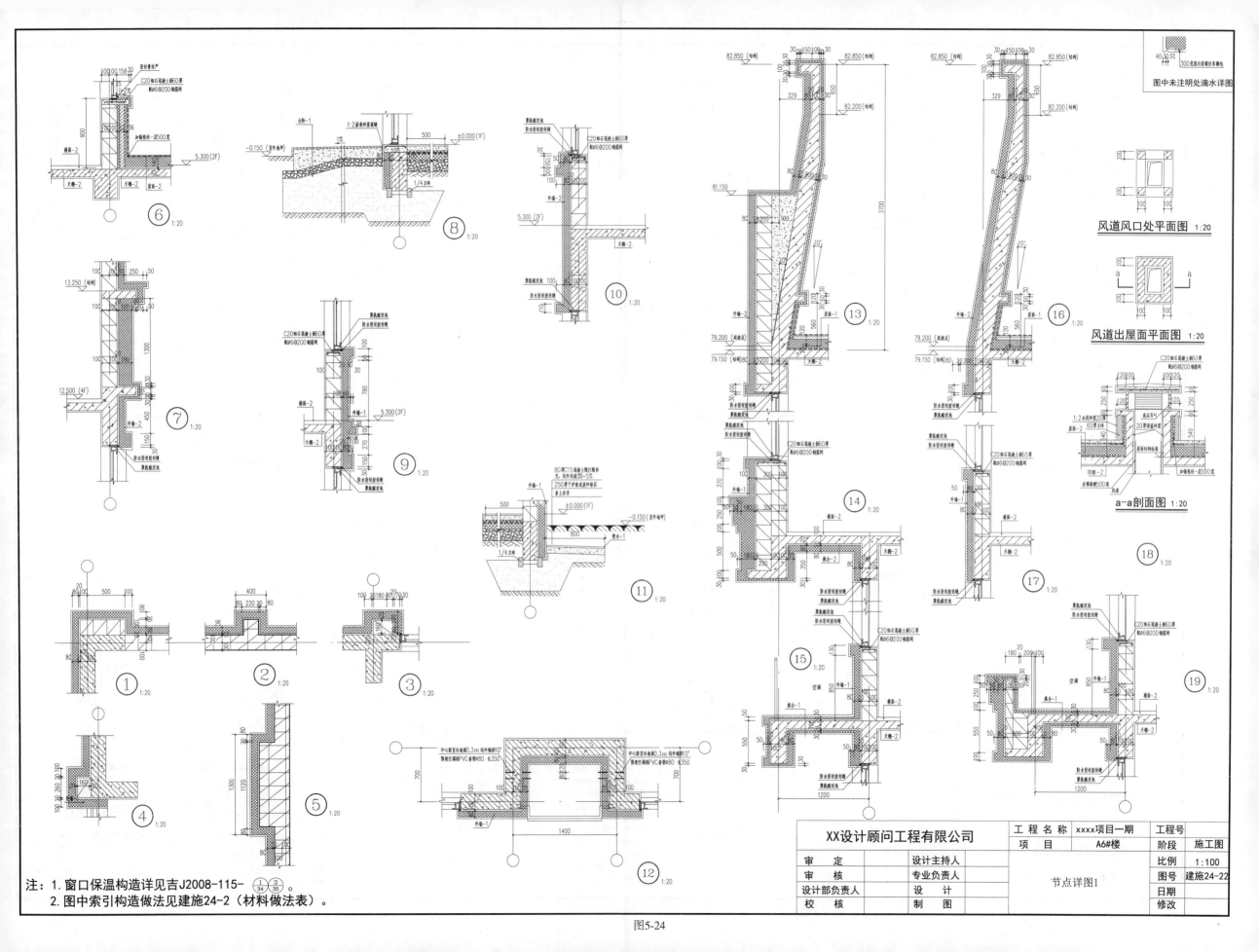

图5-24

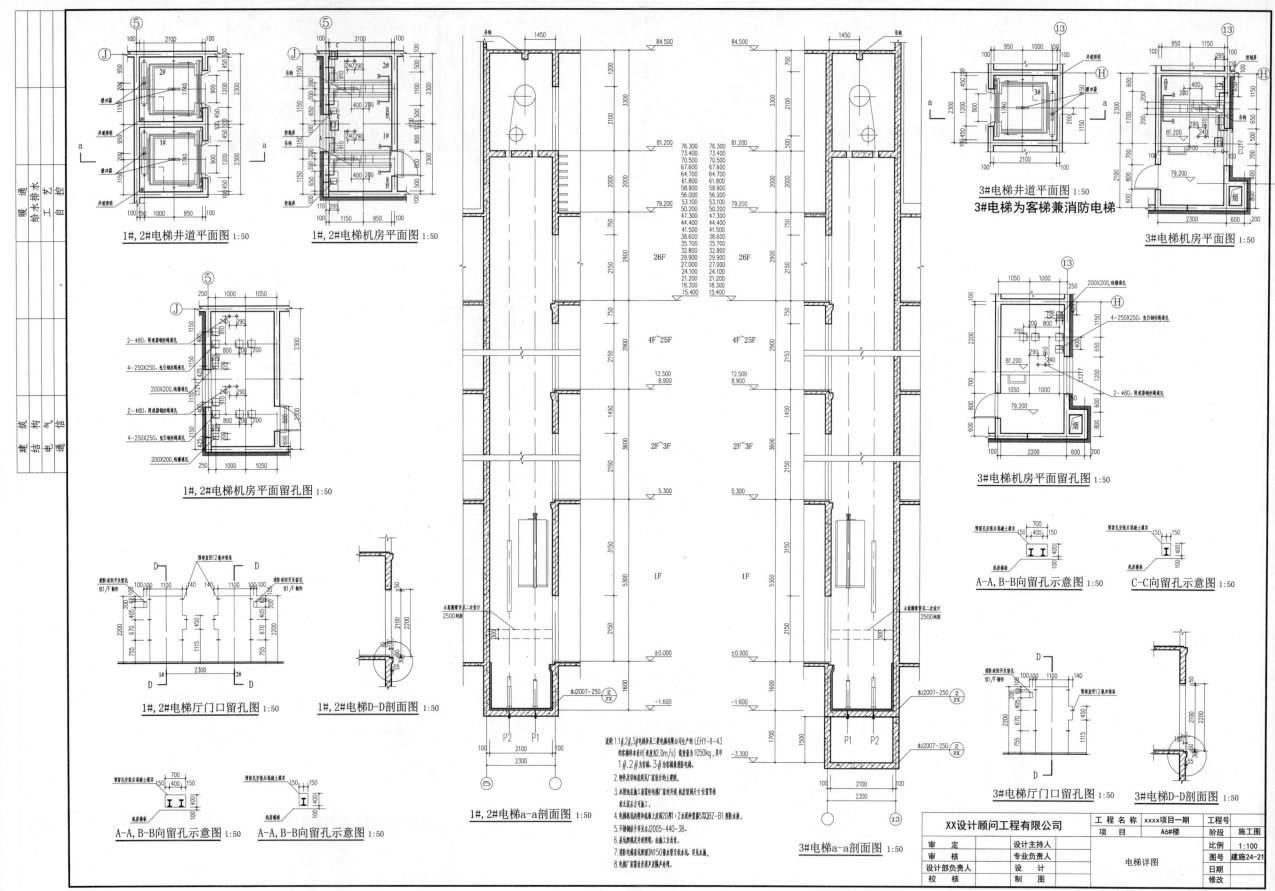

1#,2#电梯井道平面图 1:50

1#,2#电梯机房平面图 1:50

3#电梯井道平面图 1:50

3#电梯为客梯兼消防电梯

3#电梯机房平面图 1:50

1#,2#电梯机房平面留孔图 1:50

3#电梯机房平面留孔图 1:50

A-A,B-B向留孔示意图 1:50

C-C向留孔示意图 1:50

1#,2#电梯厅门口留孔图 1:50

1#,2#电梯D-D剖面图 1:50

A-A,B-B向留孔示意图 1:50

A-A,B-B向留孔示意图 1:50

1#,2#电梯a-a剖面图 1:50

3#电梯a-a剖面图 1:50

3#电梯厅门口留孔图 1:50

3#电梯D-D剖面图 1:50

说明:1.1#,2#,3#电梯为第三度电梯有限公司生产的 LEHY-II-43
的曳梯本设计(速度≥2.0m/s) 载重量为1050kg,其中
1#,2#为客梯,3#为客梯兼消防电梯。
2.锚栓及详细说明见厂家设计的施工图说明。
3.本图轴线在施工前应根据电梯厂家对井道,机房留置调尺寸位置等核
准无误后再施工。
4.电梯底坑爬梯和底坑上及顶20开门:2米深砂浆5702QBZ-B1,塑料木框。
5.不锈钢扶手井见J2005-440-38.
6.基坑照明见井道照明,由施工方完成。
7.消防电梯基坑埋设DN150集水管至集水坑,排见水施。
8.电梯厂需自负责噪声及隔声处理。

工程名称	xxxx项目一期		工程号	
项目		A6#楼	阶段	施工图
审定		设计主持人	比例	1:100
审核		专业负责人	图号	建施24-21
设计部负责人		设计	日期	
校核		制图	修改	

XX设计顾问工程有限公司

电梯详图

图5-23

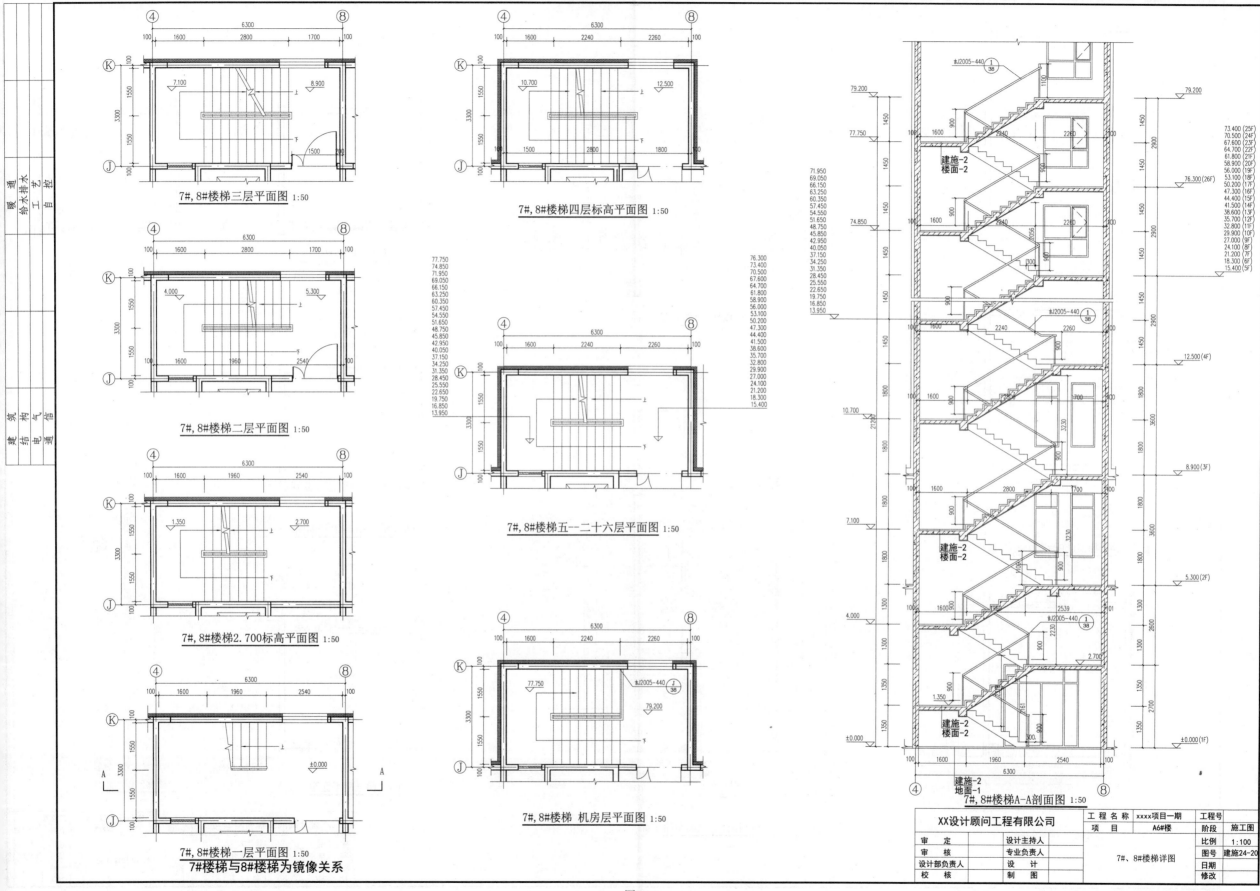

7#,8#楼梯三层平面图 1:50

7#,8#楼梯四层标高平面图 1:50

7#,8#楼梯二层平面图 1:50

7#,8#楼梯五--二十六层平面图 1:50

7#,8#楼梯2.700标高平面图 1:50

7#,8#楼梯 机房层平面图 1:50

7#,8#楼梯一层平面图 1:50

7#楼梯与8#楼梯为镜像关系

7#、8#楼梯A-A剖面图 1:50

	XX设计顾问工程有限公司	工程名称	xxxx项目一期	工程号	
		项目	A6#楼	阶段	施工图
审 定		设计主持人		比例	1:100
审 核		专业负责人		图号	建施24-20
设计部负责人		设 计		日期	
校 核		制 图		修改	

7#、8#楼梯详图

图5-22

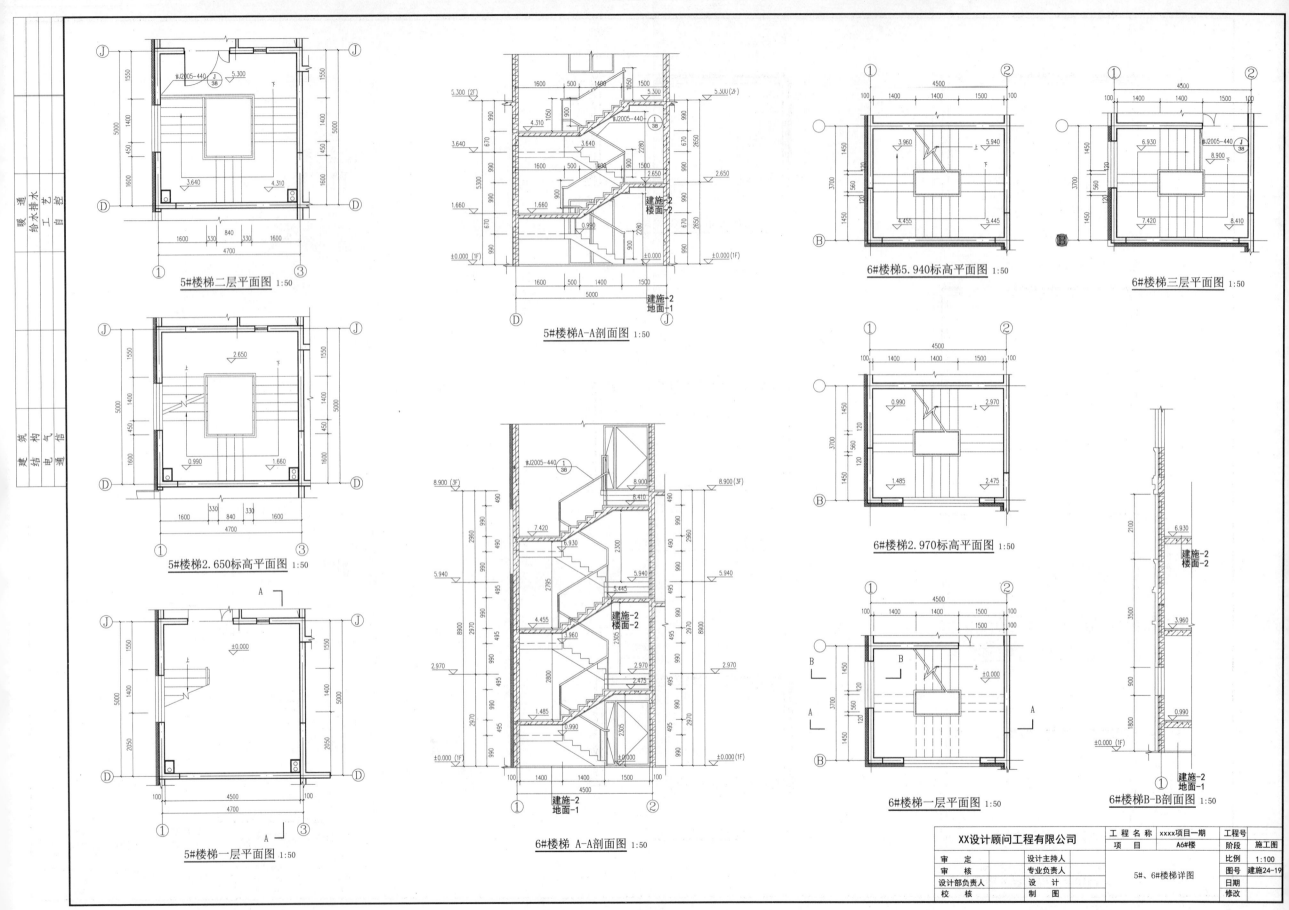

5#楼梯二层平面图 1:50

5#楼梯2.650标高平面图 1:50

5#楼梯一层平面图 1:50

5#楼梯A-A剖面图 1:50

6#楼梯 A-A剖面图 1:50

6#楼梯5.940标高平面图 1:50

6#楼梯2.970标高平面图 1:50

6#楼梯一层平面图 1:50

6#楼梯三层平面图 1:50

6#楼梯B-B剖面图 1:50

暖 通
给水排水
工 艺
自 控
建 筑
结 构
电 气
通 信

XX设计顾问工程有限公司

工程名称	xxxx项目一期	工程号	
项 目	A6#楼	阶段	施工图
审 定	设计主持人	比例	1:100
审 核	专业负责人	图号	建施24-19
设计部负责人	设 计	日期	
校 核	制 图	修改	

5#、6#楼梯详图

图5-21

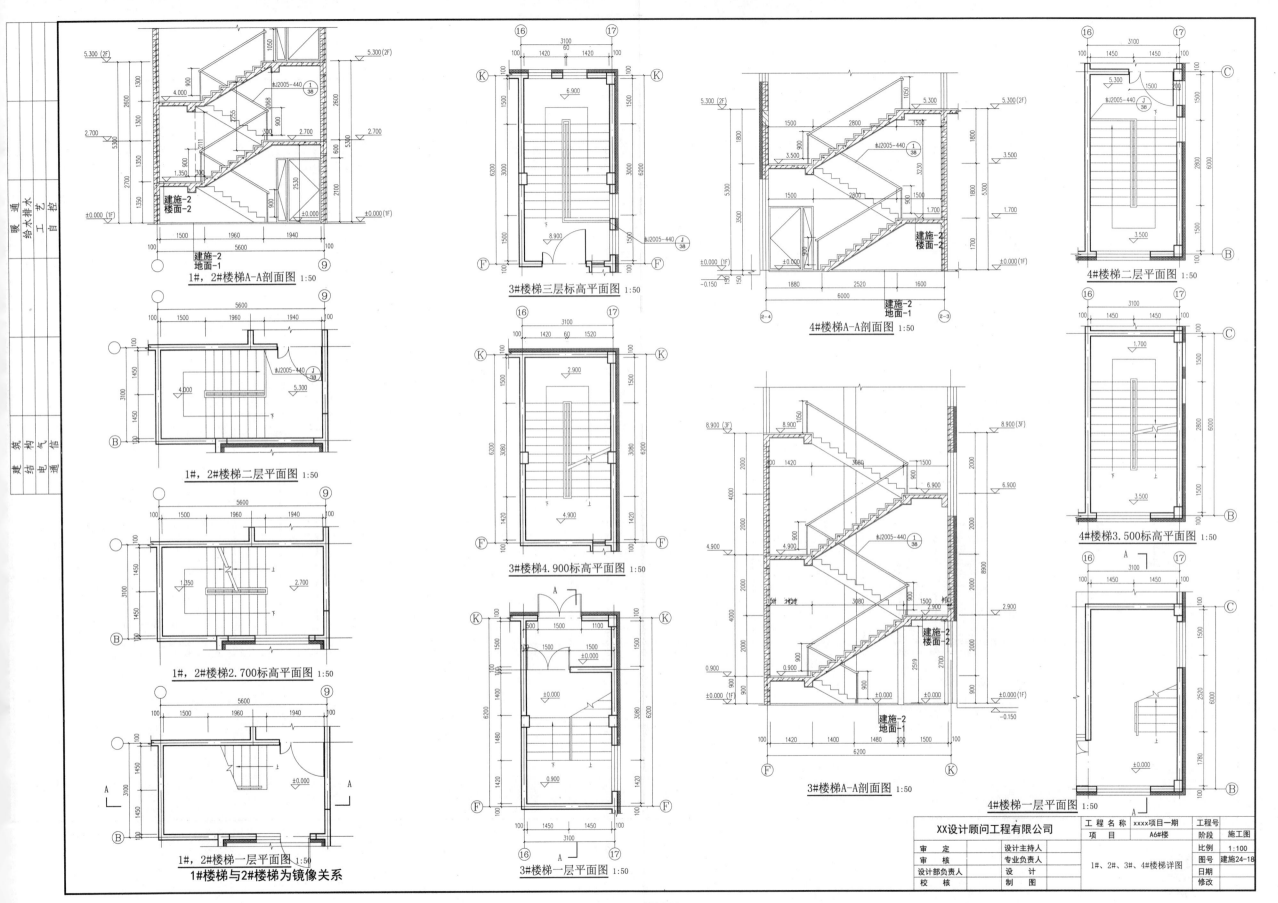

1#，2#楼梯A-A剖面图 1:50

1#，2#楼梯二层平面图 1:50

1#，2#楼梯2.700标高平面图 1:50

1#，2#楼梯一层平面图 1:50
1#楼梯与2#楼梯为镜像关系

3#楼梯三层标高平面图 1:50

3#楼梯4.900标高平面图 1:50

3#楼梯一层平面图 1:50

4#楼梯A-A剖面图 1:50

3#楼梯A-A剖面图 1:50

4#楼梯二层平面图 1:50

4#楼梯3.500标高平面图 1:50

4#楼梯一层平面图 1:50

暖 通
给水排水　工艺　自控

建筑　结构　电气　通信

XX设计顾问工程有限公司		工 程 名 称	xxxx项目一期	工程号	
审 定	设计主持人	项 目	A6#楼	阶段	施工图
审 核	专业负责人			比例	1：100
设计部负责人	设 计	1#、2#、3#、4#楼梯详图		图号	建施24-18
校 核	制 图			日期	
				修改	

图5-20

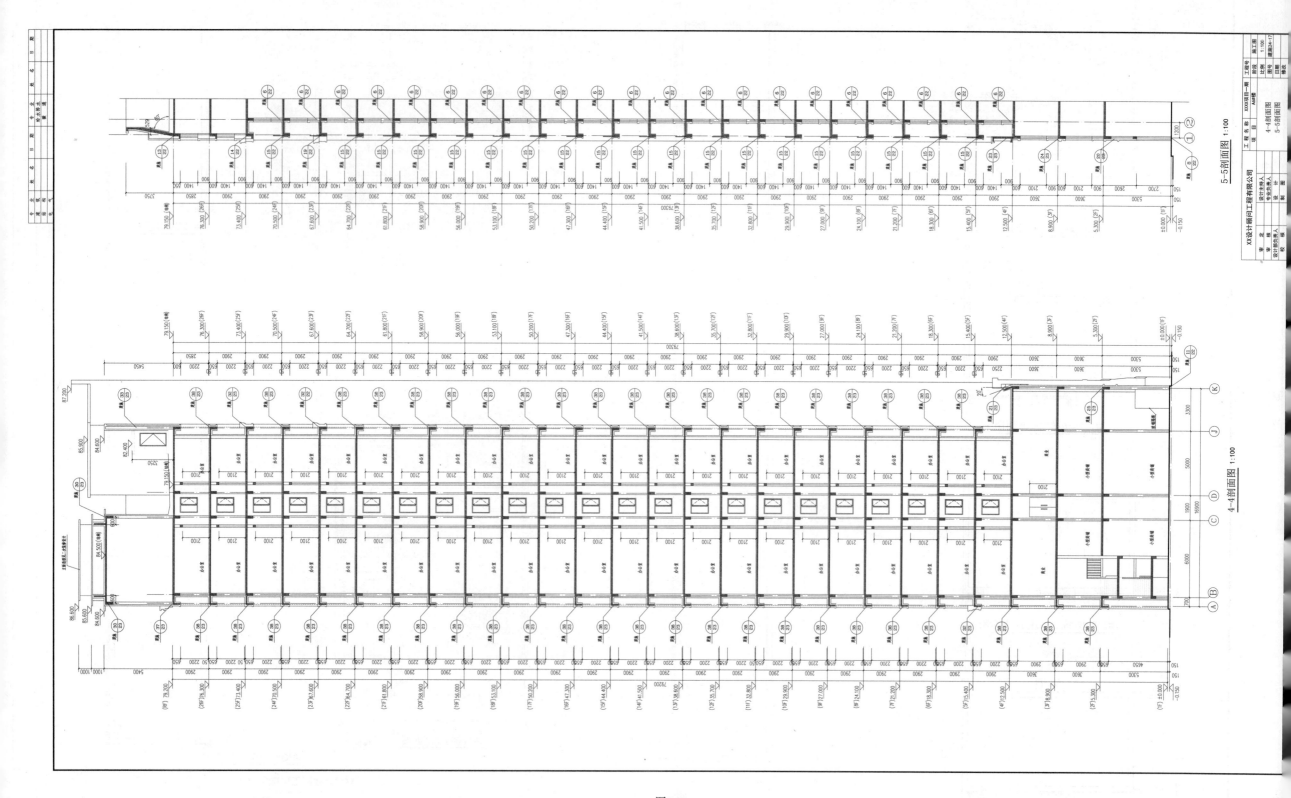

图5-19

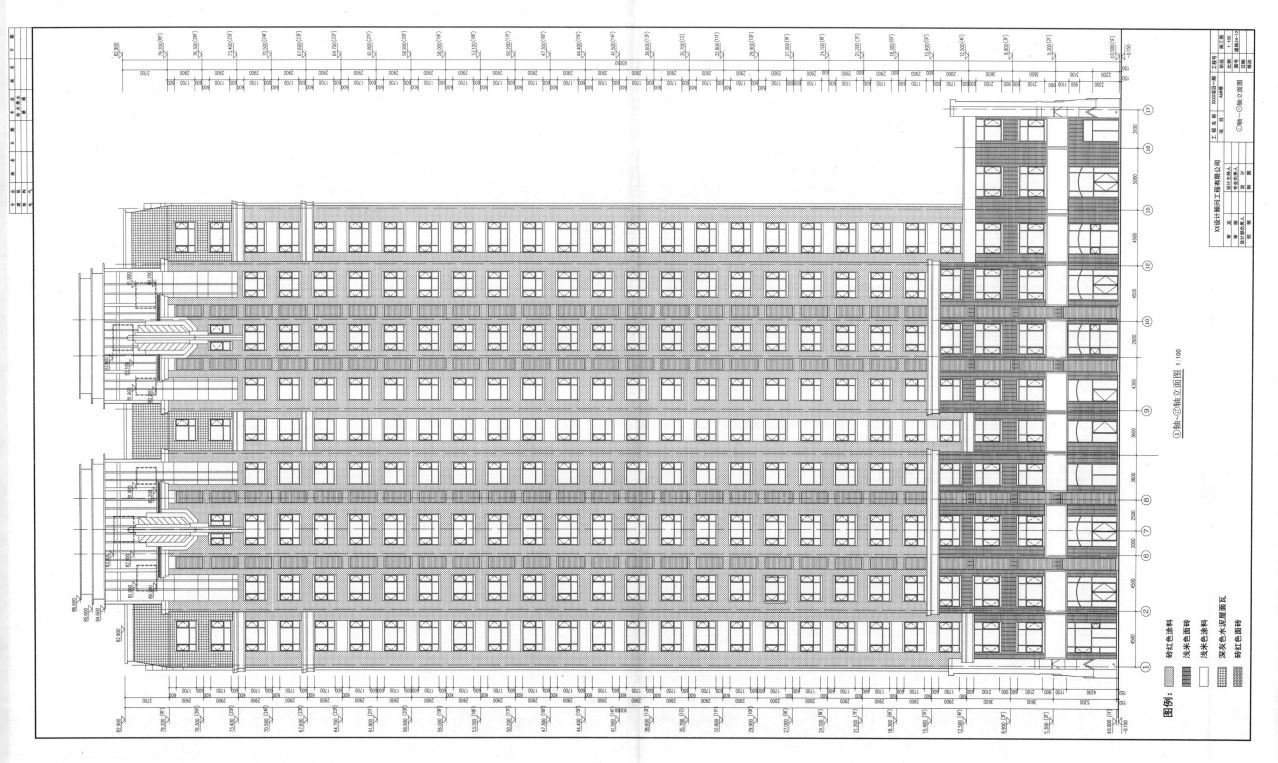

①轴~①轴立面图 1:100

图例：
- 砖红色涂料
- 浅米色面砖
- 浅米色涂料
- 深灰色水泥屋面瓦
- 砖红色面砖

图5-14

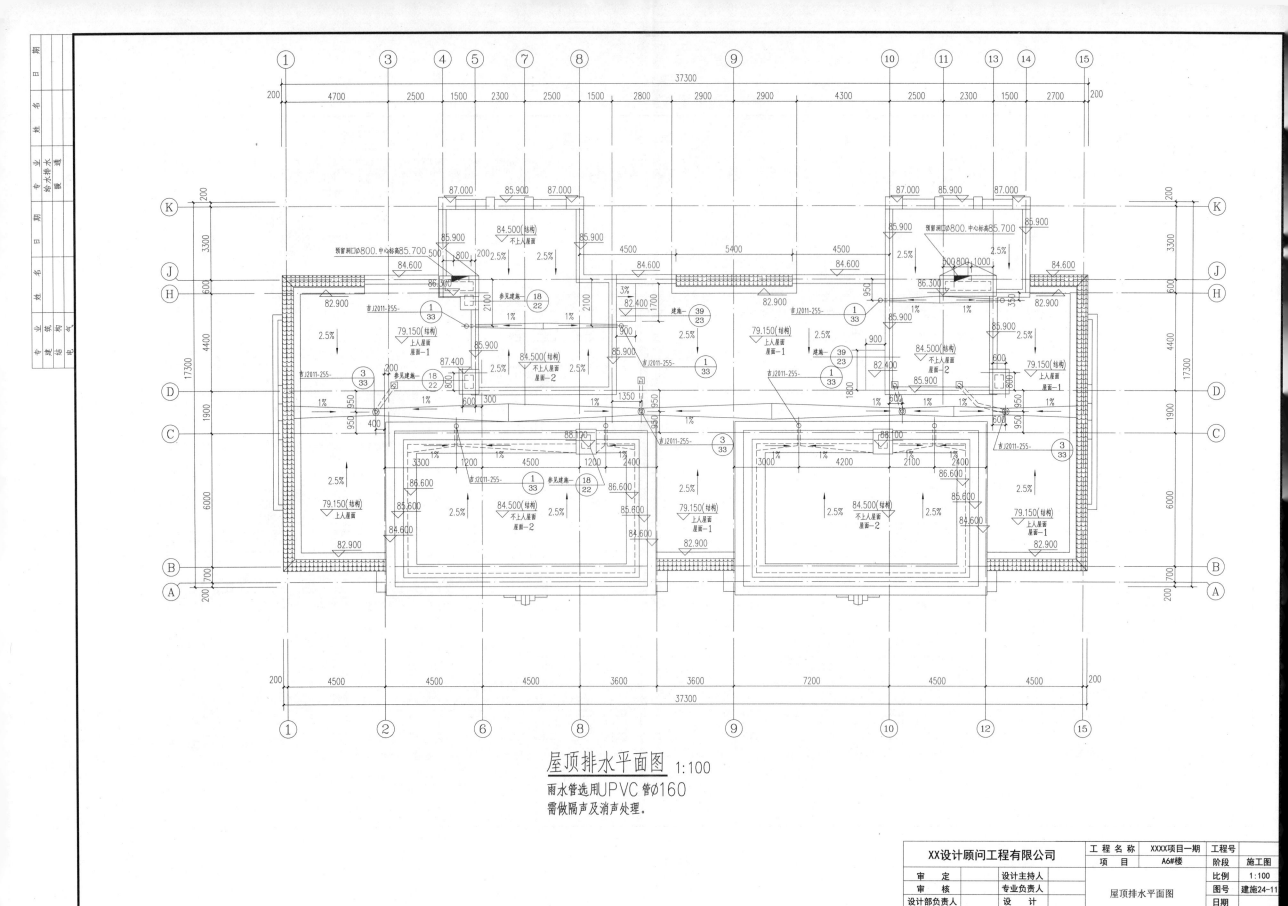

屋顶排水平面图 1:100
雨水管选用UPVC管φ160
需做隔声及消声处理。

XX设计顾问工程有限公司		工程名称	XXXX项目一期	工程号	
		项 目	A6#楼	阶段	施工图
审 定	设计主持人			比例	1:100
审 核	专业负责人		屋顶排水平面图	图号	建施24-11
设计部负责人	设 计			日期	
校 核	制 图			修改	

图 5-13

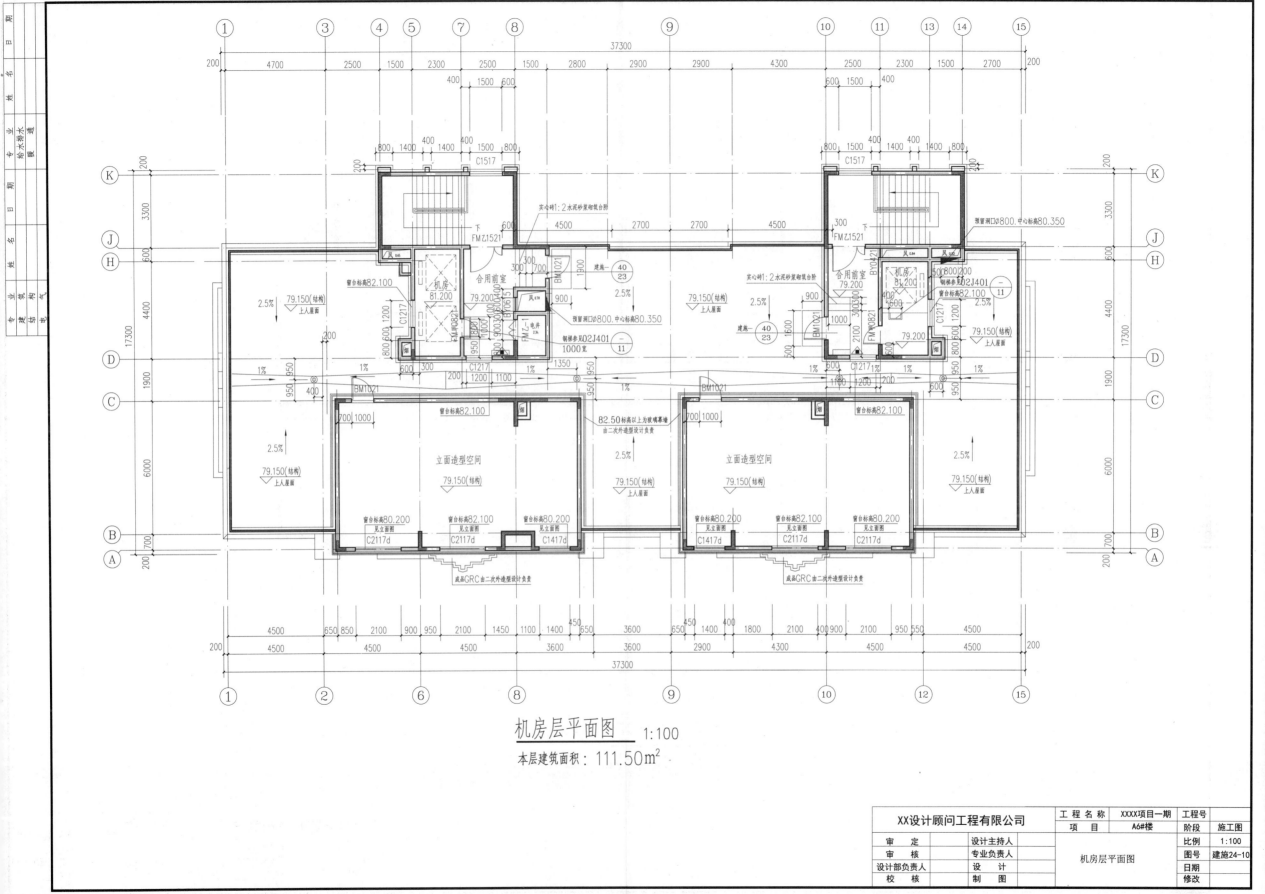

机房层平面图 1:100

本层建筑面积: 111.50m²

XX设计顾问工程有限公司		工程名称	XXXX项目一期	工程号	
		项目	A6#楼	阶段	施工图
审 定	设计主持人			比例	1:100
审 核	专业负责人	机房层平面图		图号	建施24-10
设计部负责人	设 计			日期	
校 核	制 图			修改	

图 5-12

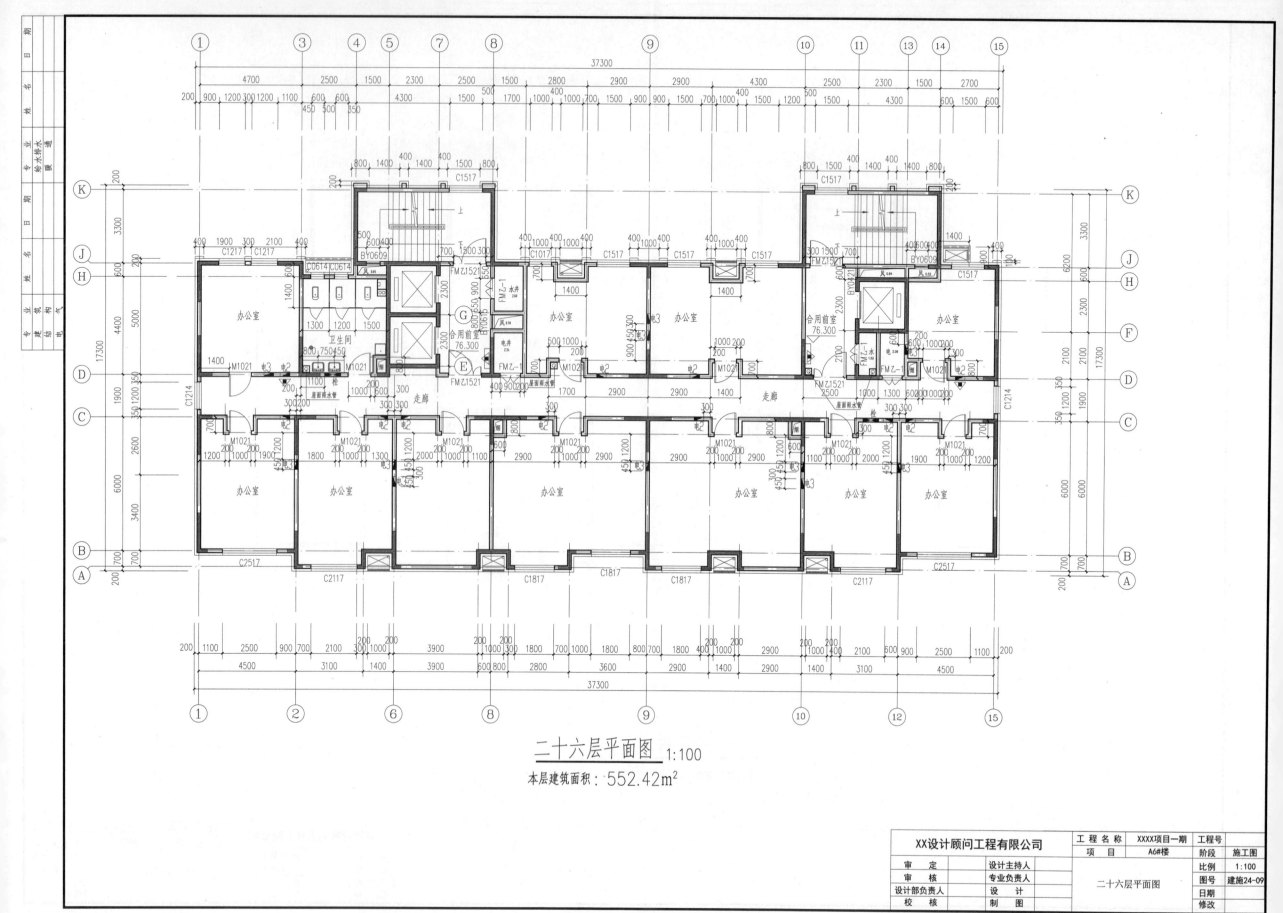

二十六层平面图 1:100

本层建筑面积：552.42m²

图 5-11

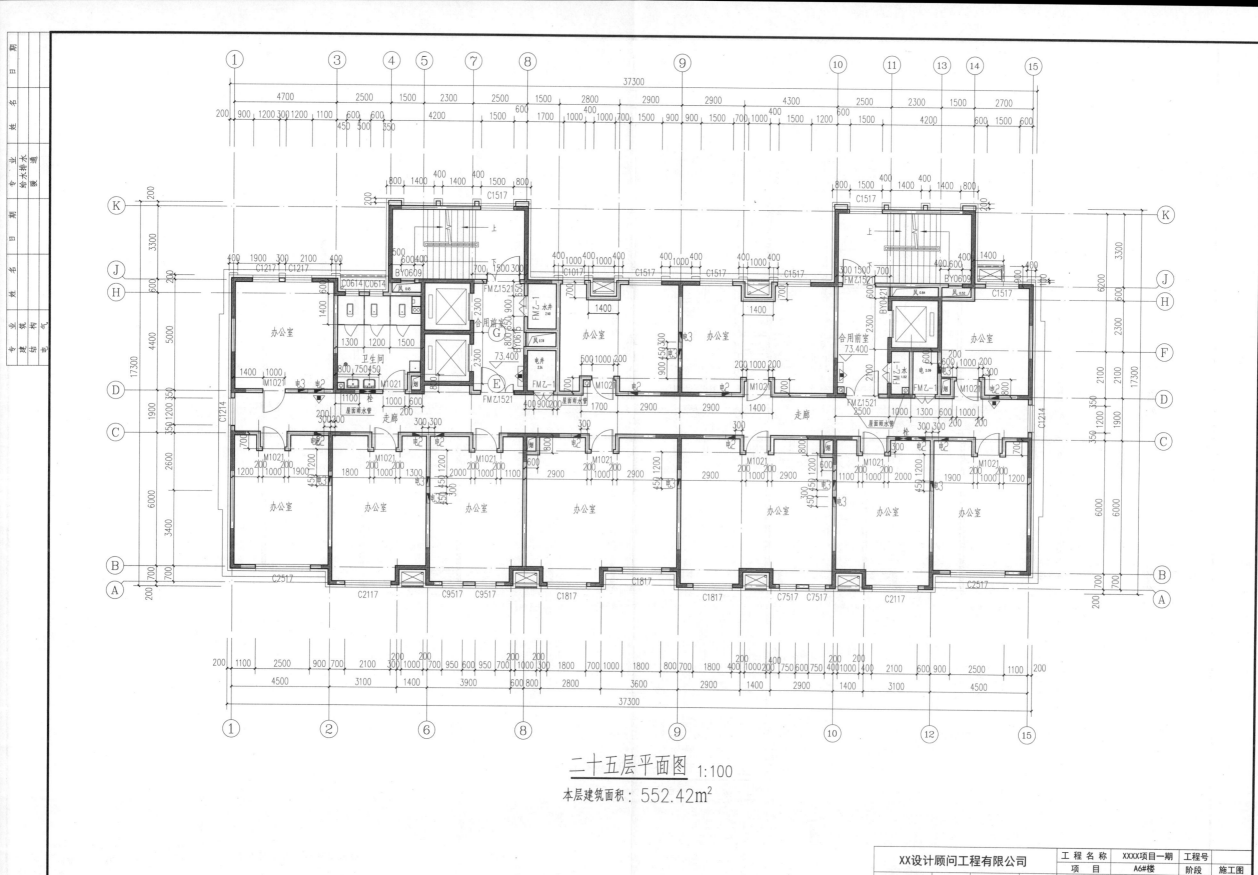

二十五层平面图 1:100

本层建筑面积：552.42m²

XX设计顾问工程有限公司		工 程 名 称	XXXX项目一期	工程号	
		项 目	A6#楼	阶段	施工图
审 定	设计主持人			比例	1:100
审 核	专业负责人	二十五层平面图		图号	建施24-08
设计部负责人	设 计			日期	
校 核	制 图			修改	

图 5-10

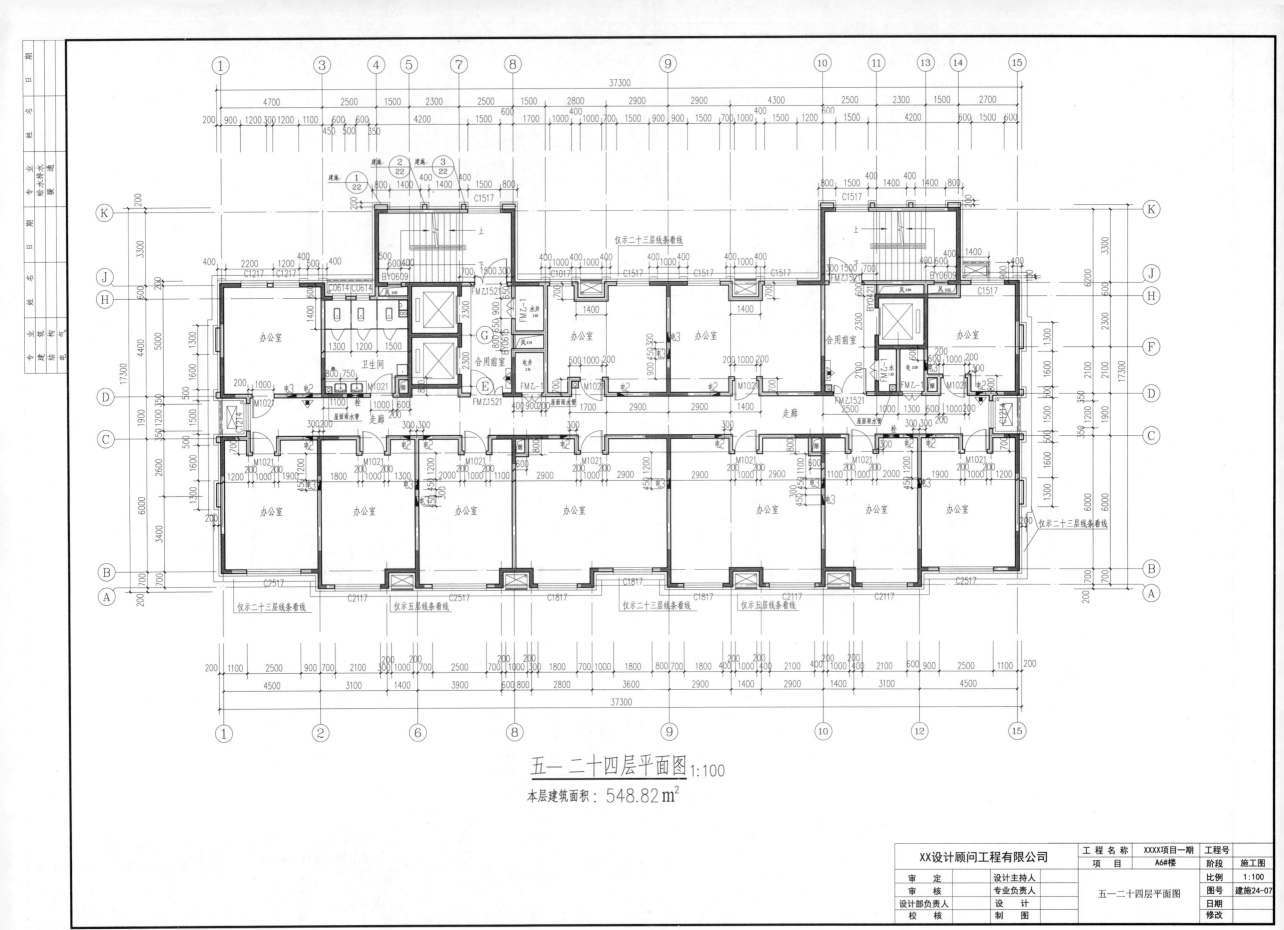

五一二十四层平面图 1:100

本层建筑面积：548.82㎡

XX设计顾问工程有限公司		工程名称	XXXX项目一期	工程号	
		项目	A6#楼	阶段	施工图
审 定	设计主持人			比例	1:100
审 核	专业负责人	五一二十四层平面图		图号	建施24-07
设计部负责人	设 计			日期	
校 核	制 图			修改	

图 5-9

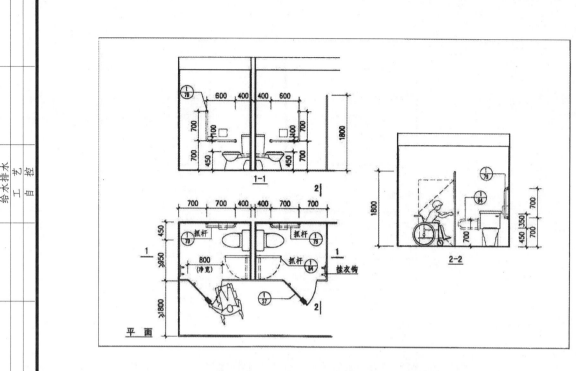

F型厕位是公厕内各设2个无障碍厕位，门扇开启后净宽为800，
轮椅进入后可旋转180°。设坐便器，活动抓杆等。

图 5-8(续)

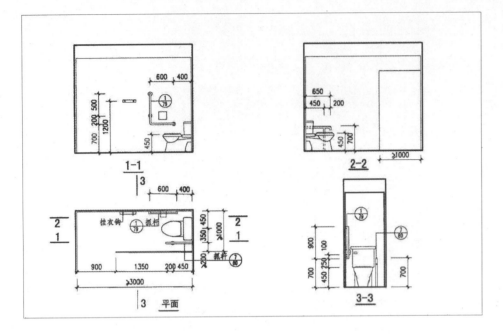

A型无门扇厕位，一般设在公共厕所里侧，轮椅方便进入，但厕位宽度小，轮椅不能旋转，只能倒退出来。设坐便器，抓杆，挂衣钩等。

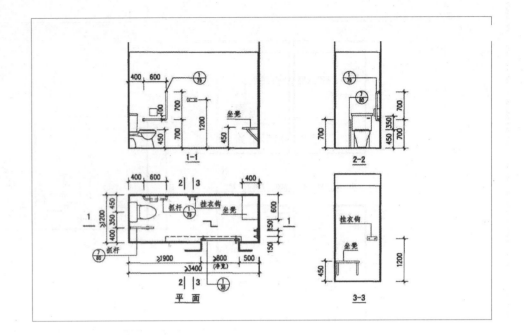

B型厕位门扇开启后净宽度为800，但厕位宽度小，一般设在公共厕所里侧。轮椅进入后不能旋转，只能倒退出来，设坐便器，抓杆，坐凳，挂衣钩等。

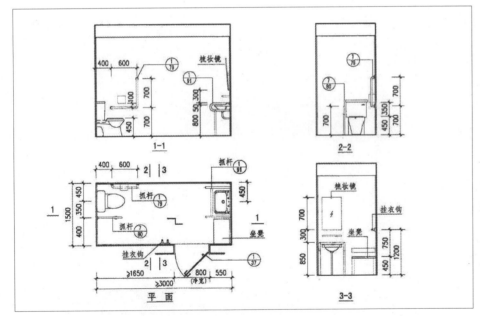

C型厕位门扇向外开启，净宽为800，轮椅进入后可旋转180°。设坐便器，坐凳，洗手盆，抓杆等。

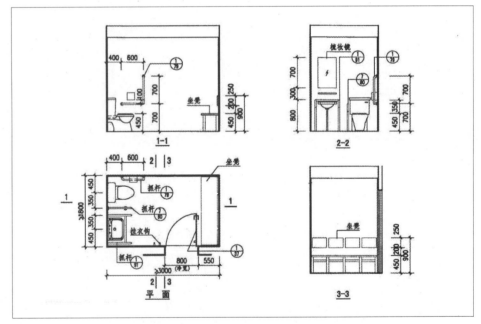

D型厕位属大型厕位，门扇向内开启，净宽800，轮椅进入后可旋转180°。设坐便器，坐凳，洗手盆，抓杆等。

XX设计顾问工程有限公司		工程名称	xxxx项目一期	工程号	
		项 目	A6#楼	阶段	施工图
审 定	设计主持人			比例	1:100
审 核	专业负责人	无障碍卫生间		图号	
设计部负责人	设 计			日期	
校 核	制 图			修改	

图 5-8(续)

无障碍卫生间设计

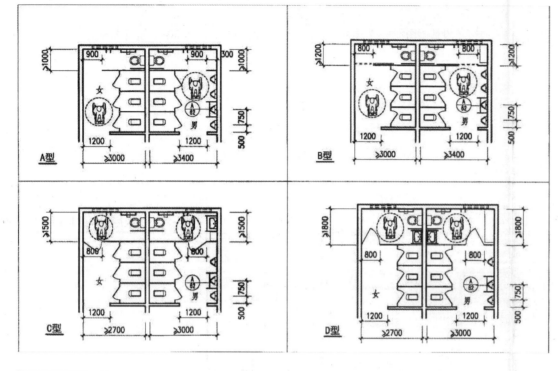

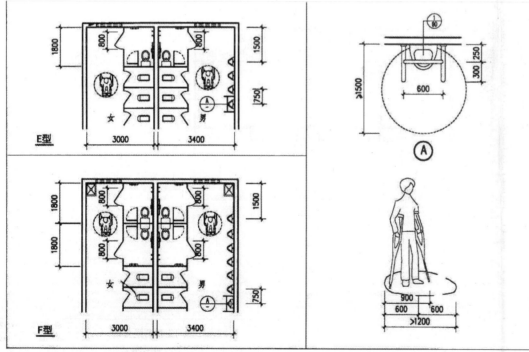

A型为无门扇小型厕位示例，B型为推拉门小型厕位，轮椅进入后不能旋转。

C、D型为平开门大中型厕位示例，轮椅进入后可旋转角度。

E型为单无障碍厕位示例，F型为无障碍厕位示例，门扇向外开启，轮椅进入后可旋转角度。

A 壁挂式无障碍小便器，前方必须留有相应的使用空间。

图 5-8

暖 通
给水排水
工 艺
自控

筑
构
气
信

建
结
电
通

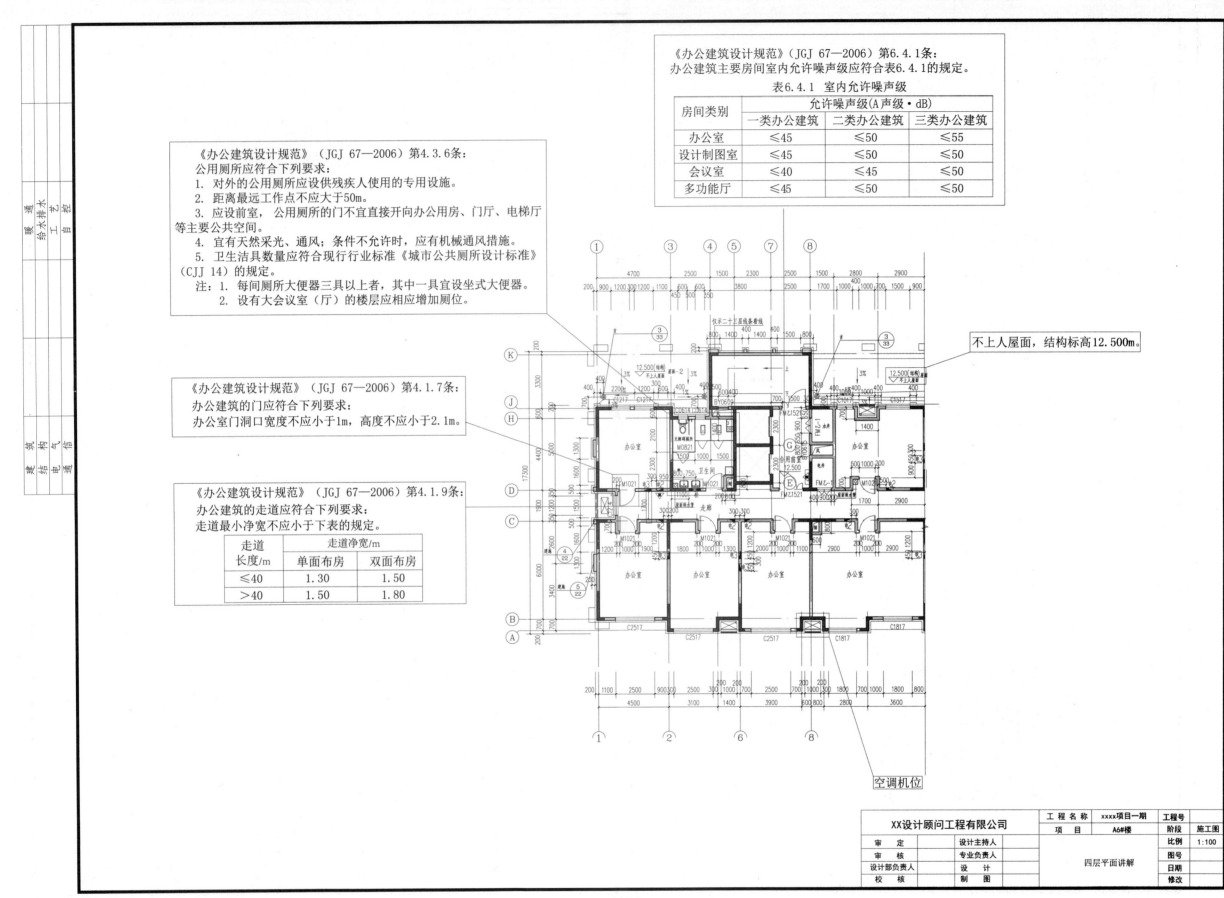

《办公建筑设计规范》（JGJ 67—2006）第6.4.1条：
办公建筑主要房间室内允许噪声级应符合表6.4.1的规定。

表6.4.1 室内允许噪声级

房间类别	允许噪声级(A声级·dB)		
	一类办公建筑	二类办公建筑	三类办公建筑
办公室	≤45	≤50	≤55
设计制图室	≤45	≤50	≤50
会议室	≤40	≤45	≤50
多功能厅	≤45	≤50	≤50

《办公建筑设计规范》（JGJ 67—2006）第4.3.6条：
公用厕所应符合下列要求：
1. 对外的公用厕所应设供残疾人使用的专用设施。
2. 距离最远工作点不应大于50m。
3. 应设前室，公用厕所的门不宜直接开向办公用房、门厅、电梯厅
等主要公共空间。
4. 宜有天然采光、通风；条件不允许时，应有机械通风措施。
5. 卫生洁具数量应符合现行行业标准《城市公共厕所设计标准》
（CJJ 14）的规定。
注：1. 每间厕所大便器三具以上者，其中一具宜设坐式大便器。
　　2. 设有大会议室（厅）的楼层应相应增加厕位。

《办公建筑设计规范》（JGJ 67—2006）第4.1.7条：
办公建筑的门应符合下列要求：
办公室门洞口宽度不应小于1m，高度不应小于2.1m。

《办公建筑设计规范》（JGJ 67—2006）第4.1.9条：
办公建筑的走道应符合下列要求：
走道最小净宽不应小于下表的规定。

走道	走道净宽/m	
长度/m	单面布房	双面布房
≤40	1.30	1.50
>40	1.50	1.80

不上人屋面，结构标高12.500m。

空调机位

XX设计顾问工程有限公司

工程名称	xxxx项目一期	工程号	
项目	A6#楼	阶段	施工图

审定		设计主持人	
审核		专业负责人	
设计部负责人		设计	
校核		制图	

	比例	1:100
四层平面讲解	图号	
	日期	
	修改	

图 5-7

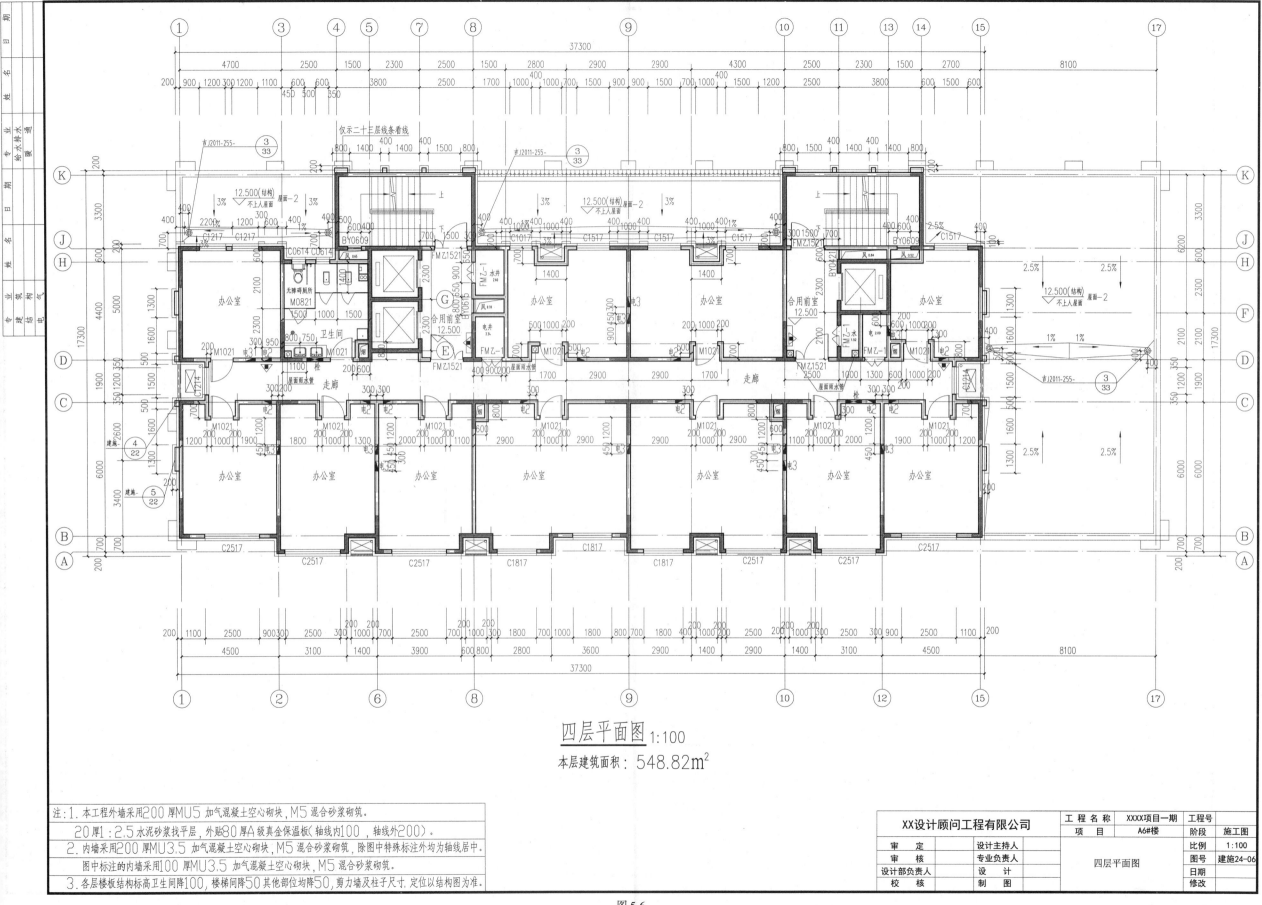

四层平面图 1:100

本层建筑面积：548.82m²

注：1. 本工程外墙采用200厚MU5加气混凝土空心砌块，M5混合砂浆砌筑。
　　20厚1：2.5水泥砂浆找平层，外贴80厚A级真金保温板（轴线内100，轴线外200）。
　　2. 内墙采用200厚MU3.5加气混凝土空心砌块，M5混合砂浆砌筑，除图中特殊标注外均为轴线居中。
　　图中标注的内墙采用100厚MU3.5加气混凝土空心砌块，M5混合砂浆砌筑。
　　3. 各层楼板结构标高卫生间降100，楼梯间降50其他部位均降50，剪力墙及柱子尺寸，定位以结构图为准。

XX设计顾问工程有限公司

工程名称	XXXX项目一期	工程号	
项目		A6#楼	阶段 施工图
审定	设计主持人		比例 1：100
审核	专业负责人		图号 建施24-06
设计部负责人	设计	四层平面图	日期
校核	制图		修改

图 5-6

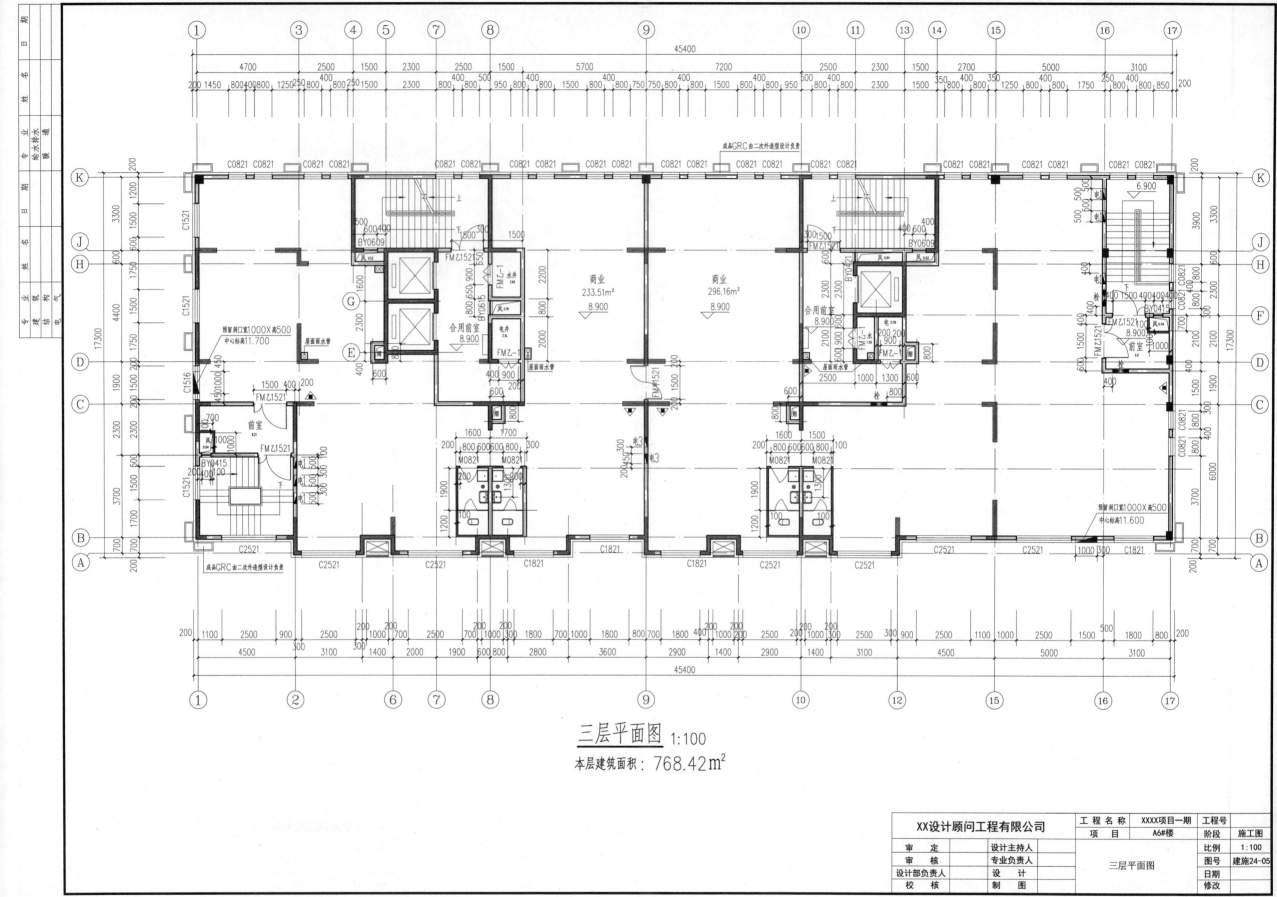

三层平面图 1:100

本层建筑面积：768.42m²

XX设计顾问工程有限公司		工程名称	XXXX项目一期	工程号	
		项 目	A6#楼	阶段	施工图
审 定	设计主持人			比例	1:100
审 核	专业负责人		三层平面图	图号	建施24-05
设计部负责人	设 计			日期	
校 核	制 图			修改	

图 5-5

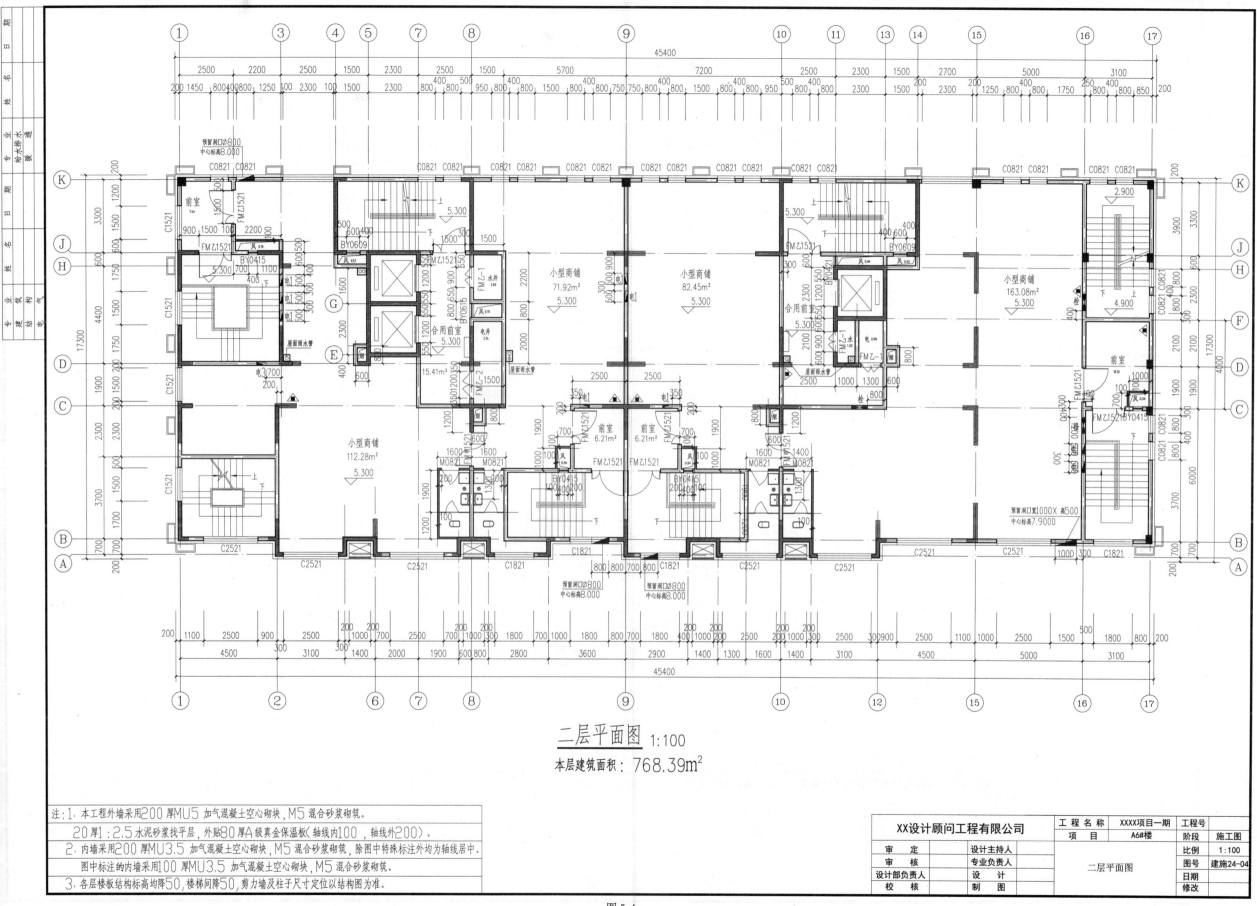

二层平面图 1:100

本层建筑面积：768.39m²

注：1. 本工程外墙采用200厚MU5加气混凝土空心砌块，M5混合砂浆砌筑。

20厚1：2.5水泥砂浆找平层，外贴80厚A级真金保温板（轴线内100，轴线外200）。

2. 内墙采用200厚MU3.5加气混凝土空心砌块，M5混合砂浆砌筑，除图中特殊标注外均为轴线居中。

图中标注的内墙采用100厚MU3.5加气混凝土空心砌块，M5混合砂浆砌筑。

3. 各层楼板结构标高均降50，楼梯间降50，剪力墙及柱子尺寸定位以结构图为准。

XX设计顾问工程有限公司		工程名称	XXXX项目一期	工程号	
		项目	A6#楼	阶段	施工图
审定	设计主持人			比例	1：100
审核	专业负责人		二层平面图	图号	建施24-04
设计部负责人	设计			日期	
校核	制图			修改	

图5-4

建筑设计中指出此商务综合楼的垂直交通均为防烟楼梯间。

在楼梯间入口处设置防烟的前室、开敞式阳台或凹廊（统称前室）等设施，且通向前室和楼梯间的门均为防火门，以防止火灾的烟和热气进入的楼梯间。

《民用建筑设计通则》（GB 50352—2005）第7.3.3条：

7.3.3 严寒地区的建筑物宜采用围护结构外保温技术，并不应设置开敞的楼梯间和外廊，其出入口应设门斗或采取其他防寒措施；寒冷地区的建筑物不宜设置开敞的楼梯间和外廊，其出入口宜设门斗或采取其他防寒措施。

《公共建筑节能设计标准》（GB 50189—2015）第3.2.10条：

3.2.10 严寒地区建筑的外门应设置门斗；寒冷地区建筑面向冬季主导风向的外门应设置门斗或双层外门，其他外门宜设置门斗或应采取其他减少冷风渗透的措施；夏热冬冷、夏热冬暖和温和地区建筑的外门应采取保温隔热措施。

《建筑设计防火规范》（GB 50016—2014）第6.4.1条和第6.4.3条：

6.4.1 疏散楼梯间应符合下列规定：

1. 楼梯间应能天然采光和自然通风，并宜靠外墙设置。靠外墙设置时，楼梯间、前室及合用前室外墙上的窗口与两侧门、窗、洞口最近边缘的水平距离不应小于1.0m。

2. 楼梯间内不应设置烧水间、可燃材料储藏室、垃圾道。

3. 楼梯间内不应有影响疏散的凸出物或其他障碍物。

4. 封闭楼梯间、防烟楼梯间及其前室，不应设置卷帘。

5. 楼梯间内不应设置甲、乙、丙类液体管道。

6. 封闭楼梯间、防烟楼梯间及其前室内禁止穿过或设置可燃气体管道。敞开楼梯间内不应设置可燃气体管道，当住宅建筑的敞开楼梯间内确需设置可燃气体管道和可燃气体计量表时，应采用金属管和设置切断气源的阀门。

6.4.3 防烟楼梯间除应符合本规范第6.4.1条的规定外，尚应符合下列规定：

1. 应设置防烟设施。

2. 前室可与消防电梯间前室合用。

3. 前室的使用面积：公共建筑、高层厂房（仓库），不应小于6.0m²；住宅建，不应小于4.5m²。

与消防电梯间前室合用时，合用前室的使用面积：公共建筑、高层厂房（仓库），不应小于10.0m²；住宅建筑，不应小于6.0m²。

4. 疏散走道通向前室以及前室通向楼梯间的门应采用乙级防火门。

5. 除住宅建筑的楼梯间前室外，防烟楼梯间和前室的墙上不应开设其他门、窗、洞口。

6. 楼梯间的首层可将走道和门厅等包括在楼梯间前室内形成扩大的前室，但应采用乙级防火门等与其他走道和房间分隔。

《建筑设计防火规范》（GB 50016—2014）第7.3.1条：

下列建筑应设置消防电梯：

一类高层公共建筑和建筑高度大于32m的二类高层公共建筑。

商业楼梯通往层数由业主自行决定。

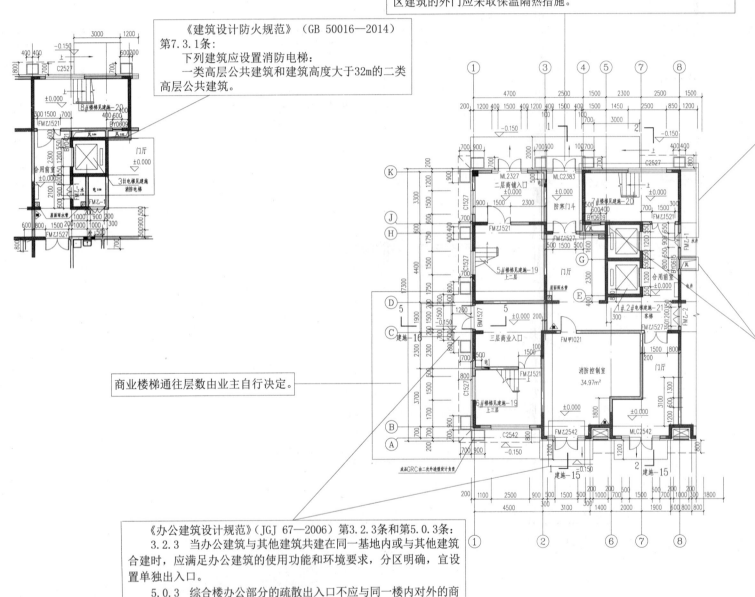

《建筑设计防火规范》（GB50016—2014）第8.5.1条：

建筑的下列场所或部位应设置防烟设施：

1. 防烟楼梯间及其前室。

2. 消防电梯前室或合用前室。

3. 避难走道的前室、避难层（间）。

《办公建筑设计规范》（JGJ 67—2006）第3.2.3条和第5.0.3条：

3.2.3 当办公建筑与其他建筑共建在同一基地内或与其他建筑合建时，应满足办公建筑的使用功能和环境要求，分区明确，宜设置单独出入口。

5.0.3 综合楼办公部分的疏散出入口不应与同一楼内对外的商场、营业厅、娱乐、餐饮等人员密集场所的疏散出入口共用。

XX设计顾问工程有限公司		工程名称	xxxx项目一期	工程号	
		项目	A6#楼	阶段	施工图
审定	设计主持人			比例	1:100
审核	专业负责人	一层平面讲解1		图号	
设计部负责人	设计			日期	
校核	制图			修改	

图 5-3

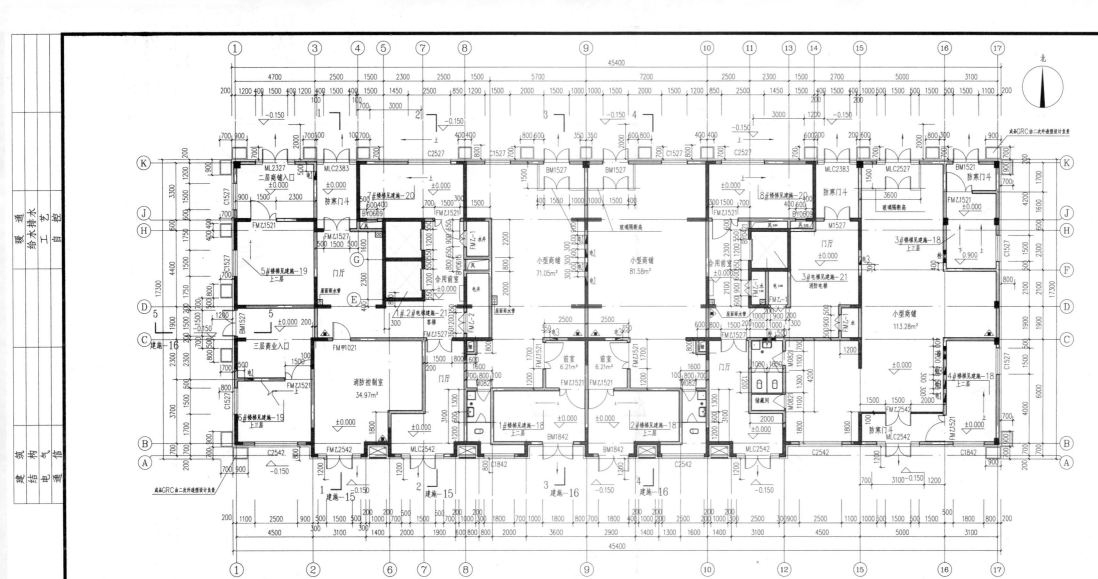

本建筑为商务综合楼，一至三层为商业，四层以上为办公，首层服务网点的设置根据《建筑设计防火规范》（GB 50016—2014）中第5.4.11条和5.5.14条规定。

5.4.11 设置商业服务网点的住宅建筑，其居住部分与商业服务网点之间应采用耐火极限不低于2.00h且无门、窗、洞口的防火隔墙和1.50h的不燃性楼板完全分隔，住宅部分和商业服务网点部分的安全出口和疏散楼梯应分别独立设置。

商业服务网点中每个分隔单元之间应采用耐火极限不低于2.00h且无门、窗、洞口的防火隔墙相互分隔，当每个分隔单元任一层建筑面积大于200㎡时，该层应设置2个安全出口或疏散门。每个分隔单元内的任一点至最近直通室外的出口的直线距离不应大于本规范5.5.17中有关多层其他建筑位于袋形走道两侧或尽端的疏散门至最近安全出口的最大直线距离。

注：室内楼梯的距离可按其水平投影长度的1.5倍计算。

5.5.17 公共建筑的安全疏散距离应符合下列规定：

1.直通疏散走道的房间疏散门至最近安全出口的直线距离不应大于表5.5.17的规定；

表5.5.17 直通疏散走道的房间疏散门至最近安全出口的直线距离（单位：m）

名称		位于两个安全出口之间的疏散门			位于袋形走道两侧或尽端的疏散门		
		一、二级	三级	四级	一、二级	三级	四级
托儿所、幼儿园老年建筑		25	20	15	20	15	10
歌舞娱乐放映游艺厅		25	20	15	9	—	—
医疗建筑	单、多层	35	30	25	20	15	10
	高层 病房部分	24	—	—	12	—	—
	其他部分	30	—	—	15	—	—
教学建筑	单、多层	35	30	25	22	20	10
	高层	30	—	—	15	—	—

（续）

名称	位于两个安全出口之间的疏散门			位于袋形走道两侧或尽端的疏散门		
	一、二级	三级	四级	一、二级	三级	四级
高层旅馆、公寓展览建筑	30	—	—	15	—	—
其他建筑 单、多层	40	35	25	22	20	15
高层	40	—	—	20	—	—

注：1. 建筑内开向敞开式外廊的房间疏散门至最近安全出口的直线距离可按本表的规定增加5m。

2. 直通疏散走道的房间疏散门至最近敞开楼梯间的直线距离，当房间位于两个楼梯间之间时，应按本表的规定减少5m；当房间位于袋形走道两侧或尽端时，应按本表的规定减少2m。

3. 建筑物内全部设置自动喷水灭火系统时，其安全疏散距离可按本表及注1的规定增加25%。

2. 楼梯间应在首层直通室外，确有困难时，可在首层采用扩大的封闭楼梯间或防烟楼梯间前室。当层数不超过4层且未采用扩大的封闭楼梯间或防烟楼梯间前室时，可将直通室外的门设置在离楼梯间不大于15m处。

XX设计顾问工程有限公司		工程名称	xxxx项目一期	工程号	
		项 目	A6#楼	阶段	施工图
审 定	设计主持人			比例	1：100
审 核	专业负责人		一层平面讲解1	图号	
设计部负责人	设 计			日期	
校 核	制 图			修改	

图 5-2

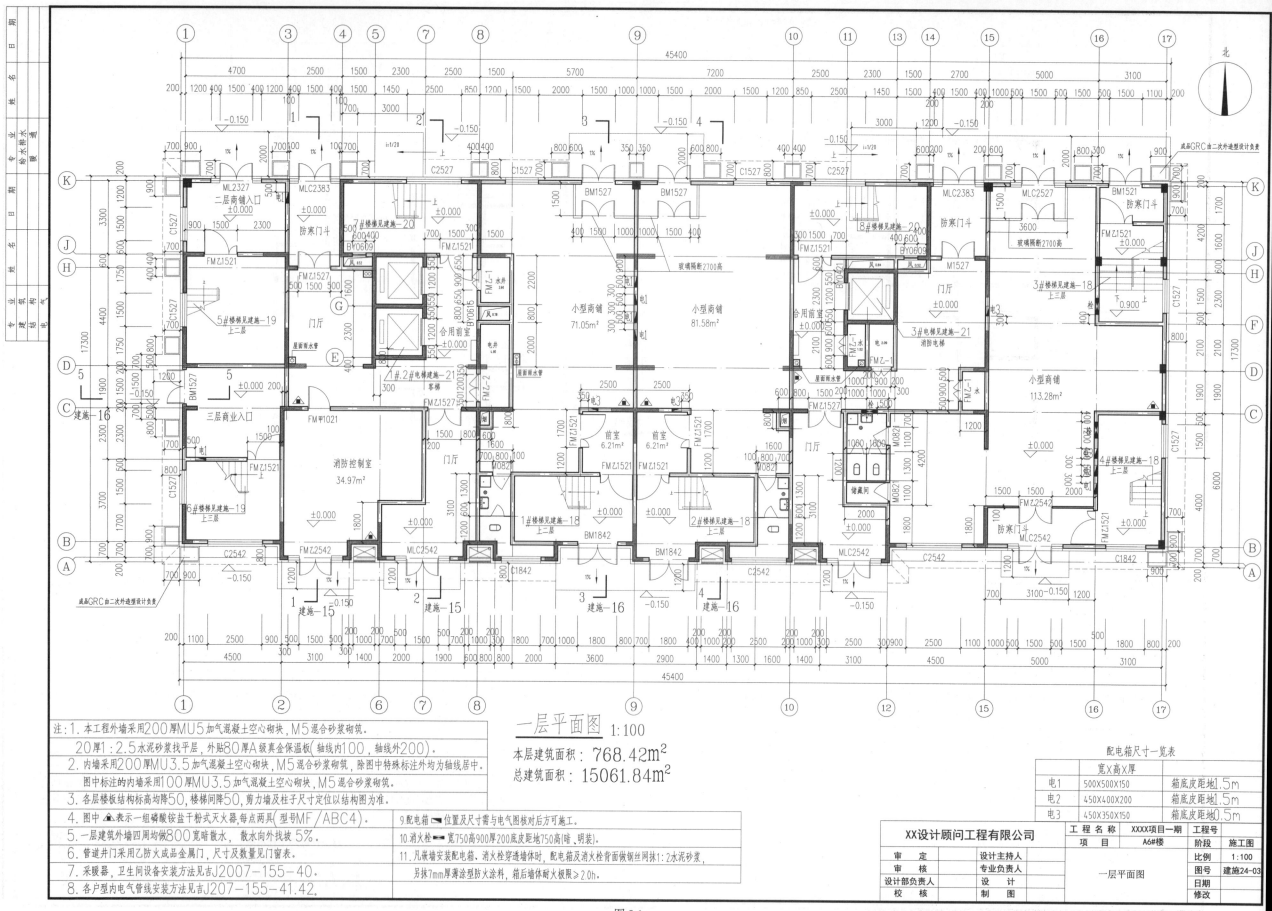

一层平面图 1:100

本层建筑面积：768.42m²
总建筑面积：15061.84m²

注：1. 本工程外墙采用200厚MU5加气混凝土空心砌块，M5混合砂浆砌筑。
   20厚1：2.5水泥砂浆找平层，外贴80厚A级真金保温板（轴线内100，轴线外200）。
2. 内墙采用200厚MU3.5加气混凝土空心砌块，M5混合砂浆砌筑，除图中特殊标注外均为轴线居中。
   图中标注的内墙采用100厚MU3.5加气混凝土空心砌块，M5混合砂浆砌筑。
3. 各层楼板结构标高均降50，楼梯间降50，剪力墙及柱子尺寸定位以结构图为准。
4. 图中▲表示一组磷酸铵盐干粉式灭火器，每点两具（型号MF/ABC4）。
5. 一层建筑外墙四周均做800宽暗散水，散水向外坡5%。
6. 管道井门采用乙防火成品金属门，尺寸及数量见门窗表。
7. 采暖器、卫生间设备安装方法见吉J2007-155-40。
8. 各户型内电气管线安装方法见吉J207-155-41、42。

9. 配电箱▣位置及尺寸需与电气图核对后方可施工。
10. 消火栓▣宽750高900厚200底皮距地750高(暗、明装)。
11. 凡嵌墙安装配电箱、消火栓穿透墙体时，配电箱及消火栓背面做钢丝网抹1：2水泥砂浆，
   另抹7mm厚薄涂型防火涂料，箱后墙体耐火极限≥2.0h。

配电箱尺寸一览表

	宽X高X厚	
电1	500X500X150	箱底皮距地1.5m
电2	450X400X200	箱底皮距地1.5m
电3	450X350X150	箱底皮距地0.5m

XX设计顾问工程有限公司

工程名称	XXXX项目一期	工程号	
项目		A6#楼	阶段 施工
审定	设计主持人		比例 1:100
审核	专业负责人		图号 建施24-03
设计部负责人	设计	一层平面图	日期
校核	制图		修改

图 5-1